基礎物理学実験

2023 秋—2024 春

東京大学教養学部基礎物理学実験テキスト編集委員会 編

学術図書出版社

はじめに

本書は，東京大学教養学部前期課程 (第 1, 2 学年) において開講されている基礎物理学実験の教科書である．毎年，合わせて約二千人の学生が基礎物理学実験を履修している．

実験は自然科学の基礎であり，実験の修練を積むことで新しい考えを切り拓く力を蓄えることができる．この教科書の内容をよく理解した上で実験に臨み，実際に手を動かして実験を行い，よく考えて結果を解析，考察することを通じて，問題を発見し解決する能力を養ってもらいたい．

東京大学教養学部基礎物理学実験テキスト編集委員会

目　　　次

序章

実験を始める前に

1.　実験の意義

物理学は自然科学の一分野である．近代自然科学の学問体系は，多様な自然現象の背後に潜む規則性・法則の探求を通して形成されてきた．自然現象を矛盾なく説明できる理論を構築するにはまず，自然を客観的で系統だった実験によって観測し，その結果を論理的に考察する姿勢が不可欠である．すでに認められている考え方に基づいて，未だにそれが検証されていない条件を設定し，それを実験によって検証する．実験結果が，既存の考えから論理的に導かれる帰結と一致した場合は，その適用範囲が広がったことになる．反対に，結果が食い違った場合は，これまでの考え方がその条件下では成り立たない可能性が示されたことになる．ただし，実験結果を評価するにあたっては，実験の手法や過程が正当であるかどうかを慎重に検討し，測定の不確かさを十分に考慮したうえで結果が正しいかどうかを判断する必要がある．また，実験を同一人あるいはまったく別の人や別のグループが繰り返し行って検証することも大切である．こうしたプロセスの中で，従来からの理論では説明のつかない新たな実験結果が正しいと認められるようになったとき，それを論理的に説明しうるような新しいモデル (仮説) がいくつか立てられ，これらのうち，数々の実験による検証によって，正しいものだけが生き残る，という論理的・実証的なサイクルを繰り返すことにより，確固たる理論体系が構築されてきた．すでに確立した理論に基づき，それが否定される領分や条件があるかもしれないことを念頭において，一歩一歩検証を続けることが，自然科学的研究の本質である．

これまで諸君は，中学・高校までの中等教育において，先人の発見，検証の結果として確立してきた自然科学の理論体系を習得してきた．これらの理論体系は普遍的，かつ論理的に一貫しており，また過去数世紀にわたる実験の結果，その正しさが (その理論の適用できる条件の範囲内で) 十分に検証されているものである．よって，確立された理論体系をきちんと学ぶことは，その体系をさらに確固たるものにするにも，あるいはそれに疑いをはさみ，否定する可能性を示す実験をするにも基礎となることであり，きわめて重要である．一方で，その根拠となった実験については，諸君は今まで自分で手を動かして試してみる機会はあまり，あるいはほとんどなかったであろう．これは残念なことであり，自然科学の基礎である実験を用いて新しい考えを切り拓く力を蓄えるためには，大学学部前期課程から実験の修練を積むことが大切である．

いわゆる「**経験数理科学**」としての物理学を修得するため，この基礎物理学実験では初回に行われる講義形式の授業 (物理実験学入門) に続いて，実習形式で 10 種目の実験が準備されている．そうした毎回の実践の中で，正しく実験を行い，データを正確に記録し数理的に解析すること，得られた結果を定量的・論理的に検討すること，といった物理実験学の基本的態度を学び，習熟して欲しい．

正確な実験を行うためには，実験条件がよく理解され制御され，したがって再現性があることが重要である．最先端の研究では，自分で実験装置や手法を開発，考案するなかでこれらの検討を行うが，教育目的に用意された実験では，あらかじめ実験の原理と実験装置の使い方や性質を十分に理解しておくことや，作業の記録や結果を，後から再現できるようにきちんと記録することなどが求められている．

実験をして，その結果が理論の期待と合っているから実験はうまくいった，ずれたから実験が間違っている，というような安易な態度ではいけない．自分の行った実験自体を注意深く見直し，測定の不確かさはどのくらいか，想定している条件通りに実験が行われているか，あるいは理論的な予想は実験条件を十分考慮に入れたものになっているか，などを検討してみる．実験を繰り返し行って再現性を確かめることも大切である．教科書で期待されている結果だけでなく，実験を行えば必ず実験を行った本人だけが気づく事柄があるはずである．そのような事項も注意深く観察し考察することが重要である．測定に問題があったとすれば，どこにどういう原因が考えられるのか，また何を改善すればより精確な測定が期待できるのか，十分に考察を行って欲しい．過去の歴史的発見がそうであったように，失敗や予期せぬ結果にこそ，新しい発見や学習の種はあるのだから．

確立された理論に基づいて論理的に考察し，正確な実験によって実証するという方法論が，すべての自然科学の基礎となるのだということを体得するため，この基礎物理学実験では，実際に自分で手を動かして実験を行い，自分でよく考え，「科学する心・力」を養ってもらいたい．また，基礎物理学実験の学習を通して新たに問題を自ら発見し，解決する能力の基礎を身につけてもらいたい．

2.　実験の心得と安全管理

実験を開始する前に，その目的と基本原理，方法を十分に理解しておくことは，実験を計画通りに行うために必要なだけでなく，危険を避けるうえでもきわめて重要である．一般に実験には時として危険が伴う．高電圧や強い磁場，高圧のガス，高温や液体窒素などの超低温，レーザー光線，放射線など，取り扱いを誤れば怪我をしたり，最悪の場合，命にかかわる場合もありえる．基礎物理学実験で学ぶ種目は安全には十分配慮されており，危険度は低いが，なかには安全に特に注意すべき種目もある．あらかじめ実験内容をよく理解したうえで注意して実験に臨むこと．実験中は事故を起こさないように十分注意し，危険を感じたら周囲の学生に注意するとともに必要に応じて退避するなどの措置をとり，教員に連絡すること．また，体調の異変を感じた場合，すぐに教員に報告すること．

基礎物理学実験は大学のカリキュラムの1つとして複数の学生が同時に行うので，遅刻をしてはいけない．遅刻は共同実験者に多大な迷惑をかけ，また種目によっては，実験開始時の説明や注意を聞き逃すことになり，実験遂行に支障がでたり危険を招いたりするからである．当然ながら，実験室内での飲食，喫煙は禁止である．

実験を行う際には，使用する実験器具・装置の構造と機能などについて十分な考察が必要である．器具，装置を大切に扱うことも心がけよう．一組の装置を自分だけで長期間使う研究実験の場合には，自分でその装置の保守，調整に万全を期す必要があるが，学習実験のように一組の装置を毎日交替で多くの学生が共有するような場合には，装置の手入れ，保守などの作業は想定されていない．原則としてこれは担当教員の指示のある場合だけでよい．ただ，不注意な取り扱いによって装置を破損しないような習慣を身につけることが大切である．注意書きを読まずに不用意にスイッチを入れたり，つまみを無理に回し切ったりしないこと．とはいえ，熱心に実験をやっていれば，装置が壊れることもある．それを修理する方法を覚えるのも実験のうちと考えてよい．すみやかに担当教員に申し出て対策を考えてもらい，その指示に従い，その機会を活用してひとつ余分に勉強するぐらいの心構えがあってよい．

3.　実験手順

実験室に入ってから貴重な実習時間を無駄にしないために，あらかじめテキストを十分に予習して，実験ノートに手順，操作などを整理しておくこと．特に理解すべきことは，1) 実験課題の目的や操作法，2) どのような原理を使って測定が行われるのか，である．実際の実験の手順の部分などは装置を見ながらでないと完全には理解できないことも多いが，事前に目を通しておくことが望ましい．

実験の開始前には，使うべき装置がそろっているか，破損していないかなどを確認し，異状が認められたときは，直ちに担当教員に申し出ること．

実験に失敗したと考えられる場合，原因が不明のまま，同じ実験を繰り返さないこと．そのままの状態で教員に相談し，失敗の原因を検討したうえで，再実験にかかることが望ましい．おのおのの実験課題は，手順よく実験すれば定められた時間内には終わるよう配慮されている．課題外の試みをやってみたいようなときには，特に規定課題をてきぱきと能率よく終了して，時間の余裕をつくってから試みるべきである．実技操作を主とする学習実験は，数時間にわたる集中力が必要となる種目もある．このような場合，操作をベストコンディションで行うため，区切りのよいところで10分程度の休憩をとったほうがよいこともある．

実験が終わった後には，装置の電源を切り，椅子をもとに戻し，使用した器具の後片付け，机上の清掃をする．その他，実験前と同様な状態にすべてを戻して整理し，紙くずなどを残さないようにして，次の学生が気持ちよく測定できるように配慮して帰ること．もちろん故障その他，具合が悪いところがあれば，必ず担当教員に連絡すること．

4.　結果のまとめ方

熟練した経験者が，最も優れた装置や器具を使用し，最も完全に近い実験法に従って行った実験でも，やはり測定値にはなにがしかの不確かさが伴う．基礎実験においては，この問題はますます大きくなり，その結果はそのままには信用しえない場合があるかもしれない．しかしながら，基礎実験の主たる目的は，科学的思考法を学ぶことにある．与えられた方法ならびに装置の範囲内で最善を尽くし，得た結果を理論的予測や精密な測定結果 (たとえば理科年表，物理定数表などの表の値) と比較し，差異の生じた場合にはその原因を追求できるように実験を進めることが望ましい．測定精度や，実験条件の変化についての細かい配慮があってはじめて，このようなことが可能になる．理想化された理論的予測との比較のみによって自らの実験の成否を判断するような安易な態度は，実験事実に基礎をおく自然科学諸分野の基本思想とは相いれないものであることは言をまたない．

実験が終わった後，結果とそれに基づく考察をまとめて報告することは，実験の目的からみて特に大切なことである．これは，その実験をふりかえって全体を見渡し，その意義を確認するうえでも，また，自分の仕事の内容や結果を正確に記録し，自分の意見や新しい事実を発表するための練習としても必要である．そのために，基礎物理学実験では，実験ノートのとり方に主眼をおき，実験終了後に教員・TAによるグラフチェックやノートチェックを行っている．以下，実験ノートの書き方について注意点を述べる．

4.1 実験ノート

B5判厚手のノートを用意し，まず実験計画を記入し，続けて実験結果を記録する．ありあわせの紙やレポート用紙，ルーズリーフなど，散逸しやすいものではなく，必ず綴じてあるノートを用いる．

実験ノートは，詳細に，かつ，わかりやすく整理されていることは重要であるが，必ずしも美しく，整頓されたものである必要はない．実験の進行とともに数語で書かれた見出しをつけ，必要なデータを書き取り，後でデータを解析する際に必要となるであろう留意点などを迅速に必要十分に書き取ることのほうが重要である．

記載事項は，実験日 (西暦，月，日)，共同実験者名，測定の標題，目的，原理，実験装置，測定条件，使用装置番号，測定値，単位，測定中の観察事項，さらに，気温，天候などもデータの検討に役立つ場合がある．計算経過も残しておく．

一次データは絶対に消してはいけない．前のデータが誤りと思って消すときは，線を引いて消すにとどめ，後で読めるようにしておく．途中で失敗した実験の結果も同様に残しておく．仮に 1 カ月後，あるいは 1 年後にノートを見返して，そのときにも実験の内容や結果を正しく再現できるよう，見出しとともにすべてのデータは漏らさず，絶対に消さずに記録しておくことが肝要である．このため，一次データはボールペンなど消去の難しい筆記具で書く．決して，別の紙にメモ書きしたりせず，些細なことでも最初から 1 冊のノートに直接記録する習慣をつけるようにする．

2 人共同して実験する際にも，ノートは各自独立につくり記録する．測定と記録は分担してもよいが，担当が固定化しないよう配慮し，同一測定を 2 回以上繰り返す場合などは交代して多くを経験するよう心がけることが望ましい．これは測定のばらつきの原因ともなるが，逆に個人差に基づく測定の不確かさの見当をつけることに役立つ．

基礎物理学実験では，実験ノートにはデータの記録だけではなく，データ整理，解析や考察も合わせて書き込む．教科書の問題や質問にも解答し，同じノートに書くこと．これは実験の各段階で測定結果を考えながら実験を進める力を養うとともに，典型的なレポートや科学論文の書き方を学ぶためである．実験結果の整理・解析は実験終了後直ちに行い，ノートにまとめる．それをもとにして個別に討論を行う．さまざまな疑問がその場で解決されるであろうし，また誤りが時間内に発見されることにより，再実験することも可能になる．さらに，実験における討論のもつ積極的な意味について体得できるであろう．これらをまとめて考察とすることが望ましい．

考察と感想を混同しないように留意すること．測定結果は，いってみればデータの羅列であり，それにどのような意味をもたせるかについては測定者の意図に関わる．以下で「結果」と「考察」を分けているのはそのためで，「考察」には測定者の独創性が反映されるのである．

基礎物理学実験の実験ノートでは，予習の段階ではじめに実験題目，共同実験者名，実験日 (西暦，月，日)，そして本テキストにある目的・原理・実験装置を 1～3 ページくらいにまとめて書く．そして，実験当日は測定データとその解析や考察へと書き進んでいく．ページ番号も忘れずに記入すること．

目的・概要　教科書に書いてあることを，自分自身で理解して，教科書の丸写しでなく自分自身の言葉で記す．

原理・実験装置　一般には，物理法則に立脚した測定方法の要点を，専門家が読めばその実験を再現しうる程度に記す．ただし，基礎物理学実験においては，手順などは教科書に記してあるので，短い見出しのほかは簡潔にまとめる程度で十分で，まして丸写しする必要などさらさらない．教科書にあるのとは異なった方法をとった場合は，その詳細を記しておくこと．

結果 (測定データとその解析)　実験の経過や測定結果を余すことなく記録することを心がける．使用した装置番号や試料の名前，形状とか実験の状況も含めて記録し，後日読み返したときにもそのときの実験の様子が頭の中で再現できるように書かれていることが望ましい．測定結果については，個々の測定値 (生データ) をそのまま記すとともに，測定値を多少整理した，より一般的な意味を有するパラメータに変形したデータや，より深くデータを解析した結果をまとめる．定量的な結果の記述をわかりやすくするために，データは図や表にまとめる．図，表にはそれぞれタイトルをつけ，グラフの縦軸，横軸には定規で線を引き，目盛と物理量および単位を必ず記す．グラフ上の測定点には，必要に応じて不確かさの大きさを示す棒をつける．21 ページの「序章　**8.** グラフの描き方」も参考にすること．グラフは必ずグラフ用紙を用い，細かい修正にも対応できるよう鉛筆書きとする．直線は必ず定規で，曲線もできるだけ曲線定規で記入する．完成したグラフは適切な大きさに切り取り，ノートに全面をしっかりと貼り付けること．

考察　毎回の実験ノートの最後には，必ず考察を書く．結果から何が結論されるのか，その妥当性や相違について評価や批判を加える．また実験中に気づいた問題点やその解決方法，測定の不確かさについての議論，そのほか考えたことをまとめる．各自の測定結果に基づいた考察が望ましいが，実験や理論に関して自分で発展学習として調べたことがあれば，是非それも書いておくとよい．なお，実験ノートは提出するレポートとしての役割もあるため，考察は各種目 1〜2 ページを標準とし，最大 4 ページとする．

測定量の扱い方

5.　不確かさの意味とその重要性

精密科学では，現象の定性的な観察にとどまらず，さらに現象にあずかる諸量の量的関係を定量的に研究するのが普通である．すべての測定値は常にある曖昧さを伴っている．このため，測定値 (あるいは観測値) は，普通の数学で用いる数値とは異なった取り扱いをしなければならない．測定値はその曖昧さに関する情報を伴ってはじめて十分な意味をもつ．

物理量 X の測定結果は，得られた値 x とその値の曖昧さの程度を示す不確かさ (uncertainty) の両方を伴って記される必要がある．

不確かさは，実験値につけられたひとつの付加情報であるから，適切でない値をつけたのでは意味がないばかりでなく，時には誤解を招くことになる．以下では，不確かさ Δx はどのような性質の量であり，どのように推定するのが適当であるかについて述べる．なお，ここでは，1 回ごとの測定で得られる値を**測定値**，複数の測定値を処理して得られた最終結果を**実験値**と呼ぶことにする．最終的に得たい値を 1 回の測定だけで得た場合は測定値が実験値になる．そこで，両方をまとめて扱うときは，「実験値」で代表させる．測定値も実験値も不確かさを伴うが，一般にその不確かさの値は異なる．

不確かさの値を大きく見積もりすぎても小さく見積もりすぎてもよくないことは，次の 2 つの例における不確かさの見積もりの重要さからも理解できるであろう．

1. 陽子の質量を従来のどの測定よりも高い精度で測定しようとするとき：
   この場合，新しい測定法で得られる値の不確かさが従来の方法で得られる値の不確かさよりも本当に小さいかどうかを判定しなければならない．
2. ある工場で，直径 10 mm として製造した鋼球の実際の直径を測定し，9.99 〜10.01 mm の範囲にあるものを選んで合格品としたいとき：
   この場合，測定値の不確かさが 0.01 mm より十分小さくないと，検査自体の意味がない．

いずれの場合も，不確かさの見積もりが適切にできてはじめて，その測定法，あるいは得られた実験値が適切なものかどうかの判断ができる．しかし，不確かさを厳密に決めることは原理的に不可能である．曖昧さがあるからこそ不確かさが問題になるのだから．それにも関わらず最も適当と思われる値を推定しなければならないところに，不確かさを求める問題の難しさがある．

科学実験においては，不確かさが測定値の価値を決める．不確かさを検討しなければならない機会は，少なくとも 2 度ある．1 度は，もちろん測定が終わった後であるが，もう 1 つ，実は事前に予備測定を行い，その測定が十分な精度をもつことを確認する必要がある．そこで，見積もられた不確かさが大きすぎるときは，測定法の検討をしなければならない．ただし，学生実験の場合は，測定がすべて終わった後での見積もりのみをすればよい．不確かさの検討には，装置や器具，測定法に関する十分な知識が不可欠であるが，それらは，測定をしながら学ばざるを得ない場合が多いからである．学生実験においても，実験後の検討によって大きな不確かさがあることがわかったときは，その原因を調べ，不適切な実験が原因であることが明白になり，残り時間内に正しい測定が可能なときは，実験をやり直すことは大切な心がけである．

ここで，「不確かさ」という用語は，数学的な誤差論で扱う「誤差 (error)」とは**異なる概念**であることに注意したい．通常，誤差論では，ある物理量 X の「真の値」x_0 があるとして，x_0 と測定値 x の差

$$\varepsilon = x - x_0 \tag{0.1}$$

を「誤差」と定義して議論を始める (たとえば付録 C を参照)．しかしよく考えてみると，観測が人の作った道具や装置を用いて行われるものであり，また試行回数が有限である以上，真の値は決して完全には求められない値である (x_0 が定義値として与えられる場合を除く．)．一方，不確かさ Δx は，「真の値」に依存しないで測定値の曖昧さを表す量であり，用いた測定法自体の評価や測定値のばらつきなどから確率論的な解釈に基づいて推定される．

実は「誤差」と「不確かさ」を厳密に区別しようとする動きは最近のもので，実際，最近までの大多数の文献では，ε と Δx のどちらも「誤差」と呼んでいる．科学実験の分野で一般に「不確かさ」という表現が用いられるようになるには，まだ数年を要するものと思われる．それまでは，「不確かさ」という用語を用いる側で，コミュニケーション上の誤解がないように，あらかじめ説明をしてから用いるなどの注意が必要であろう．

6. 不確かさの原因と評価法

6.1 不確かさの原因と評価方法

不確かさの原因には多くの可能性があるが，ここでは次の2つに分けて考える．

1. 現象自体の確率的性格によるもの．
2. それ以外のもの．たとえば，
   (a) 装置が不安定であったり，測定者が未熟だったりするため，測定値の再現性が完全でないことによるもの．
   (b) 装置の示す値 (目盛など) が正確でないため，または，「丸め (四捨五入，切捨てなど)」によるもの．

原因1の代表的な例として，放射線の計数の測定などにみられる不確かさがある．この場合，決められた時間内の計数の期待値が N_0 であっても，実際に観測される個々の計数は N_0 であるとは限らず，任意の値 N が，**ポアソン分布**

$$p(N) = \frac{{N_0}^N}{N!}\, \mathrm{e}^{-N_0} \tag{0.2}$$

に従う確率で発現することが知られている．ポアソン分布はその分布の広がりを示す**標準偏差**が期待値の平方根 $\sigma = \sqrt{N_0}$ で与えられるという特殊な性質をもつ分布である．

一方，原因2のうち (a) では，物差しで長さを測ったとき，最小目盛の10分の1まで読んだら毎回読みの値が異なった場合とか，ある金属のある温度における電気抵抗を測定したとき，温度調節器の性能が不十分で温度が不規則に変化し，そのために抵抗値もばらついた，というような場合が考えられる．また，(b) については，長さを測る物差しの目盛が正しくない場合や，目盛がついている桁までの値に四捨五入した場合がある．この種の不確かさが大きすぎるときは，より精密な器具を用いたり，目盛の較正を行ったり，場合によっては測定法そのものを変更せざるを得ないこともある．しかし，もしそれ以上の制御が不可能であれば，確率的な取り扱いが可能であるとみなして，不確かさを見積もる必要がある．

6.2 確率的に取り扱える不確かさの求め方

ガウスの誤差論は，すべての誤差に対して確率的な扱いが可能であると仮定する立場に立っている．付録Cにその数学的な基礎が述べてある．ガウスの誤差論は，「真の値」x_0 を「無限回測定したときの x に対する期待値」と読みかえることにより，不確かさを扱う数学の基本ともなるので，ここでその結論を概観しておこう．

不確かさの原因が確率的変動にあるとして，いくつかの自然な仮定をすると，測定値 x は「真の値」x_0 のまわりにガウス分布

$$p(x) = \frac{1}{\sqrt{2\pi\sigma^2}} \exp\left[-\frac{(x-x_0)^2}{2\sigma^2}\right] \tag{0.3}$$

に従って分布すると期待できる．

σ はガウス分布の**標準偏差**で，分布の広がりを表す．一般に非常に多くの測定をした場合，σ は次の極限値

$$\sigma = \lim_{n\to\infty} \sqrt{\sum_{i=1}^{n} \frac{(x_i - x_0)^2}{n}} \tag{0.4}$$

で与えられる．ガウス分布は x_0 のまわりに対称的であり，$x_0 \pm \sigma$ で限られる面積は全面積の約 68％である．また，$x_0 \pm 2\sigma$ で限られる面積は全面積の約 95％である．したがって，何回かの測定を繰り返せば，測定値のうち約 68％が $x_0 + \sigma$ の範囲に，約 95％が $x_0 \pm 2\sigma$ の範囲に含まれると期待される．その意味で，何らかの方法で σ を推定できれば，ある 1 回の測定で得られた測定値の不確かさを $\Delta x = \sigma$ と推定したことになる．なお，標準偏差の推定値で表した不確かさを**標準不確かさ**という．通常，単に実験値の不確かさといえば，**標準不確かさ**のことである．

ところで，1 回だけの測定値 x と σ の関係が容易に推定できるのは，x が放射線の係数 N のように，分布がポアソン分布に従うことがあらかじめわかっている場合のみであるといってもよい．この場合は，無限回測定したときの期待値 $X_0 = N_0$ と測定値の分布の標準偏差 σ との間に

$$\sigma \approx \sqrt{N_0} \tag{0.5}$$

なる関係がある．N_0 は未知の量であるが，測定値 N は多くの場合，N_0 に近いはずであるということから，$\sqrt{N}$ を σ の推定値としてよい．したがって，不確かさを付けた測定値の表示は

$$N = 「N \text{ の数値}」\pm「\sqrt{N}\text{の数値}」 \tag{0.6}$$

となる．ただし，これは N が測定で得られた計数そのものであるときに限って成り立つ関係である．この計数をもとに処理した数値，たとえば単位時間あたりの計数 (すなわち計数率) などは，平方根を不確かさとするのではなく，後で述べる「合成標準不確かさ」の決定の方法に従って不確かさを求めなければならない．

原因2による測定値の分布は，当然1回だけの測定からは得られないし，ポアソン分布に従う計数の場合のようにσを(0.5)のごとく推定することもできない．しかし，この場合でも，不確かさを確率的に扱えると仮定することにより，複数回の測定をしたのち，測定値を平均して得られる実験値の不確かさを推定することができる．以下では，その手法について簡単に述べる．

統計学によれば，同じ条件の下で物理量Xの測定を繰り返すと，測定値x_1, x_2, $\cdots$, x_nは，期待値の推定値(平均値)

$$\overline{x} = \frac{x_1 + x_2 + \cdots + x_n}{n} = \frac{1}{n}\sum_{i=1}^{n} x_i \tag{0.7}$$

のまわりに分布する．その分布の広がりは実験標準偏差

$$s = \sqrt{\frac{\sum (x_i - \overline{x})^2}{n-1}} \tag{0.8}$$

で表される．これは，Xの各測定値x_1, x_2, $\cdots$, x_nのばらつきを表す量であるから，データx_kの不確かさは，どれをとっても

$$\Delta x_k = \sqrt{\frac{\sum (x_i - \overline{x})^2}{n-1}} \tag{0.9}$$

である，ということができる[注1]．

注1　分母が$n-1$になっているのは，sに現実に得られたn個のデータの分布の標準偏差ではなく，無限回測定したときの測定値の分布の標準偏差σの推定値としての意味をもたせてあるからである．その表式に$\overline{x}$が含まれているので自由度が1だけ減ったことに対応している(詳しくは付録Cを参照のこと)．

個々の測定値の不確かさ(0.9)式に比して，元の不確かさは小さくなることが期待されるので，$\overline{x}$をこの測定で得られた最終的な実験値とすべきである．そこで，$\overline{x}$の不確かさ$\Delta\overline{x}$を求める方法が必要になる．それは，1回ごとの測定が互いに独立であることに注意すると，平均値$\overline{x}$の不確かさは，

$$\Delta\overline{x} = \frac{s}{\sqrt{n}} = \frac{\sqrt{\sum (x_i - \overline{x})^2}}{\sqrt{n(n-1)}} \tag{0.10}$$

となる．$\Delta\overline{x}$を平均値の実験標準偏差という．以上のことから，繰り返し観測を行って得られた結果は，測定値の平均値を実験値とし，平均値の実験標準偏差をその標

準不確かさとして

$$X = 「\overline{x} の数値」\pm「\Delta\overline{x} の数値」単位 \tag{0.11}$$

と書くことができる．なお，この最終的な実験値の式 (0.11) において，左辺の X は物理量を表す文字を意味するが，一般に物理量には大文字を用いなければならないことを意味するわけではない．また，この右辺のように物理量を数値で表すときは必ず単位を付記する．数値の後に付ける単位は ( ) や [ ] の中には入れない．たとえば $a = 1.0$ (cm) ではなく $a = 1.0\,\mathrm{cm}$ と書く．

同一量に対して複数回の測定を行ったときのひとつひとつの測定値 x_k $(k = 1, 2, \cdots, n)$ の不確かさ Δx_k と，平均値 $\overline{x}$ の不確かさ $\Delta\overline{x}$ を比較すると，後者が $\dfrac{1}{\sqrt{n}}$ だけ小さくなっていることがわかる．これは，たとえ 1 回ごとの測定値のばらつきが大きかったとしても，測定回数 n を大きくとることによって，その平均値 $\Delta\overline{x}$ の不確かさを小さくできることを意味している．このことは実験 6「GM 計数管と霧箱による放射線の測定」で具体的に学ぶ．

まとめると，「実験値 $\overline{x}$ の標準不確かさが $\Delta\overline{x}$ である」ということは，「もしさらに同様の測定とデータ処理を経て $\overline{x}$ を求めるプロセスを繰り返し行って複数個の実験値を得たとすると，その実験標準偏差は $\Delta\overline{x}$ であると期待される」ということである．このように，繰り返しによって意味づけられた量を，**それをしないで**推定することが，標準不確かさ $\Delta\overline{x}$ を決める作業の中身である．しかも，いくら注意深く推定しても，$\Delta\overline{x}$ は有効数字 1 桁程度の精度でしか意味をもたないことに注意しなければならない．これは，不確かさがまさに「曖昧さ」の目安を与える量であることの必然的帰結である．

6.3　確率的でない不確かさの扱い

原因 2 (b) による不確かさは，確率的でないといえる．その典型的な例として，長さを測る物差しの目盛が正しくない場合を考えよう．この種の不確かさが大きすぎるときは，より精密な器具を用いたり，目盛の較正 (こうせい，calibration，校正とも書く) を行ったりして，その不確かさを確率的な原因による曖昧さよりも小さくして，その後に残る曖昧さを不確かさとして扱うのが望ましい．較正とは，より正確な測定器の目盛と比較したり，条件を制御して高精度で値が決まっている状況をつくって測定したりすることによって，実際の使用する測定器の目盛のずれをチェックして換算表をつくり，その測定器でより正確な測定ができるようすることをいう．

自作の測定器具は必ず較正が必要である．市販の器具を用いる場合は，その器具の「公差」を調べ，それが他の原因による不確かさより小さいときは，公差をその器具による不確かさとすれば十分である．公差とは，測定器具を製造・販売するときに守らなければならないと規則で定められている数字である (付録 B 参照)．市販の器具はこれを守るように製造プロセスが制御されているので，個々の製品の狂いは，公差より小さいはずである．ある測定器具の公差が他の原因による不確かさより大きいときは，より公差の小さい器具 (製品等級のより高い器具) を用いたり，較正を行って精度を上げ，較正後に残る不確かさを見積もったりしなければならない．

数値の丸めによる不確かさも，確率的ではない．たとえば，長さの測定をしたときに，目盛がついている桁までに四捨五入した場合などがその例である．この場合は，四捨五入によって不確かさが生じるが，当然，他の原因による不確かさと比較して不確かさが大きくならないように，四捨五入する桁を選ばなければならない．場合によっては，精度の高い (下の桁まで測定できる) 器具に変更して測定をやり直す必要も生じる．

また，長さを測る場合の例でいえば，被測定物に物差しを正しくあてることが不可能な場合や，被測定物の端が丸くなっていてそもそも長さが正確に定義できない場合などが考えられる．この種の不確かさは，その性質上，測定を行った本人が最もよくその大きさを推定できる立場にあるので，責任をもって注意深く判断し，適切な値を見積もらなければならない．その結果得られた不確かさが，他の原因によるものよりも大きいときは，測定法の改善を検討しなければならないのは，繰り返し述べてきた通りである．

6.4　総合的な不確かさの求め方

これまで，ひとつの測定量 x (測定値あるいは実験値) に対して，異なる原因の不確かさを個別に考えてきたが，実際は，それらすべての寄与から，x の不確かさが決まっている．われわれが求めるべきは，そのような，すべての原因の結果として生じる総合的な不確かさ Δx である．それは次のようにして求めるのが普通である．まず，原因 $(\alpha,\ \beta,\ \cdots)$ に応じて分類し，それぞれから生じる不確かさ Δx^{α}, Δx^{β}, $\cdots$ を評価する．そのうえで，すべての原因の不確かさが独立で，かつ確率的な考え方で取り扱ってもよいと仮定すると，総合的な不確かさは

$$\Delta x = \sqrt{(\Delta x^{\alpha})^2 + (\Delta x^{\beta})^2 + \cdots} \tag{0.12}$$

で与えられる．Δx^{α} (>0) などの単なる和

$$\Delta x = \Delta x^{\alpha} + \Delta x^{\beta} + \cdots \tag{0.13}$$

によって総合的な不確かさを評価すると (0.12) 式よりも大きくなる．これは，(0.13) 式では，各原因による不確かさが部分的に打ち消し合う可能性が考慮されていないからである．

6.5　合成標準不確かさ (間接測定の不確かさ) の求め方

これまでは，ひとつの測定手段で測定される量 x あるいは $\overline{x}$ について，そのさまざまな原因を考え，それらを総合した不確かさ Δx あるいは $\Delta\overline{x}$ を求める方法を見てきた．ここでは，N 個の物理量 $X, Y, Z, \cdots$ の関数として求められる物理量

$$W = f(X, Y, Z, \cdots) \tag{0.14}$$

の不確かさについて考える．これについては実験 11「ヤング率」で特に詳しく学ぶ．実験 9「ケーターの可逆振り子」と実験 10「干渉計による空気の屈折率の測定」においても本節の式を使用する．

まず，$X, Y, Z, \cdots$ の実験値を $x, y, z, \cdots$ とすると，求めたい物理量である W の実験値 w は

$$w = f(x, y, z, \cdots) \tag{0.15}$$

と書くことができる．われわれが求めたいのは，この w の標準不確かさ Δw である．その方法を以下に述べる．それぞれの測定量の総合的な不確かさ $(\Delta x, \Delta y, \Delta z, \cdots)$ はすでに求められているとする．このとき，すぐ後の●**参考 1** によれば，w の不確かさ Δw は，不確かさの伝播則

$$\Delta w = \sqrt{\left(\frac{\partial f}{\partial x}\right)^2 (\Delta x)^2 + \left(\frac{\partial f}{\partial y}\right)^2 (\Delta y)^2 + \left(\frac{\partial f}{\partial z}\right)^2 (\Delta z)^2 + \cdots} \tag{0.16}$$

で与えられる．

(0.16) 式は関数 $f(x, y, z, \cdots)$ の形がどのような場合でも使える関係式であるが，ここで，特別な場合の便利な表式を求めておく．f が**線形関数 (和または差の形)**

$$w = f(x, y, z, \cdots) = ax + by + \cdots \tag{0.17}$$

のときは，

$$\Delta w = \sqrt{a^2(\Delta x)^2 + b^2(\Delta y)^2 + \cdots} \tag{0.18}$$

となる．一方，**積または商の形**

$$w = f(x, y, z, \cdots) = ax^m y^n \cdots \tag{0.19}$$

のときは，

$$\Delta w = \sqrt{(amx^{m-1}y^n \cdots)^2(\Delta x)^2 + (anx^m y^{n-1} \cdots)^2(\Delta y)^2 + \cdots} \tag{0.20}$$

となる．この場合は，

$$\frac{\Delta w}{w} = \sqrt{\left(m\,\frac{\Delta x}{x}\right)^2 + \left(n\,\frac{\Delta y}{y}\right)^2 + \cdots} \tag{0.21}$$

のように相対不確かさで表現すると，どの量の不確かさが最も影響が大きいかを見やすい形になる．

●**参考 1**　いま，独立な物理量 X, Y, Z, $\cdots$ の関数 $W = f(X, Y, Z, \cdots)$ があり，仮想的に無限に多くの回数測定したときの各物理量 X, Y, Z, $\cdots$ の測定値の平均値を，x_0, y_0, z_0, $\cdots$ とし，それによって与えられる W の推定値を $w_0 = f(x_0, y_0, z_0, \cdots)$ とする．一方，実際に有限の回数 n 回の測定を行ったときのデータの組を $(x_i, y_i, z_i, \cdots)$ $(i = 1, 2, \cdots, n)$ とすると，それぞれの測定について，x, y, z, $\cdots$ の十分小さな仮想的な変動 $\delta x_i = x_i - x_0$ などによる w の変動 $\delta w_i = w_i - w_0$ は，1 次のテイラー級数展開

$$\delta w_i = \frac{\partial f}{\partial x}\delta x_i + \frac{\partial f}{\partial y}\delta y_i + \cdots \tag{0.22}$$

で近似できる．(0.22) 式を 2 乗して i についての和をとると，

$$\begin{aligned}\sum_i(\delta w_i)^2 = &\left(\frac{\partial f}{\partial x}\right)^2\sum_i(\delta x_i)^2 + \left(\frac{\partial f}{\partial y}\right)^2\sum_i(\delta y_i)^2 + \cdots \\ &+ 2\left(\frac{\partial f}{\partial x}\right)\left(\frac{\partial f}{\partial y}\right)\sum_i \delta x_i \delta y_i + \cdots\end{aligned} \tag{0.23}$$

簡単のために，$(x_i, y_i, z_i, \cdots)$ $(i = 1, 2, \cdots, n)$ が互いに独立な場合を考えると，$\sum \delta x_i \delta y_i$ などは正，負が相殺してそれぞれ 0 になると考えて無視できるので，両辺を n で割ると，

$$\sum_i \frac{(\delta w_i)^2}{n} = \left(\frac{\partial f}{\partial x}\right)^2\sum_i\frac{(\delta x_i)^2}{n} + \left(\frac{\partial f}{\partial y}\right)^2\sum_i\frac{(\delta y_i)^2}{n} + \cdots \tag{0.24}$$

となる．したがって，$n \to \infty$ の極限では各量の標準偏差の関係として

$$\sigma_w{}^2 = \left(\frac{\partial f}{\partial x}\right)^2 \sigma_x{}^2 + \left(\frac{\partial f}{\partial y}\right)^2 \sigma_y{}^2 + \cdots \tag{0.25}$$

が成り立つことがわかる．

実際には，n は有限であるが，このときには，各量の測定の標準不確かさ，すなわち測定値の分布の実験標準偏差 s_x などと，w の標準不確かさすなわち w の分布の実験標準偏差 s_w などの間に同様の関係

$$(s_w)^2 = \left(\frac{\partial f}{\partial x}\right)^2 (s_x)^2 + \left(\frac{\partial f}{\partial y}\right)^2 (s_y)^2 + \cdots \tag{0.26}$$

が成り立つ．よって

$$s_w = \sqrt{\left(\frac{\partial f}{\partial x}\right)^2 (s_x)^2 + \left(\frac{\partial f}{\partial y}\right)^2 (s_y)^2 + \cdots} \tag{0.27}$$

となる．これを w の個々の測定値の**合成標準不確かさ**という．さて，われわれが欲しいものは，それぞれの測定量の複数回の測定の平均値 $\overline{x}, \overline{y}, \overline{z}, \cdots$ から得られる実験値 $\overline{w} = f(\overline{x}, \overline{y}, \overline{z}, \cdots)$ の合成標準不確かさ $\Delta\overline{w}$ である．これは，それぞれの測定量の平均値の実験標準偏差 $\Delta\overline{x}$ などを用いて

$$\Delta\overline{w} = \sqrt{\left(\frac{\partial f}{\partial x}\right)^2 (\Delta\overline{x})^2 + \left(\frac{\partial f}{\partial y}\right)^2 (\Delta\overline{y})^2 + \cdots} \tag{0.28}$$

で与えられる．(0.27) 式あるいは (0.28) 式は**不確かさの伝播則** (Law of Propagation of Uncertainty) と呼ばれる．ともに，測定値あるいは実験値の合成標準不確かさ (間接測定の不確かさ) が，直接測定された量あるいはその平均値の標準不確かさを用いて「ピタゴラスの定理」に類似の式で求められることを示す．総合的な不確かさの (0.12) 式も同様の考え方で導かれている．

7.　数値の取り扱い

7.1　測定値や実験値の数値表示

不確かさをもつ測定値や実験値の数字をむやみに幾桁も並べても意味がない．どの桁までを記せばよいかは，不確かさを求めた後に決まる．たとえば，ある距離 x の実験値が 126.28 m と得られており，その不確かさを求めたところ $\Delta x = 0.4$ m であったとする．このときは，実験値を不確かさの桁まで残して四捨五入して 126.3 m

とし，

$$x = 126.3(4)\,\mathrm{m} \tag{0.29}$$

あるいは，10 のべき乗を用いて，

$$x = 1.263(4) \times 10^2\,\mathrm{m} \tag{0.30}$$

と書く．このとき不確かさの大きさを表している数値の一番小さい桁 (この場合は "4" の桁) と，実験値を表す数値の一番小さい桁 (この場合は "3" の桁) が揃っていると考えて読むことになっている．すなわち，不確かさの大きさは 0.4 m (あるいは 0.004×10^2 m) であって，4 m (あるいは 4×10^2 m) ではないことに注意する．

また，実験値が 325.41 m であり，その不確かさが 0.04 m であったときは

$$x = 325.41(4)\,\mathrm{m} \tag{0.31}$$

$$x = 3.2541(4) \times 10^2\,\mathrm{m} \tag{0.32}$$

となる．不確かさの表記が (4) と同じように書かれていても，最初の例では実験値 126.3 m の一番小さな桁 (0.1 の桁) に合わせて 0.4 を表しており，この例では実験値 325.41 m の一番小さな桁 (0.01 の桁) に合わせて 0.04 を表していることに注意する．

なお，以前は

$$x = 126.3 \pm 0.4\,\mathrm{m} \tag{0.33}$$

$$x = (1.263 \pm 0.004) \times 10^2\,\mathrm{m} \tag{0.34}$$

のような表記もよく用いられたが，$\pm$ を用いた表記は分野によって異なる意味で慣習的に使われてきた (たとえば，製図で「公差」を示すために用いる $\pm$ の用法と比較せよ) という事情もあり，混乱を避けるため，不確かさを示す記法としては推奨されないことになっている．

7.2　有効数字

測定値あるいは実験値に不確かさが付けられていないときには，表示されている最小の桁に何らかの不確かさがあると考える．たとえば，長さが 25.4 cm という場合，0.1 cm の位に不確かさがあることを意味する．表示されている数字を有効数字といい，この例の場合は「有効数字が 3 桁である」という．25.4 と 25.40 は数学的には等しいが，物理的な測定値としては異なった意味をもっているから注意しなく

てはならない．前者は上に述べたように 0.1 cm の位に不確かさがあることを意味するが，後者は 0.01 cm の位に不確かさがあることを意味する．25.4 cm を他の単位で表すと 0.254 m，0.000 254 km，254 mm などとなるが，有効数字は 254 の 3 桁だけで，あとの 0 は位取りに生じたもので有効数字ではない．有効数字，位取りのことをはっきり示すために，10 のべき乗を用いて 2.54×10^{-1}，2.54×10^{-4}，2.54×10^{2} などと書くことが多い．たとえば，25.4 cm (2.54×10 cm) を μm で表すと 2.54×10^{5} μm となるが，254 000 μm と書くと有効数字が 6 桁，いいかえれば μm の精度で測定が行われたことになるから，表記を間違えないように注意する必要がある．

7.3　数値計算

物理実験で取り扱う数値が不確かさをもったものであることは，繰り返して述べてきたとおりである．最近では電卓やパソコンの普及で数値計算はほとんどの場合計算機で行うようになったが，計算機に表示された数字をそのまま書き写すのは適当でない．特に最終結果の数値を書く場合には，測定値の不確かさに関する考察を行い，有効数字がどこまでであるのかをよく考えて書くべきである．途中結果も，無用に桁が多いのは感心しない．

以下に，計算が主に紙と鉛筆で行われていた頃よく用いられた，有効数字を生かす省略算の方法を紹介する．この先人の知恵をよく吟味すれば有効数字に対する理解も深まるであろう．

1. 測定値から算術平均値を求める場合

   たとえば，左の列には 7 個の測定値の平均値を求める普通のやり方が示してある．しかし，平均値が 41.5 に近いことがすぐわかるから，右の列に示すように，それと各測定値の差だけをつくり，それらについての平均値を考えると計算が簡単になる (いずれの計算法にしても，たとえば 3 が 7 で割り切れないからといって 42857$\cdots$ と無意味に 4 の後に数字を並べてはいけない)．

$$
\begin{array}{rr}
 & 41.53 \\
 & 41.49 \\
 & 41.48 \\
 & 41.53 \\
 & 41.51 \\
 & 41.47 \\
+ & 41.42 \\
\hline
7\,) & 290.53 \\
\hline
 & 41.504
\end{array}
\qquad\qquad
\begin{array}{rr}
 & +0.03 \\
 & -0.01 \\
 & -0.02 \\
 & +0.03 \\
 & +0.01 \\
 & -0.03 \\
 & +0.02 \\
\hline
7\,) & +0.03 \\
\hline
 & +0.004
\end{array}
$$

2. 加減，乗除あるいはその他の演算の場合

「**6.5** 合成標準不確かさ (間接測定の不確かさ) の求め方」で述べた直接測定値の不確かさと間接測定値の不確かさとの関係を考慮して，適当な省略を行い，無駄な労力を避けることができる．

(a) 加減算：(0.18) 式からわかるように，各項の不確かさの値自体が結果値へそのまま伝わる．各項の有効数字の最後の位がそろっていないときは，不確かさの最も大きいものに合わせて省略を行うのがよい．いま，以下に書いてあるような 3 つの数値の和を考えよう．それぞれの数値の最後の位に ±1 程度の不確かさがありうるとする．普通の算法は左のようになる．

$$
\begin{array}{rr}
 & 1734 \\
 & 281.2 \\
+ & 6.384 \\
\hline
 & 2021.584
\end{array}
\qquad\qquad
\begin{array}{rr}
 & 1734 \\
 & 281.2 \\
+ & 6.4 \\
\hline
 & 202\not{1}.\not{6} \\
 & 2
\end{array}
$$

3 つの数字の有効数字の桁数あるいは相対不確かさは同じ程度だが，不確かさの値自体は異なり，1734 の不確かさが一番大きく ±1 程度の不確かさがある．結果値もこれと同程度の不確かさをもつはずだから，小数点以下を正確に計算しても無意味で，右側のようにすればよい．途中の計算では，万全を期して小数点 1 位までとってあるが，最後の結果値では小数点より下は四捨五入する．

(b) 乗除算：(0.21) 式の関係からわかるように，各項の相対不確かさが結果値へ伝わる．有効数字の桁数の違う 2 つの数字を掛ける場合，たとえば 53.86×27 について考えよう．ともに，最後の位の数字に ±1 程度の不確

かさがありうるとする．有効数字の少ない 27 の桁数すなわち 2 桁，あるいはせいぜい 3 桁が積の有効数字と考えられる (もう少し厳密に相対不確かさを考えると，2 つの数値の相対不確かさの絶対値はそれぞれ 2×10^{-4}，3.7×10^{-2} で，積の相対不確かさは後者と同じくらいである．積はほぼ $50 \times 30 = 1500$ であるから，不確かさは ± 60 ぐらいで有効数字 3 桁で十分ということになる)．普通の算法では，左のようになるが，実際には右のように省略算を行えばよい．

$$
\begin{array}{rr}
 & 53.86 \\
\times & 27 \\
\hline
 & 377\ 02 \\
 & +1077\ 2 \\
\hline
 & 1454.22
\end{array}
\qquad\qquad
\begin{array}{rll}
 & 4\ 9 & \\
 & 5\not{3}.\not{8}\not{6} & \\
\times & 27 & \\
\hline
 & 10\ 78 \cdots\cdots & 53.9\ \times 2 \\
+ & 3\ 78 \cdots\cdots & 54\ \ \ \times 7 \\
\hline
 & 14\ \not{5}\not{6} & \\
 & 6 = & 1.46 \times 10^3
\end{array}
$$

上位の数字 2 から掛け算を行う．まず 53.86 を四捨五入して 3 桁にしておく．次に 7 を掛けるときは 53.9 をさらに四捨五入して 2 桁にする．
なお乗除算の場合，計算機を用いるときでも同じであるが，位取りを間違わないようにするため，最初の数字を 1 位の数にしてこれに 10^n を掛けた形にして考えるとよい．たとえば

$$3795 \times 75.74 = (3.795 \times 10^3) \times (7.574 \times 10) = 3.795 \times 7.574 \times 10^4$$

と書き換える．

8. グラフの描き方

実験ノートの記入とグラフの作成では注意すべきことがらが異なる．実験ノートでは一度書いたことを消さないことが大切である．間違いを含む (と思った) 数値は，消しゴムでは消さずに，それとわかる記号をつけて，正しい (と思った) 数値を別に記入する．これは，一度得られた数値には何らかの意味があることが多く，場合によっては間違いではなく新しい発見になっている場合もあり，消してしまうことは情報の重大な損失になるからである．共同研究の場合は，共同研究者に迷惑をかけることにもなりかねない．

一方，グラフは正確にきれいに描くことが大切である．グラフのもとになる数値

は必ずあらかじめ表にしてノートに記すこと．情報はすべてその表の中に含まれているはずであるが，そのままではデータの特徴を一目で理解するのが難しいから，グラフにするのである．したがって，グラフを描くときには間違ったらきれいに消して正確なものに改める必要がある．筆記用具は鉛筆を用いるのがよい．ペンを用いるとちょっとでも間違ったときに全体を描き直すことになるので無駄が多い．

グラフには，縦軸と横軸の物理量，単位およびスケールを明示し，また，どのような量の間の関係であるかを示す標題をつける．グラフ用紙を使う場合にも，縦軸，横軸は定規を使って鉛筆で記入すること．測定点は，はっきりわかるように描く．そのために点のまわりを○で囲むとか，×で表すとかしたほうがよい．特に，ひとつのグラフに複数の違った系列の実験値をプロットする場合には，系列ごとに○，●，△，▲，□，■など，異なるシンボルを使い分ける．色を変える場合も，白黒コピーした場合でも区別できるように，シンボルも変えるほうがよい．凡例も必ず付けること．

また，不確かさがわかっている場合には，縦軸の量の不確かさなら実験値を表す点の上下に，横軸の量の不確かさなら左右に，標準不確かさの大きさに対応する長さ (つまり両側合わせると不確かさの 2 倍の長さ) の棒を付ける．(これは以前から「誤差棒 (error bar)」と呼ばれている．「不確かさ棒」とでも改められるべきであるが，「誤差」同様，今後しばらくは以前の呼び名が残ると思われる．) 棒の長さが標準不確かさを表している場合，その範囲に収まる確率は約 70 % であるから，ばらついているデータのうちほぼ 3 点に 1 点の割合で，この範囲から外れていてもかまわない．ただし，標準不確かさの 2 倍の範囲を外れる確率は 5 % 未満なので，あまり大きく外れている場合は，測定の不具合として再測定するか，あるいは測定値を信頼するならば，逆に不確かさの評価を再検討する必要がある．

測定点の間を線で結びたくなることがあるかもしれないが，原則としてその必要はない．特に，実験とは独立に求めた理論曲線が測定点の近くを通っている場合には，不要である．ただし，なめらかな変化を測定点から推定して次の解析に必要な量 (ピークの幅など) を求めたい場合には，点の間をぬって通るなめらかな線を引くことがある．また実験値が直線上に並んでいることを示すために直線を引くこともある．これらの場合，最小 2 乗法を用いることもある．いずれにしても線を引いたために測定点がどこにあるのかわからなくなることのないよう，データを表す点は適切な大きさで描くよう注意しなければならない．

なお，グラフの描き方に関して，付録 C の「**7. 実験式**」の項を特に読んでおくこと．

実験 1

物理実験学入門

1. 目　的

物理実験を始めるにあたって必要となる基本的知識を身につける．実験ノートの記録の仕方，測定データのまとめ方について学習する．自然科学は観測に立脚した学問体系なので，現象を観測し測定をすることが根源的に重要である．ある物理量を測定するとはどういうことなのか，そして実験の精度は何によって決まるかについて考える．測定には本質的に必ずなにがしかの不確かさが伴う．不確かさについて理解し，それを正しく評価するために必要な統計学についても学ぶ．

2. 概　要

2.1 講義

はじめに実験全般に関する諸注意を説明するガイダンスを行う．次に，スライドやビデオ教材を見ながら実験の安全，ノートの記録の仕方，データのまとめ方について学び，また測定の意義について考える．測定を行うには基準となる単位を決める必要があるが，国際的標準となっている**国際単位系** (**SI**) (MKSA 単位系を拡張したもの) について理解することは重要である (巻末の付録も参照のこと)．

測定には必ず**不確かさ**が伴うが，この不確かさを正しく評価することは物理学実験において重要な課題となる．測定値のばらつきをどう扱い，統計学的に処理すべきか，初回の講義でよく理解しておいて欲しい．統計学で重要な二項分布や正規分布についても学ぶ．講義の前に，教科書のはじめのほうにある，「実験を始める前に」ならびに「測定量の扱い方」のページにも目を通しておくこと．

2.2 実験 (理科 I 類のみ)

サイコロを複数回振って出る目の分布を調べ，それを班ごとに集計する作業を通して統計学の基礎を学ぶ．1 の目が出る確率は $\dfrac{1}{6}$ だといえるだろうか，その検定について考える．

(1) 6 個のサイコロを同時に振って，1 の目が出た個数を記録する．これを各自 100 回繰り返す．

(2)　データを各班ごとに集計し，1の目が出た個数の分布を調べる．これが二項分布に従うことを理解する．

(3)　各人ごとの計測で1の目が出た延べ個数を計算する．全員のデータを集計し，その個数の分布が正規分布 (ガウス分布) とみなされることを確認する．実験に使ったサイコロについて，1の目が出る確率はいくらだと評価できるか．またその不確かさはいかほどか．

3.　学　習

実験準備，実験の安全，実験ノートの記録の仕方，結果のまとめ方については，教科書のはじめのほうにある，「実験を始める前に」のページに書いてあるので，よく読んでおくように．

続くページには測定量の扱い方について詳しく述べてある．不確かさについての正しい理解は今後のいずれの実験でも必要になるので，よく読んで，また講義をしっかり聞いて理解するよう努めて欲しい．「測定量の扱い方」については各実験が始まった後も，必要に応じて適宜参照し，測定値の統計的処理や不確かさの評価方法について，その都度理解を深めていくことが，この物理実験全般を通して求められている重要な課題となっている．

質問　以下の問題について考えてみなさい．ビデオ教材の中でも出てくるので，聞き逃さないように集中して講義に臨むように．

質問 1　ある直方体の物体の体積を測定することを考える．各辺の長さを測る精度がいずれも 1% だとすると，求める体積の測定精度は何 % 程度と考えることができるか．**ヒント**：各辺の長さを a, b, c，その不確かさを $\Delta a, \Delta b, \Delta c$ とするとき，体積の値 V およびその不確かさ ΔV は次の式で与えられる．

$$\begin{aligned} V + \Delta V &= (a + \Delta a)(b + \Delta b)(c + \Delta c) \\ &= abc\left(1 + \frac{\Delta a}{a}\right)\left(1 + \frac{\Delta b}{b}\right)\left(1 + \frac{\Delta c}{c}\right) \end{aligned} \tag{1.1}$$

(この問題については，質問 5 でより詳しく考える．)

質問 2　メートル法が定められたとき，地球の子午線の北極から赤道までの長さの 1000 万分の 1 をもって 1 メートルと定義することにした．その後，測定精度の向上に伴い，より正確な定義を求めて何度か定義自体が変わった．現代社会において，もとのままの定義だとどういう不都合があるだろうか．

質問3 メートル法制定の際，地球の子午線を基準とする代わりに，半周期が 1 秒となる振り子 (秒打ち振り子) の長さをもって 1 メートルの定義とする代案があった．もしこの案が採択されていたら，1 メートルはいまよりどの程度長いことになっていたか，あるいは短かったはずか．

発展課題 ビデオ教材で学習したことや，余力のある人は各自で調べたことをふまえ，以下の参考問題に挑戦してみよう．

◆**参考問題 1** 現在では長さの単位メートルは 1 秒の 299 792 458 分の 1 の時間に光が真空中を伝わる行程の長さであるとして定義されている．光の速度を長さの基準に採用するメリットとしてどんな理由があるか，いくつか考えてみよ．また，上の数字はどうやって決まったのか．なぜちょうど 3 億分の 1 ではいけなかったのか．**キーワード**：基礎物理定数，観測条件，測定精度，不確かさ，歴史的整合性．

4. 原　理

ランダムに起きる現象を説明する道具としては，サイコロがよく取り上げられる．サイコロを振って出る目の数は，確かに偶然に支配されてランダムに (ばらばらで無作為に) 決まると思われる．理想的にはすべての目について，その目の出る確率はちょうど $\dfrac{1}{6}$ となるはずだが，実際のサイコロでは必ずしもそうではないかもしれない．ある決まった確率で起こる事象について，観測を何度も繰り返したときに得られる計数値のばらつきはさまざまな統計学的確率分布で表すことができるが，そのなかでも特に重要な二項分布と正規分布 (ガウス分布) について説明する．確率分布については，後に実験 7「計数の統計分布」の種目でもポアソン分布と正規分布について学ぶので，参考にして欲しい．

4.1 二項分布

サイコロのように，1 回の試行においてある事象が起こる確率が決まっていて，それぞれの試行が独立である (つまり前に出た目の数と次以降に出る目の数になんら相関がない) 場合，事象が起こる確率，ここではたとえば 1 個のサイコロを 1 回振ったときに 1 の目が出る確率を p とすると，独立な M 回の試行のうちその事象が起こる (1 の目が出る) 確率は**二項分布**で与えられる．その確率は，確率 p の事象が N 回，事象が起きない確率が $(1-p)$ でこれが $(M-N)$ 回であることを考え

ると

$$P(N) = {}_M\mathrm{C}_N\, p^N (1-p)^{M-N} = \frac{M!}{(M-N)!\,N!}\, p^N (1-p)^{M-N} \quad (1.2)$$

と求められる．ここで，M 回の試行は，1 回ずつ順次行ってもよいが，一度にまとめて行っても同じことである．6 個のサイコロが同等であるとみなされうる場合は，同時に振った 6 個のサイコロのうち 1 の目の出るサイコロの個数 N の確率分布は，$M = 6$ として，やはり (1.2) 式で与えられる．理想的なサイコロを仮定し，$p = \dfrac{1}{6}$ の場合について，この分布をグラフにプロットしてみると図 1 のようになる．また，$p = \dfrac{1}{6}$, $M = 10, 30, 100$ の場合についてグラフにプロットしたのが図 2 である．

この分布の平均値 $\overline{N}$ は $\displaystyle\sum_{N=0}^{M} NP(N)$ で求められるが，これは予想される通り $\overline{N} = Mp$ を与える．つまり，6 個のサイコロのうち 1 の目が出る個数は平均 1 個である．分布を表す変数としては，平均値の他に，ばらつきの大きさを表す標準偏差が重要である．幅の広い分布では標準偏差は大きく，狭い分布では小さくなる．平均値からの偏差 (ずれ) について，その平均的な値を知りたいのであるが，単に偏差 $(N - \overline{N})$ の総和をとるとプラスマイナス相殺してゼロになってしまう．偏差の絶対値の総和をとって平均するのがいいと思われるかもしれないが，統計学の教えるところによると偏差の 2 乗平均を計算するほうが理に適っている．これを分散という．これの平方根をとったものが標準偏差 σ である．すなわち，

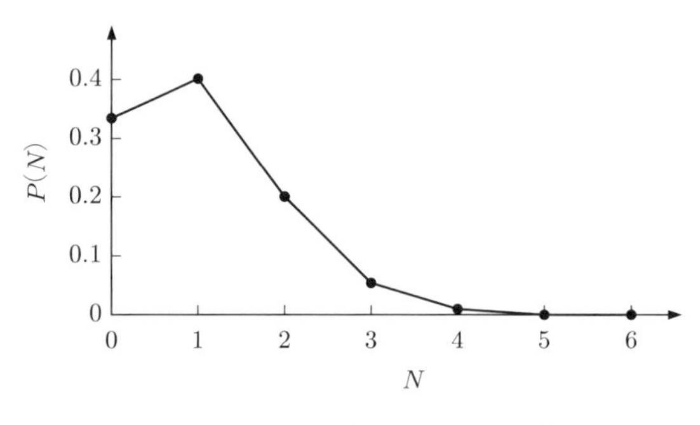

図 1　二項分布 $\left(p = \dfrac{1}{6}, M = 6\right)$

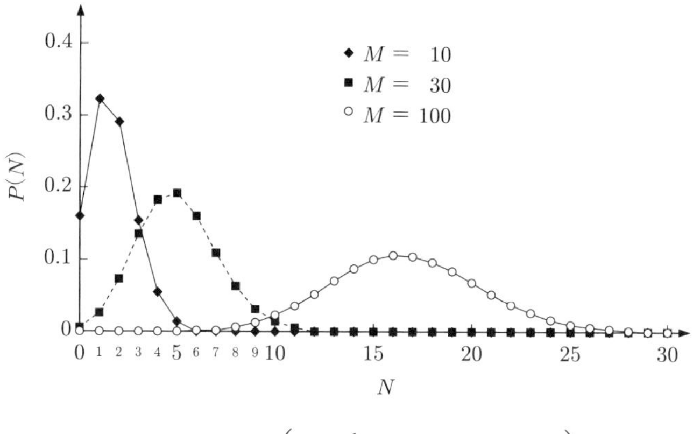

図 2　二項分布 $\left(p = \dfrac{1}{6}, M = 10, 30, 100\right)$

$$\sigma^2 = \overline{(N - \overline{N})^2} = \sum_{N=0}^{M} (N - \overline{N})^2 P(N) = Mp(1-p) \qquad (1.3)$$

となる．変数の上に引いた長い棒は平均値を意味する．

4.2　正規分布 (ガウス分布)

試行回数が多くなって事象の起きる回数も増えてくると，二項分布は**正規分布** (**ガウス分布**) と呼ばれる釣り鐘型の分布で近似できるようになる．$\overline{N} > 10$ であるときには確率 $P(N)$ は以下の式で十分よく近似される．

$$P(N) \approx \frac{1}{\sigma\sqrt{2\pi}} \exp\left(\frac{-(N-\mu)^2}{2\sigma^2}\right). \qquad (1.4)$$

ここに $\mu = \overline{N} = Mp$ は平均値，$\sigma = \sqrt{Mp(1-p)}$ は標準偏差である．一般には，正規分布は実数の確率変数 x に対する確率密度関数で定義される．

$$P(x) = \frac{1}{\sigma\sqrt{2\pi}} \exp\left(\frac{-(x-\mu)^2}{2\sigma^2}\right). \qquad (1.5)$$

正規分布において，$\mu - \sigma < x < \mu + \sigma$ の範囲内には約 68 %，$\mu - 2\sigma < x < \mu + 2\sigma$ の範囲内には約 95 % が含まれる．逆にいうと，$\mu \pm 2\sigma$ の範囲を外れる確率はせいぜい 5 % しかない．

質問 4　コイン投げをして表と裏の出る回数を数える試行について考える．1 回あたりに表と裏の出る確率は等しく 2 分の 1 ずつであるとしよう．100 回コイン

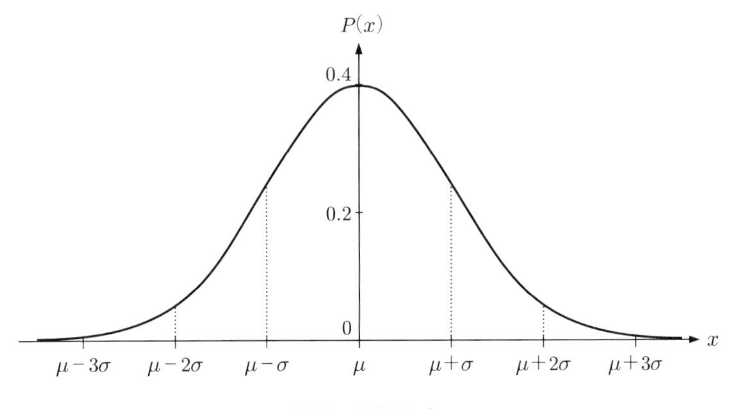

図 3　正規分布

を投げて表の出る回数を N とするとき，N の期待値 (平均値) μ はいくらか．また N の標準偏差 σ はいくらと計算されるか．このことから考えて，たとえば $N = 45$ という結果が出る確率は十分高いといえるか．$N = 65$ についてはどうか．

4.3　変数の和の分布

確率変数 x_i $(i = 1, 2, \cdots, n)$ の従う分布が平均 μ_x，標準偏差 σ_x をもち，確率変数 y_i の従う分布が平均 μ_y，標準偏差 σ_y をもつとき，変数の和 $x_i + y_i$ の従う分布の平均値 μ_{x+y} と標準偏差 σ_{x+y} について考えてみよう．

$$\mu_{x+y} = \frac{1}{n}\sum_{i=1}^{n}(x_i + y_i) = \frac{1}{n}\sum_{i=1}^{n} x_i + \frac{1}{n}\sum_{i=1}^{n} y_i = \mu_x + \mu_y \tag{1.6}$$

となることは自明であろう．また

$$\begin{aligned}
{\sigma_{x+y}}^2 &= \frac{1}{n}\sum_{i=1}^{n}(x_i + y_i - \mu_x - \mu_y)^2 \\
&= \frac{1}{n}\sum_{i=1}^{n}(x_i - \mu_x)^2 + \frac{1}{n}\sum_{i=1}^{n}(y_i - \mu_y)^2 + \frac{2}{n}\sum_{i=1}^{n}(x_i - \mu_x)(y_i - \mu_y) \\
&= {\sigma_x}^2 + {\sigma_y}^2 + 2\,\mathrm{Cov}(x,\, y).
\end{aligned} \tag{1.7}$$

ここで最後の項に出てくる $\mathrm{Cov}(x, y)$ は x と y の共分散と呼び，x と y の間の相関に影響される量であるが，x と y の間にまったく相関がなく独立な場合には $(x_i - \mu_x)$ と $(y_i - \mu_y)$ の正負が相殺して合計値はゼロになる．ゆえに

$$\sigma_{x+y}{}^2 = \sigma_x{}^2 + \sigma_y{}^2, \qquad \text{すなわち} \qquad \sigma_{x+y} = \sqrt{\sigma_x{}^2 + \sigma_y{}^2} \tag{1.8}$$

で与えられる．一方，x と y が従属関係にある場合，$\mathrm{Cov}(x, y)$ は $|\mathrm{Cov}(x, y)| \leqq \sigma_x\sigma_y$ の範囲内で有限の値をとる．特に，x と y が正の完全な相関をもつ場合，すなわち x の偏差 $(x_i - \mu_x)$ と y の偏差 $(y_i - \mu_y)$ が常に比例し，その比例係数が正である場合，相関係数 $r = \dfrac{\mathrm{Cov}(x, y)}{\sigma_x\sigma_y}$ は 1 となり，$\sigma_{x+y} = \sigma_x + \sigma_y$ となる．逆に x と y が負の完全な相関をもつ場合には相関係数は -1 であり，$\sigma_{x+y} = |\sigma_x - \sigma_y|$ で与えられる．

質問 5　質問 1 で評価した体積の不確かさをもう少し掘り下げて考えてみる．同じ物差しを使って各辺の長さを測定した場合，その物差し自体の目盛が 1 % 程度ずれている可能性があるとすると，それに起因する体積の不確かさは何 % であると評価できるか．一方，各辺の長さをそれぞれ別個の器具を用いて測定した場合など，各辺の測定の不確かさの間に相関がないと考えられる場合，各辺の長さの測定の不確かさがたまたまいずれも 1 % だったとすると，体積の不確かさは何 % と評価できるか．**ヒント**：変数の積 $V = abc$ に対しては，上の σ の代わりに，相対不確かさ $\dfrac{\Delta V}{V}$，$\dfrac{\Delta a}{a}$，$\dfrac{\Delta b}{b}$ などについて上と同様の議論を考えればよい．序章「測定量の扱い方」の (0.21) 式も参照．

4.4　大数の法則と中心極限定理

一般に，試行回数 M を十分に大きくとれば，ある事象の起きる確率 $\dfrac{N}{M}$ はある一定値 p に限りなく近づくことが知られている．これを**大数の法則**という．つまりこれは，ばらつきが純粋に統計的要因によって決まっている場合には，試行回数を増すことによって，確率の値をより正確に知ることができることを意味している．また一般に，ある確率分布に従う確率変数の n 個の和の確率分布は，n が無限大に近づくとき，(ある一定の条件のもとで) もとの確率分布の形によらず，いずれも正規分布に収束する．これを**中心極限定理**という．実際，n が十分大きければ，和の分布は正規分布で十分よく近似できる．二項分布について，事象の起きる回数が大きいときに正規分布で近似できることは先程述べたが，ほかにもポアソン分布などでもやはり回数の大きいときは正規分布で近似できることが知られている．

大数の法則の例　1 個のサイコロを 10 000 回振って 1 の目が出た回数が 1 700 回

だったとすると，そのサイコロの 1 の目の出る確率はほぼ $\dfrac{1\,700}{10\,000} = 17\,\%$ に等しいといえる．二項分布の標準偏差を計算すれば，確率は $(17.0 \pm 0.4)\,\%$ と求められることがわかる．

中心極限定理の例　1 個の理想的なサイコロの出る目は，1 から 6 まで各々 6 分の 1 の確率で，この一様分布をヒストグラムに表すと図 4 (a) のようになる．2 個のサイコロの出る目の和は，2 から 12 まで分布するが，和が 2 となるのは $1+1$ の場合のみ，3 となるのは $1+2$ と $2+1$ の 2 通りあり，4 となるのは 3 通り，などと勘定していくと，全部で 36 通りの目の出方があるから，確率分布は図 4 (b) のように三角形の山型になる．同様にして 3 個のサイコロの目の和の確率分布は図 4 (c) で与えられる．10 個のサイコロでは図 4 (d) のようになり，これは正規分布で非常

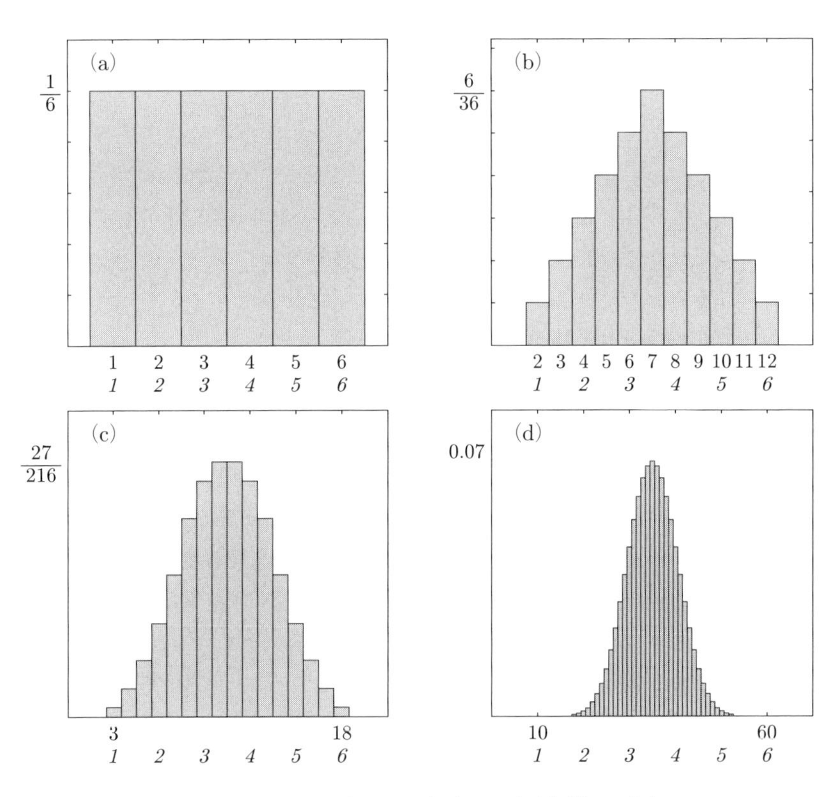

図 4　サイコロの出る目の和 (および平均値) の分布

によく近似される．グラフの横軸は上の段の数字が目の和，下の段の斜体文字はそれをサイコロの個数で割った平均値にとってある．なお，ここでは一様分布から出発したが，1個のサイコロの出る目の分布がどんなに偏っていても，また個々のサイコロの確率分布が異なっていたとしても，多数のサイコロの目の和の分布はきれいな正規分布に収束するのである．

◈参考問題 2　サイコロの代わりにコイン投げを考える．表が出たら得点1，裏なら得点0とし，それぞれ $\frac{1}{2}$ の確率であるとしよう．コインを M 回投げたときの得点の合計値について，確率分布を図4にならってヒストグラムに描いてみよう．M が大きくなるとやはり正規分布に収束することを確かめよう．

コイン投げのように表か裏か，あるいは当たりかはずれかといった二値の結果を与える試行をベルヌーイ試行と呼ぶ．これを複数回繰り返したとき，上の参考問題2で定義した合計得点はすなわちコイン投げで表が出た回数を表すことになり，したがって合計得点の分布は二項分布そのものを与える．上では $p = \frac{1}{2}$ の場合を考えた．二項分布が試行回数 M が大きい場合に正規分布に近づくことは，実はすでに述べたとおりである．

さて，以下のサイコロ実験においては，サイコロを振って出た目が1の目か否かを判定する．1回サイコロを振って1の目が出る確率を p とすると，これは確率 p のベルヌーイ試行であり，複数回振ったサイコロのうち1の目が出た総数は4.1節で考えた二項分布となる．

5.　実　験

(1)　透明な容器のなかに6個のサイコロが入れてある．これを振って出た6個の目のうち，1の目(あるいは各班ごとに指示された目)が出たサイコロの個数を数え，ノートに記録する．2人1組となって1人がサイコロを振り，もう1人が記録するとよい．各人が100回ずつ振り終えるまで，途中で交代して計測すること．1度に100回振り続けた後に交代しても，途中で何度か交代しながら計測しても，どちらでも構わない．サイコロを振るときには，よく混ざるように毎回しっかりと容器を縦に何度も大きく振ること．サイコロを横に滑らすように容器を回すだけでは，サイコロが十分に転がらず，毎回が独立した試行とはならない可能

表1　6個のサイコロの目のうち1の目が出た個数の実験リスト

	1	2	3	4	5	6	7	8	9	10	小計
1											
2											
3											
4											
5											
6											
7											
8											
9											
10											
										延べ個数	

性がある．あらかじめ表1のような升目を用意しておき，サイコロを振ったらその都度データを記入していく．

(2)　合計100回の試行のうち，トータルで1の目(あるいは各班ごとに指示された目)が出た延べ個数を計算して，表に記入する．

(3)　教員が各班を，3つのサブグループ(A, B, C)に分ける．たとえば，1班なら，1A, 1B, 1Cとなる．教員が各サブグループごとに1枚の黄色い集計表(サイコロ実習用データシート)を配布する．

(4)　次に，1の目(あるいは各班ごとに指示された目)が出た延べ個数について各班のサブグループ(A, B, Cのいずれか)の中でお互いに報告し，黄色い集計表に集計する．たとえば，6人のグループなら，6人分の延べ個数つまり6つの数字が集まる．

(5)　各サブグループの代表者が，黄色い集計表を持って黒板(またはホワイトボード)の前に出てきて，データをヒストグラムの頻度分布にまとめる．たとえば，6人のグループなら，6枚のマグネットを置くことになる．各班・各サブグループによるヒストグラムの頻度分布を作成することで，教室全体でサイコロの1の目から6の目まで集計をとることになる．

なお，黄色い集計表は，授業終了までに回収するので，黄色い集計表の数字を，各自の白い集計表(サイコロ実習用データシート)に書き写しておくこと．

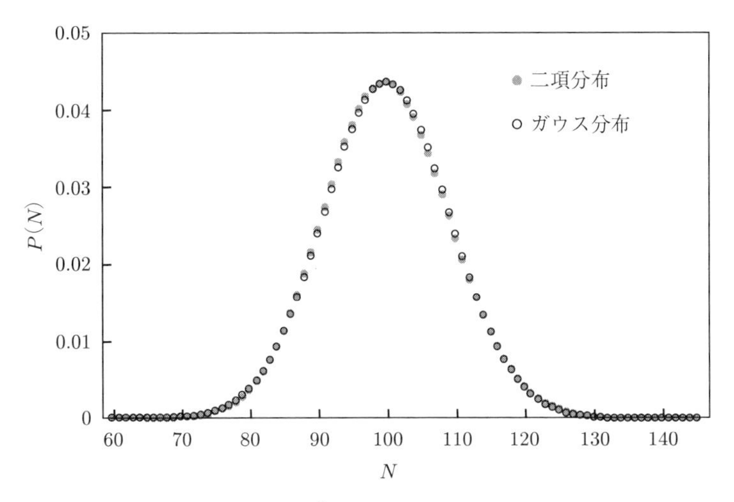

図 5　$M = 600,\ p = \dfrac{1}{6}$ の場合の二項分布とガウス分布

(6)　**4.1** 節の (1.2) 式で，$M = 600,\ p = \dfrac{1}{6}$ としたときの二項分布のグラフは，図 5 のようになる．ここで，(1.2) 式より，$P(100) = 0.0437$ であり，(1.3) 式より，標準偏差 $\sigma = \sqrt{600\left(\dfrac{1}{6}\right)\left(1 - \dfrac{1}{6}\right)} \cong 9.1$ である．この標準偏差を用いたときの (1.4) 式の正規分布 (ガウス分布) も図 5 に示した．

黒板 (またはホワイトボード) で作成したヒストグラムの頻度分布が，この図 5 の正規分布 (ガウス分布) とみなせるかどうか確認せよ．

[ちなみに，序章で述べたポアソン分布は，二項分布の $p \ll 1$ に相当する (実験 7「計数の統計分布」を参照)．ポアソン分布の標準偏差は，期待値 $N_0 = Mp$ を用いて，$\sigma = \sqrt{100} = 10$ となり，上記の二項分布の標準偏差 9.1 に近い値となる．]

(7)　黒板 (またはホワイトボード) のヒストグラム作成後，各サブグループ (A, B, C のいずれか) の中で，「サイコロ実習用データシート」の後半にて，データの平均値および標準偏差を求めよ．そして，各サブグループの代表者が黒板 (またはホワイトボード) の前に出てきて，平均値と標準偏差について，報告すること．平均値と標準偏差の詳しい計算方法については，この後の項目 (12) の後ろの項目「データ集計について」を参照．

(8)　1 の目 (あるいは各班ごとに指示された目) が出た延べ個数について，全員の結果の平均値と標準偏差について議論する．この結果から，今回使用したサイコロの集合について，1 の目 (あるいは各班ごとに指示された目) が出る確率はいくらだと評価できるか．$\frac{1}{6}$ だといえるか，それとも有意にずれているか．

【注意】ガイダンスで述べたような目的，原理，・・・，考察などは今回は書かなくてよい．

応用課題

(9)　毎回の試行において 1 の目 (あるいは各班ごとに指示された目) が出たサイコロの個数の頻度分布を数える．つまり，100 回のうち，1 の目 (あるいは各班ごとに指示された目) が出たサイコロがひとつもなかった回数，1 個だけだった回数，2 個だった回数，などを数え上げ，表 2 のような形でまとめる．

(10)　余裕があれば，班ごとに上の結果を集計し，合計値と平均値を同じ表にまとめて記入する．また，標準偏差も計算できるとなおよい (班の中で手分けして作業するとよい)．

(11)　表のデータをもとに，頻度分布をグラフにしてみる．自分の観測データをプ

表 2　1 の目が出たサイコロの個数の頻度分布

	回数			
個数	自分の計測	班の合計	班の平均	班の標準偏差
0	25	672	30.5	5.1
1	44	873	39.7	6.5
2	23	450	20.5	4.5
3	7	156	7.1	2.4
4	1	46	2.1	1.3
5	0	3	0.1	0.4
6	0	0	0.0	0.0
合計回数	100	2200	100.0	—
延べ個数	115	2440	110.9	12.1

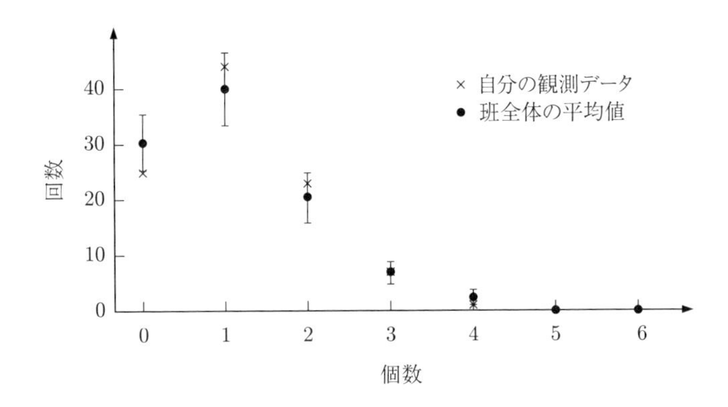

図 6　二項分布の観測値データの頻度分布グラフ

ロットする．上の参考課題で集計した場合は，班全体の平均値も同じグラフに図 6 のように記入しよう．標準偏差を計算した場合は不確かさも合わせてグラフに記入するとよい (データ点の上下に付加した縦棒の長さとして表現する)．

(12)　上の分布が二項分布となっていることを，教科書の図 1 と比較して確かめよ．

データ集計について

各班のサブグループごとのデータ集計に関しては，以下の式を用いて計算するとよい．

各人でサイコロ容器を 100 回振って出る目の総数延べ 600 個のうち，1 の目の出る延べ個数 X を求めたい．実際に得られたデータを，サブグループ内の i 番目の学生に対して x_i 個とする．サブグループの人数は n 人とする．サブグループごとに求める標本平均を $\overline{x}$，実験標準偏差を s と表すと，

$$\overline{x} = \frac{1}{n}\sum_{i=1}^{n} x_i \tag{1.9}$$

$$\begin{aligned} s^2 &= \frac{1}{n-1}\sum_{i=1}^{n}(x_i - \overline{x})^2 \\ &= \frac{1}{n-1}\left(\sum_{i=1}^{n} {x_i}^2 - 2\overline{x}\sum_{i=1}^{n} x_i + n\overline{x}^2\right) \\ &= \frac{1}{n-1}\left(\sum_{i=1}^{n} {x_i}^2 - n\overline{x}^2\right) \end{aligned} \tag{1.10}$$

$$= \frac{n}{n-1}\left(\overline{x^2} - \overline{x}^2\right) \tag{1.11}$$

ただし，上の最後の行の変形では，

$$\overline{x^2} = \frac{1}{n}\sum_{i=1}^{n} {x_i}^2 \tag{1.12}$$

としてデータの 2 乗平均 $\overline{x^2}$ を導入した．標準偏差の 2 乗すなわち分散は，データの 2 乗平均と平均の 2 乗の差から求められることがわかる．

上の (1.10) 式を使えば，実験標準偏差 s を計算するためには，人数 n のほかに，標本平均 $\overline{x}$ と，各人のデータの 2 乗和 $\sum {x_i}^2$ がわかっていれば十分であることになる．よって，サブグループごとに配る集計用の黄色い紙に，以下のようなデータを各自書き入れてサブグループ内で回すとよい．めいめい自分のデータの x および x^2 の 2 つの数値 1 行分を書き込めばすむ．

	x	x^2
	102	10 404
	105	11 025
	98	9 604
	…	…
	…	…
+)		
$n = 20$ 人	$\sum x_i = 2010$	$\sum {x_i}^2 = 204\,000$

$$\overline{x} = \frac{2010}{20} = 100.5$$

以上のデータを上の式に代入し，データの平均 $\overline{x}$ および実験標準偏差 $s = \sqrt{s^2}$ を計算する．ここで s は個々のデータ x_i のばらつきの程度を表す量である．サブグループには n 人いるので，各々のサイコロが同等であると仮定すれば，測定を n 人分繰り返した分だけデータの値はより確かなものとなる．具体的には，サブグループの平均値 $\overline{x}$ の不確かさ $\Delta\overline{x}$ は，個々のデータ x_i のばらつき s に比べ $\dfrac{1}{\sqrt{n}}$ だけ小さくなっている．すなわち，

$$\Delta\overline{x} = \frac{s}{\sqrt{n}} \tag{1.13}$$

となる．これをもとに，サブグループの測定データとしては

$$X = \overline{x} \pm \Delta\overline{x} \tag{1.14}$$

として報告せよ．実際に黒板に書かれた各班のサブグループの $\overline{x}$ の値を比べてみて，そのばらつきが s よりはずっと小さく，上で計算した $\Delta\overline{x}$ の程度になっていることを確認しよう．

◈**参考問題 3**　テレビの視聴率調査は，たとえば関東圏の場合，可視聴全世帯 1600 万世帯から選ばれたわずか 600 世帯を対象に実施されているに過ぎない．ここには 2 つの問題が含まれている．

(1)　対象世帯の視聴動向 (標本) が地域の可視聴全世帯の実態 (母集団) をきちんと反映しているとは限らないこと．

(2)　対象世帯が少数なので，偶発的要素によるデータの不確かさが小さくないこと．

このうち (1) に関しては，社会統計学的問題を含んでいるが，標本となる対象世帯の抽出には年齢や家族構成を十分考慮して，実際の母集団 (つまり地域の可視聴全世帯) をよく反映できるように選ばれているそうなので，ここではそう信じることにする．しかしそうだとしても，(2) の問題，つまりある調査対象世帯が偶然テレビをつけたとか，いつもは見ている番組なのにそのときたまたま外出していたといった偶発的な要素による不確かさは免れない．

いま，ある番組の視聴率が 20.0 % だったと報告された場合，この値にはどれほどの不確かさが伴うか．テレビをつけていたか消していたか，ON/OFF の二者択一による二項分布と考え，標準偏差 σ を求めてみよ．このことから考えると，視聴率が 1 % 上がったとか下がったとかいって一喜一憂するのはどれほど意味のあることだといえるか．

実験 2

オシロスコープ

1. 目　的

オシロスコープは時間変化する電圧信号を波形として画面表示する装置である．これにより，目では見えない電圧信号の時間変化をリアルタイムの視覚情報として把握できるので，その応用範囲は多岐にわたる．本実験の主要な目的はオシロスコープの原理と基本操作を習得することにあるが，そのための題材として，身近な音声信号の観察，ケーブル中の光速度の測定をとりあげ，多彩な物理現象を視覚的に観察する．

2. 実験の概要

実験 A　オシロスコープの基本操作

オシロスコープで電圧信号を観察する際には，横軸 (時間軸) と縦軸 (電圧軸) を適切に設定する必要がある．この設定方法を学ぶ．

実験 B　音声信号の観察

振動現象の身近な例として音声を取りあげ，マイクを用いて電圧信号に変換された各自の声をオシロスコープで観察する．オシロスコープの設定方法と画面の見方について学ぶ．

実験 C　同軸ケーブル中の光速度

光の速度は真空中で $3 \times 10^8\ \mathrm{m\,s^{-1}}$ と非常に大きいが，オシロスコープを使えば直接測定できる．ここではケーブル中のパルス信号の伝播速度，すなわちケーブル中の光速度を測定する．

3. 原　理

オシロスコープは時間的に変化する電圧信号を表示する装置であり，図 1 に示すとおり，アナログ–デジタル変換器，波形メモリ，トリガ生成部，表示装置，操作パネルの各部分から成り立っている．

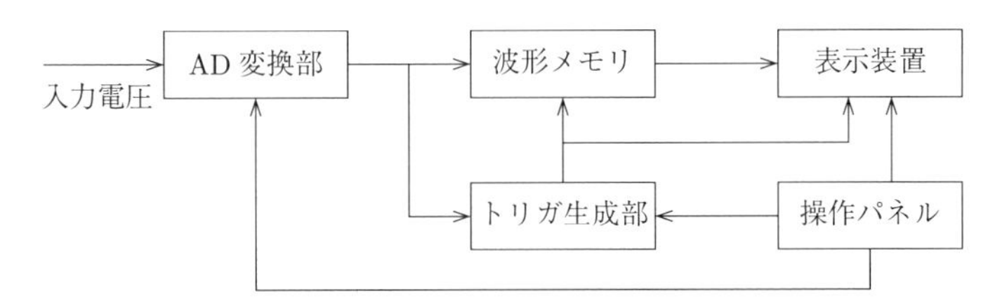

図 1　オシロスコープの概念図

3.1　アナログ–デジタル変換器・波形メモリ

アナログ–デジタル変換器は，AD 変換器，AD コンバータ，ADC なども略称されるが，その働きは連続的に変化する入力電圧 (アナログ信号) を，一定の時間間隔で，デジタル符号 (整数値) に変換することである．AD 変換器の性能は 2 つのパラメータで特徴付けられる．ひとつは入力電圧を符号化する際の段階数であり，縦軸分解能とも呼ばれる．これをビット数で表し，8 bit であれば 0 から 255 までの $2^8 = 256$ 段階，16 bit であれば 0 から 65 535 の $2^{16} = 65\,536$ 段階で入力電圧を符号化することを意味する．もうひとつは変換を行う時間間隔であり，サンプリング速度と呼ばれる．1 秒あたりの変換数を S (サンプル数) を用いて S/s の単位で表し，通常，kS/s，MS/s，GS/s などと表記される．1 GS/s (ギガサンプル毎秒) は 1 秒あたり 10^9 回の変換を行うことを意味する．縦軸分解能が高く，サンプリング速度の速い AD 変換器が理想的だが，これを両立することは難しいので用途に応じて選択して用いられる．この実験で用いるオシロスコープは，縦軸分解能 8 bit，サンプリング速度 1 GS/s の AD 変換器を内蔵している．

AD 変換器の出力は，波形メモリに順に記録される．波形メモリの容量 (メモリ長) は有限であり，記録量がメモリ長に達すると，最初に戻って記録が続けられるようになっている．つまり波形メモリにはメモリ長に相当する時間だけ過去のデータが蓄積されている．

3.2　トリガ生成部

必要な時間範囲の波形のみを表示するために，トリガ (引き金) と呼ばれる方法が用いられる．あらかじめ設定しておいた電圧値 (トリガ電圧) を入力電圧が横切ったときにトリガ信号を生成して，それから一定時間後に AD 変換器が停止し，データがメモリから表示装置に転送される (図 2)．このようにトリガは観察したい時間領域を切り出す役割を果たしている．この機構を「トリガが入る，トリガがかかる」という．

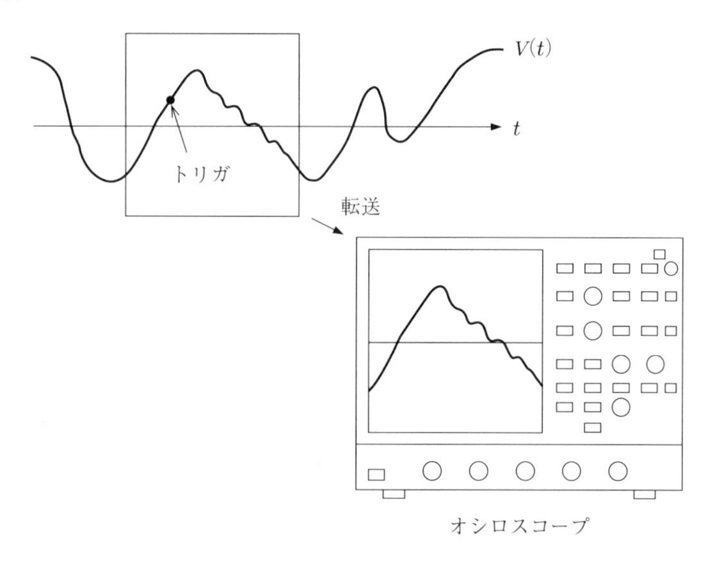

図 2　トリガの働き

高速なオシロスコープではデータ量が膨大になるので必ずトリガが必要である．一方，サンプリング速度が遅く，AD 変換後の全波形データを蓄えるほどメモリ容量が十分な場合には，トリガという概念自体が不要になる．たとえば音声信号のデジタル録音では，信号を長時間にわたって 44.1 kS/s，16 bit[注1]でサンプリングし，録音後に任意の時間のデータを切り出すことができる．

注 1　コンパクトディスク (CD) の規格

3.3　表示装置・操作パネル

波形および現在のオシロスコープの設定を表示する液晶画面と，各種設定を行うための操作パネルからなる．これらをユーザーインターフェースと呼ぶ．

3.4　同軸ケーブル，終端器

ここでは同軸ケーブルを用いてオシロスコープに信号を入力する．同軸ケーブルは高周波信号を伝送するために必要であって，たとえば家庭ではテレビのアンテナのケーブルに用いられている．同軸ケーブルの構造を図3に示す．芯線，誘電体，アース線，外部被覆からなる．誘電体は通常ポリエチレンが用いられ，同軸ケーブルの使用される周波数での比誘電率は $\varepsilon' = 2.26$ である．真空中の光速度 c は，真空の誘電率（電気定数ともいう）ε_0，真空の透磁率（磁気定数ともいう）μ_0 を用いて

$$c = \frac{1}{\sqrt{\varepsilon_0 \mu_0}} \tag{2.1}$$

と表される．同軸ケーブル中では，

$$c' = \frac{1}{\sqrt{\varepsilon' \varepsilon_0 \mu_0}} \tag{2.2}$$

となる（●**参考1**を参照）．

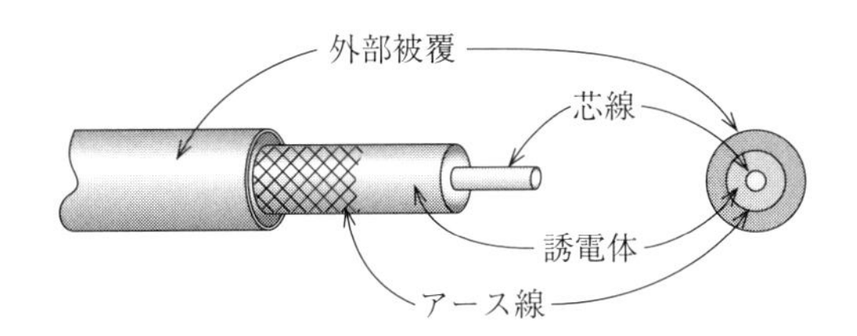

図3　同軸ケーブルの構造

ここで用いる同軸ケーブルのインピーダンス（実験3「交流回路」を参照）は $50\,\Omega$ である．このインピーダンスは，ケーブル長よりも波長の短い波が同軸ケーブルを伝わる際の，電圧と電流の比を表す．決して $50\,\Omega$ の抵抗素子が入っているわけではない．この値が $50\,\Omega$ になる理由は●**参考1**に述べる．

同軸ケーブルを高い周波数で用いる場合は，波の反射を防ぐために，ケーブル端に終端器を付ける（図4）．

3.5　音波

音は空気の振動である．媒質の変位の振動とともに局所的な圧力の値が一様な大気圧の値からずれる．x 方向に伝播する音の平面波に伴う圧力（音圧）の振動は

$$p(x,t) = p(\text{大気圧}) + p_1 \sin\left\{2\pi f\left(t - \frac{x}{v_\mathrm{a}}\right)\right\} \tag{2.3}$$

で表される．f は音の振動数，v_a は音速である．圧力 p は大気圧を中心に振幅 p_1 で振動する．この音の大きさは振幅 p_1（単位は圧力なので $\mathrm{Pa} = \mathrm{N\,m^{-2}}$）で特徴付

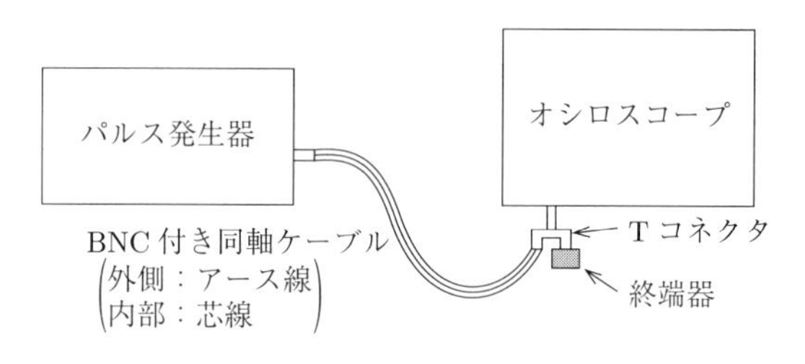

図 4　終端器を使ったパルス発生器とオシロスコープの接続例

けられる．実用上，音の大きさは以下の式で定義される音圧レベルを用いて表し，単位を dB (デシベル) と呼ぶ．

$$\text{音圧レベル}/\mathrm{dB} = 20\log_{10}\left(\frac{p_1}{p_0}\right) \qquad \text{ただし } p_0 = 2\times 10^{-5}\,\mathrm{Pa} \quad (2.4)$$

人間の耳で聞こえる音の大きさは個人差があり周波数にも依存するが，4 kHz の音を両耳を使って聞く場合に -3.9 dB が可聴範囲の下限といわれている．上限は 130 dB 程度でこれを超えると耳に障害が生じる危険がある．周波数の可聴範囲は，20 Hz–20 000 Hz 程度である．室温大気圧における音速は 340 $\mathrm{m\,s^{-1}}$ 程度なので，1 kHz の音波の波長は 34 cm である．詳しくは●**参考 2** を参照のこと．

3.6　マイクロホン

理想的なマイクロホンは，音圧に比例した電圧を出力する．すなわち，A を比例定数，x をマイクの位置として，マイクロホンの出力電圧 $V(t)$ が

$$V(t) = A\cdot p(x,t) \tag{2.5}$$

となるのが理想的なマイクロホンである．ダイナミックマイクロホンとコンデンサマイクロホンが広く使われている．この実験ではダイナミックマイクロホンを用いる．詳細は●**参考 2** を参照のこと．

3.7　音声

日本語の語音は，五十音図に示される通り，子音と母音の組み合わせでできている．たとえば，「さ」の音は，子音 s と母音 a の組み合わせである．したがって，ローマ字で表記すれば sa となる．子音は発音の最初につくだけなので，「あー」でも「さー」でも子音の持続時間をこえて発声すれば，同じ母音「あー」のみが残る．

母音，子音はひとつひとつ波形が異なり (固有の周波数スペクトルをもち)，人はそれを聞き分けて音声を認識している．

3.8 音の高低と音階

西洋音楽の十二平均律では，基準音 A4 の周波数として (通例では) 440 Hz が採用される．A は，ドレミの音階でいうところのラの音を表す．A4 から 1 オクターブだけ高いラの音 (A5) はちょうど 2 倍の周波数 880 Hz に相当し，その間の音階は均等な周波数比で 12 分割して決められる．たとえば，ラ (A4) から半音高い音は 440 Hz の $2^{1/12}$ 倍の周波数をもつ (図 5 を参照)．周波数の大きい (小さい) 音を高い (低い) 音という．

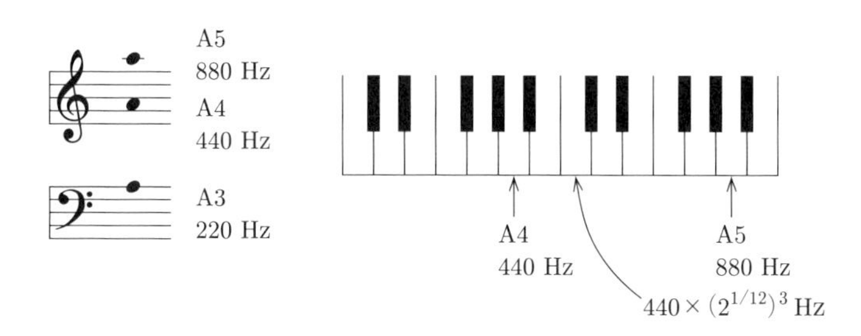

図 5 西洋音楽の楽譜における音の周波数

4. 実験装置

4.1 オシロスコープ

オシロスコープのパネル面を図 6 に，画面表示を図 7 に示す．予習ではどのようなスイッチやつまみがあるかを概観するだけでよい．操作の習得は当日の実験で行う．

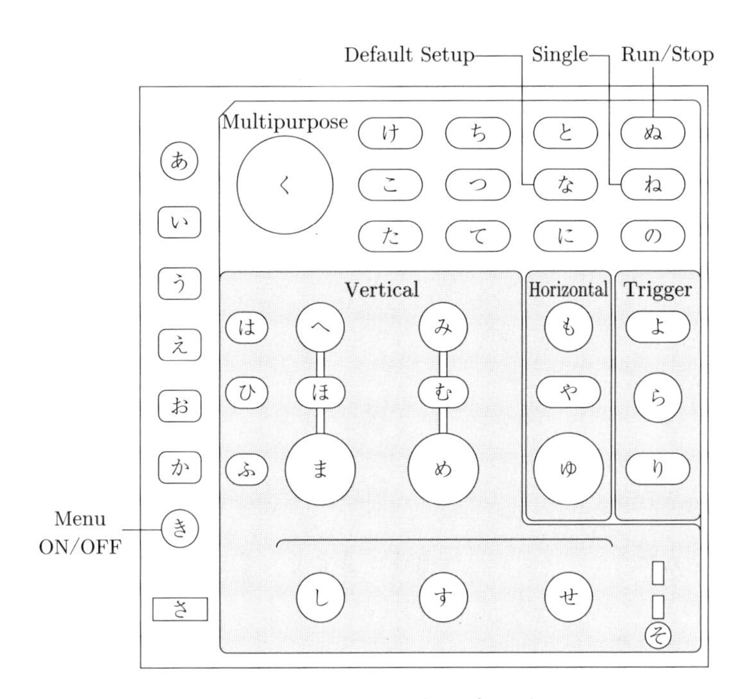

図 6　オシロスコープのパネル面

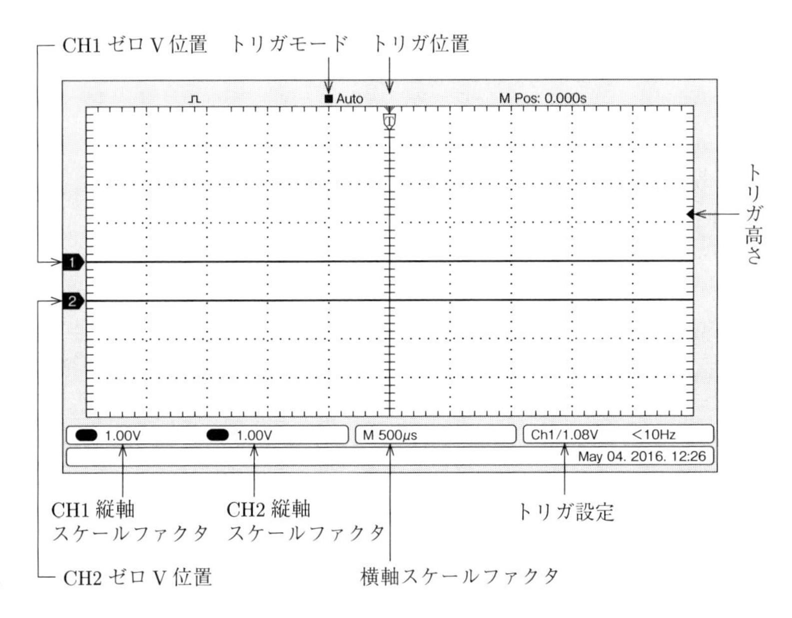

図 7　オシロスコープの画面表示

4.2　任意波形発生器

任意波形発生器のパネル部分を図 8 に示す．この任意波形発生器は 0.1 mHz～15 MHz の正弦波，方形波，複合波などを出力することができる．出力端子 (OUTPUT) は図 8 の ㋸ である．この実験で使用するスイッチは，図 8 で示した ㋑～㋦ までである．余計なスイッチを押して操作がわからなくなったときは，㋭ Shift，㋣ Enter Number のスイッチを順に押すとキャンセルされる．それでも初期設定に戻らないときは，いったん電源を切ってからやり直す．押しボタンは壊れやすいので，力いっぱい押したり，何度も繰り返して押したりしないこと．

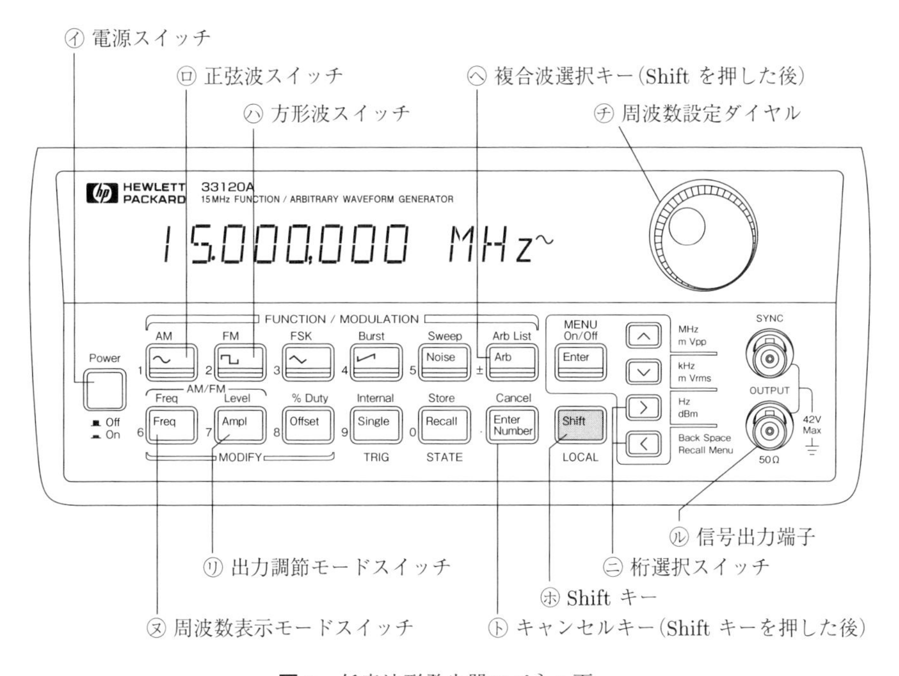

図 8　任意波形発生器のパネル面

4.3　BNC ケーブル，T コネクタ，I コネクタ，終端器

BNC ケーブル (図 9) とは BNC コネクタを付けた同軸ケーブルのことで，オシロスコープの入力端子などに取り付けて用いる．BNC とは Bayonet Neill Concelman(Neill, Concelman はそれぞれ人名) の略で，ケーブルをワンタッチでしっかり固定できるのが特徴である．T コネクタは，任意波形発生器とオシロス

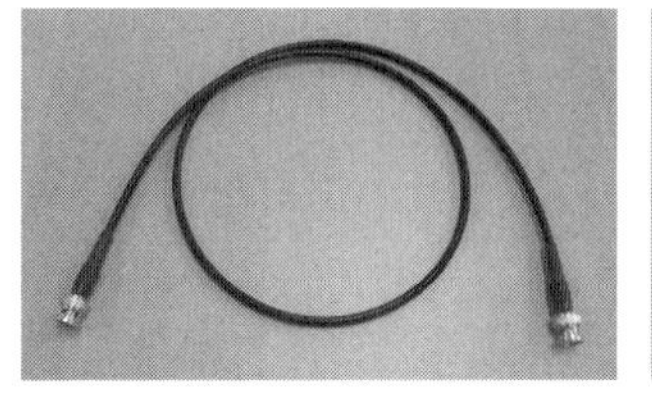

(a) BNC ケーブル

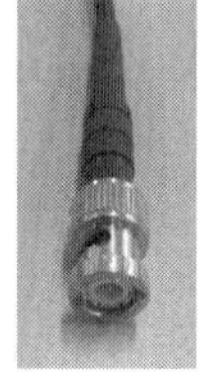

(b) BNC コネクタ

(c) T コネクタ

(d) I コネクタ

(e) 終端器

図 9 BNC ケーブル，ケーブルコネクタおよび終端器の外観

コープの端子に取り付けて，2 本の BNC ケーブルが取り付けられるようにする．I コネクタは 2 本のケーブル同士を接続するのに用いる．

5. 実 験

配布する物品チェックシートに従って，実験に使用する物品の有無を確認する．不足品があれば教員に申し出る．

実験 A オシロスコープの基本操作

A1 事前設定

左上の POWER ボタンを押すとスイッチが入る．測定可能な状態となるまで 50 秒ほど待つ．初期設定に戻すために，㋤ Default Setup ボタンを押し，㋖ Menu ON/OFF ボタンを 1 回か 2 回押して画面右端のメニューをクリアする．

以下の実験中に，オシロスコープの状態がよくわからなくなったときは，この操作をして初期設定に戻すとよい．

BNC コネクタに慣れるために，T コネクタと BNC ケーブルを接続してから取り外してみよ．その際，BNC コネクタの構造を観察するように (接続したあと 90 度回転すると固定される)．

A2 任意波形発生器のスイッチを入れ，任意波形発生器と，オシロスコープの Ⓛ CH1 端子を 1.00 m の BNC ケーブルで接続する．取り付け時に無理に力を加えないこと．この状態で正弦波が表示されているはずである．表示されないときは，接続と手順が正しいかを確認し，もう一度やってみる．

ノートに見出しを記入してから接続の配線図を記録する．

オシロスコープを用いて波形を観察する際は，(a) 横軸 (時間軸)，(b) 縦軸 (電圧軸)，(c) トリガの 3 つを適切に設定する必要がある．以下で横軸と縦軸の設定法を学ぶ．トリガ設定については **C1** で学ぶ．

A3　横軸 (時間軸) の設定

HORIZONTAL の部分には，2 つのつまみ ㋲，㋴ と 1 つのボタン ㋳ がある．下が横軸スケールファクタ調整つまみ ㋴ で，上が横軸位置調整つまみ ㋲ である．横軸スケールファクタ調整つまみ ㋴ は，画面の横軸方向のスケールファクタ［間隔 1.5 cm 程度の点線で示される 1 目盛，1 division (1 div) に対応する量でここでは時間］を設定する．任意波形発生器からは初期設定では 1 kHz の正弦波が出力されている．横軸スケールファクタ調整つまみを回して，横軸を，100 µs/div，250 µs/div，500 µs/div，1 ms/div の 4 段階に切り替えてみて，どの場合でも周期は 1 ms であることを確認せよ．設定した横軸レンジは，画面の下中央に表示される．このとき，表示された横軸レンジの単位は「us」となっている．「u」は，SI 接頭語のマイクロ「µ」を表している．ISO2955 においてギリシャ文字を使えない場合に「u」を用いることが認められている．

次に，任意波形発生器の ㋠ 周波数設定ダイヤルを適当に回して 1 kHz 以外 (できるだけ離れた) 周波数を出力せよ．ダイヤルで変化させる桁は ㊁ で選ぶ．オシロスコープで周期を測定せよ．その際は，測定しやすい横軸レンジを選ぶこと．設定した任意波形発生器の周波数，設定したオシロスコープの横軸レンジ，測定した周期をノートに記せ．必ず共同実験者とは違う周波数で行うように．次に，㋲ 横軸位置調整つまみを回し，波形が左右に動くことを確認せよ．波形の位置はトリガの位置で決まる．トリガの位置は，画面の上端の Ⓣ マークで示されている (図 7 参照)．初期設定ではトリガの位置は画面の中央になっており，これを ㋲ 横軸位置調整つまみにより動かすことができる．トリガ位置と波形が同時に動くことを確認し，確認できた場合はその旨ノートに記せ．

A4　縦軸 (電圧軸) の設定

㋮ 電圧スケールファクタ調整つまみを回すと，表示が縦に拡大または縮小する．次に ㋬ オフセットつまみを回すと，表示が上下に動く．確認したらその旨ノートに記せ．

電圧レンジは観察する信号の大きさに合わせて調整する．電圧が正の信号，あるいは負の信号の場合は，それに合わせて適宜オフセットを調整する．いまは上下対称の正弦波を見ているので，波が中央にくるように設定したほうが観察しやすい．波形はできるだけ (はみ出ないぎりぎりまで) 拡大して表示する．

次に，任意波形発生器の ⓡ 出力調整モードスイッチを押した後，ⓣ 周波数設定ダイヤルと ㊁ 桁選択スイッチを用いて，出力電圧を大きくする．最初は $100\,\mathrm{mV_{pp}}$ に設定されている．PP は Peak–to–Peak の略で，全振幅値，つまり最大電圧と最小電圧の差を表す．これを $500\,\mathrm{mV_{pp}}$ に設定してから，オシロスコープの設定を修正して，波形を見やすく表示する．

任意波形発生器の設定値とオシロスコープの画面表示における電圧値とは一致しない注2．ここでは任意波形発生器の出力設定電圧とオシロスコープの画面における全振幅値について，それぞれノートに記録し，設定値と測定値の関係がわかるようにすること．

注2　任意波形発生器で $100\,\mathrm{mV_{pp}}$ 設定 (デフォルト) でオシロスコープに直結すると，画面表示は $2\,\mathrm{V_{pp}}$，つまり $2 \times 10 = 20$ 倍になる．2 つの原因が合わさってこのようになる．まず 2 倍になるのは任意波形発生器に原因がある．任意波形発生器の電圧表示は，$50\,\Omega$ の負荷に供給する際に，その $50\,\Omega$ の負荷の両端の電圧が正しく表示されるようになっている．そのために出力端子に $50\,\Omega$ の抵抗が直列に入っていて，任意波形発生器の出力アンプ自体は設定の倍の電圧を出力している．したがって，$1\,\mathrm{M\Omega}$ 程度の入力インピーダンスをもったオシロスコープなどにつなぐと電圧が設定値の倍になってしまう．次に 10 倍になるのは，オシロスコープに原因がある．このオシロスコープのデフォルト setup は，1/10 プローブをつないだときに正しく表示する設定である．そのためプローブを使わずに信号源を直結すると値が 10 倍になる．

A5　テスターによる電圧測定

テスターのつまみで電圧計モード (V マークの位置) を選ぶ．マンガン電池，アルカリ電池の電圧を測定し，ノートに記録する．電池の側面に記載されている規格とメーカー名 (例：単 4 形 LR03/1.5 V コクヨなど) も同時に記録すること．電池が古く規格の電圧より低い場合もあるが，テスターの表示のとおり記録すればよい．

A6　テスターとの比較

ここではテスターとオシロスコープの周波数応答を比較する．任意波形発生器から，全振幅値 $100\,\mathrm{mV_{pp}}$(初期設定のまま)，周波数 0.1 Hz くらいの正弦波を出力する．出力をテスターの直流 (DC) モードで測定してみよ．テスターのスイッチを ON にした直後はパネルに直流マーク (⎓) が表示され，直流 (DC) モードとなっている．ケーブルを抜いてからテスターピンを任意波形発生器の出力 BNC 端子の芯線部と周辺部 (アース部) に軽くあてて，電圧の変化を観察する．周波数が小さいときは電圧の増減がテスターの表示からわかる．それから周波数を上げていくと電圧の表示が不安定になり，振幅が読み取れなくなることを確認せよ．テスターの最大表示電圧が，0.1 Hz でテスターに表示される最大電圧の $\frac{1}{10}$ 倍になる周波数はおよそ何 Hz か (余裕があれば，さらにテスターの交流 (AC) モードでの測定範囲を調べるとよい．交流 (AC) モードにするには SELECT ボタンを押してパネルに交流マーク (∿) を表示させる.)．観察したことをノートに記せ．

実験 B　音声信号の観察

B1　信号と音

任意波形発生器の信号をスピーカーに入力し，音として聞いてみる．波形を確認するために途中にオシロスコープを入れる．そのために，オシロスコープの CH1 に T コネクタを取り付け，それと任意波形発生器およびスピーカーを接続するようにする．スピーカーの接続には「スピーカーケーブル」と表示のあるケーブルを用いる．㋠周波数設定ダイヤルを回して周波数を変化させ，音の高低が変化することを確認する．ノートには確認した周波数を記せ．それから任意波形発生器のボタン (正弦波：[∿]，方形波：[⊓]，三角波：[∧]，のこぎり波：[⊿]) で波の形を変えてみて，音色が変わることを確認せよ．わかったことをノートに記せ．

次に，任意波形発生器の ⑰ 出力調整モードスイッチを使って，電圧を大きくした場合と小さくした場合の音の大きさを比較せよ．

次に，教員の指示により，グループごとに音を出してみる．そのために，任意波形発生器の出力電圧を 500 $\mathrm{mV_{pp}}$ に設定する．教員の指示に従って周波数を設定して音を出す．観察結果をノートに記せ．

B2　母音の波形と声の周波数

再びオシロスコープを初期設定に戻すために，㋤ Default Setup ボタンを押し，㋖ Menu ON/OFF ボタンを 1 回か 2 回押して画面右端のメニューをクリアする．

マイクロホンとマイクアンプの電源を入れ，マイクアンプの出力を BNC ケーブルで CH1 に接続する．このとき，マイクアンプのスイッチは中央のモノラルモード (ON MONO) にする．マイクロホンに「あー」「いー」などの声を入れれば画面に波形が表示されるはずである．上で学んだように，縦軸，横軸を適切に設定して，波形が見やすいようにしてみよ．同じ構造 (通常は複数のピークからなる) が周期的に繰り返されることを確認せよ．

うまく表示されたところで，㋦ RUN/STOP ボタンを押して，画面を静止させる．日本語の母音，「あいうえお」のうち，1 つを選び，およそ 2 周期が画面に入るようにしてグラフ用紙にスケッチせよ．縦軸の設定は，信号がはみ出さない範囲でできるだけ拡大せよ．

使用するオシロスコープの横の 1 div は 1.5 cm 程度である．これを 1.5 cm でスケッチしても，1 cm にしてスケッチしても構わない．グラフ (スケッチ) には縦軸，横軸の目盛，単位を明記すること．通常のグラフであれば目盛の位置に数字を記入する．このスケッチの場合はそうしてもよいし，あるいは両矢印を使って 1 div の時間，電圧を表記する方法もある．

グラフから自分の声の基本周期 (最も長い周期) とその周波数を求めよ．周期，周波数を表記する際は有効数字に注意せよ．また単位を忘れずにつけること．

次に，声の音程を変えてみて，高い音ほど周期が短い，すなわち周波数が大きいことを確認せよ．

実験 C　同軸ケーブル中の光速度

C1　トリガの設定

これまでの実験 A, B においては，観測する信号が正弦波やそれに類似した周期信号であったため，トリガ設定を意識する必要はなかった．しかし，多くの場合は使用者がトリガを設定する必要がある．まず **3.2** 節を理解してから，任意波形発生器とオシロスコープを接続し，正弦波を表示せよ．

トリガはオシロスコープに入力する CH1，CH2 あるいは外部信号 EXT により生成できる．動作モードは「RUN」「SINGLE」の 2 つがあり，それぞれボタン ㉾，㊈ に割りあてられている．

「RUN」: トリガ設定に適合する信号が入力すると波形を描く．そして次の適合する信号が入るのを待ち，入ったら前の波形を消して，新しい波形を描く．繰り返し現象 (たとえば任意波形発生器の出す正弦波) の観察に用いる．トリガ設定に適合する信号が入力することを，「トリガが入る」「トリガがかかる」という．この際，初期設定は AUTO モードになっており，トリガが入らなくても一定時間たったら波形を描くようになっている．これによりトリガ設定が不適切であっても，なんらかの波形は表示されることとなり，ある程度の参考になる．

「SINGLE」: トリガが入ると波形を描いて，そこで停止する．一度しか起こらない現象の観察に用いる．「SINGLE」の使い方については，「参考課題　音声信号の子音の波形の観察」を参照のこと．

まず任意波形発生器から初期設定の正弦波を出力するためにスイッチを2回押し再起動する．次にオシロスコープを初期設定に戻すために，㊅ Default Setup ボタンを押す．

いま見えている正弦波は，止まっているように見えるかもしれないが，実は毎秒何十回かトリガがかかって，そのたびに書き換えている波形である．いったん BNC ケーブルを外せば波形は表示されなくなり，再び付ければ表示されるようになる．㊆ RUN/STOP ボタンを押せば書き換えが止まり，再び同じボタン ㊆ を押せば波形の書き換えが始まる．これらを確認せよ．

初期設定でトリガは RUN になっている．このとき，CH1 が 0 V を通過し，かつ電圧の勾配 $\left(\dfrac{\mathrm{d}V}{\mathrm{d}t}\right)$ が正のときにトリガがかかるようになっている．トリガ位置 (画面の上の 🅃 マーク) とトリガレベル (画面の右の ◀ マーク) を見て，これを確認せよ．

㋶トリガレベル設定つまみを回すと，トリガのかかる電圧が変化する．これを観察する．トリガ電圧値を変えていくと画像が流れるようになる．これは，トリガ電圧値が入力信号の電圧値域を外れて，トリガ信号の生成時刻を決められないからである．トリガ電圧を変化させながら表示される波形の時間軸に対する位置がどのように変わるかを観察し，わかることをノートに記録する．

次に電圧の勾配が負のときにトリガがかかるようにしてみる．トリガセットアップボタン ㋵ を押してから，3番目のファンクションボタン ㋓ を押し，Multipurpose つまみ ㋗ を回して Slope Falling を選んでから ㋗を押す．㋗ は回転つまみと押しボタンを兼ねている．$\dfrac{\mathrm{d}V}{\mathrm{d}t}$ が負のときにトリガがかかるようになったことを確認せよ．

C2　オシロスコープの CH1 端子 ㋛，CH2 端子 ㋜ に T コネクタを取り付け，パルス発生器と CH1 を 1.00 m の BNC ケーブル，CH1 と CH2 を 2.00 m のケーブルで結び，CH2 の T コネクタに終端器を取り付ける．CH1 と CH2 を同時に表示するために，CH2 ボタン ㋰ を押すと，2本の線が画面に表示されるようになる．黄色い線が CH1，青色の線が CH2 の電圧である．

図4を参考にして配線の簡易なブロック図をノートに記録せよ．

C3　パルス発生器のスイッチを入れ，波形を観察する．スイッチを入れなくても出力が出る場合があるが異常ではない．まずオシロスコープの ㊅ Default Setup および CH2 ボタン ㋰ を押してから，観察のための，縦軸，横軸，トリガの適切な設定を探してみよ．パルス発生器の信号は負 (マイナス) なのでトリガも負にする必要がある．真空中の光は 1 ns の間に 30 cm の距離を進み，ケーブル中のパルスの速度も同じオーダーであることを念頭に置くように．n (ナノ) は 10^{-9}，p (ピコ) は 10^{-12} を表す．

C4 波形がうまく観察できたら，⑳ Run/Stop ボタンを押し，波形を止め，画面をグラフ用紙にスケッチする．縦軸はできるだけ波形を大きく，横軸は 2 つの波が入る範囲でできるだけ拡大する．波形は画面の四辺からはみ出てはいけない．左端と右端では 0 V になっている (信号波形がベースラインに戻っている) ことを確認する．CH1 と CH2 のオフセット (ベースライン) を合わせること．パルスが CH1 に到達した時間と CH2 に到達した時間の差を求める．この際，グラフ (スケッチ) のどの部分から値 (時間差) を読み取ったかをなぜその部分に注目したのかの理由も含めて明記する．波形のスケッチに加えて，画面から直接時間差を読み取り，ノートに記録する．⑳ Run/Stop ボタンを 2 回押し，波形を更新し，計 4 回の時間差を読み取り，表に記録する．

C5 CH1 と CH2 の間のケーブル長を，4.00 m，6.00 m にして，同様に 4 回の時間差の読み取りを行い，表に記録する．4.00 m，6.00 m の場合のグラフ (スケッチ) は必要ない．

C6 横軸をケーブル長，縦軸を時間差として，グラフ用紙にグラフを描く．ここで，時間差は，4 回測定の平均値を用い，不確かさをエラーバーとして記入する．

C7 C6 の測定点 (3 点) に対して 1 本の近似直線を引き，その傾きからパルスの伝播速度を求める．なお，直線が原点を通る必然性はない．結果を表記する際は有効数字に注意すること．

C8 この同軸ケーブルの誘電体はポリエチレンで，比誘電率は 2.26 である．この値と真空中の光速度からパルスの伝播速度の予想値を求め，C7 の結果と比較せよ．

実験 D　片づけ

すべての装置の電源を切り，器具をもとの状態に戻す．不具合があった場合は，必ず教員に申し出ること．

▒参考課題および考察のためのヒント　(教員の指示により，以下も行う場合がある)

1. 固定端，自由端反射

実験 C で，終端器の部分に別のケーブルを取り付ける．そのケーブルの端を，開放した場合，(クリップで) 短絡した場合，(I コネクタで) 終端器をつけた場合それぞれについて，端で反射した波を観察してみよ．

2. 音速の測定

本実験の装置を用いて，音速を測定する方法を考え，実際に測定してみよ．

3. 音のうなりの観察

この実験で用いるスピーカーからは 2 本のケーブルが出ており，それぞれ右と左のスピーカーに対応している．隣りの机のグループと協力し任意波形発生器を 2 台用いて，わずかに違った周波数の音 (たとえば 1000 Hz と 1001 Hz) を出力し，うなりを聞いてみよ．

4. 音声信号の子音の波形の観察

まず，トリガは AUTO のままで，同じ母音で子音のみ変えて発声してみる．「あー」「かー」「さー」のどれも，母音の波形は同じであることを確認せよ．

子音は語音の冒頭にだけつくので，それを観察するために，SINGLE ボタン㊬を用いてトリガをかける．

トリガレベルを適当に設定してから，㊬SINGLE ボタンを押すと，オシロスコープがトリガ待ちになる．この状態で，音を入れると，波形が一度描かれて，オシロスコープが停止する．トリガを適切に設定しないとうまくいかない．いろいろ試してよい条件を見つけること．同時に縦軸レンジ，横軸レンジ，横軸位置も適切な設定が必要である．

●参考 1　同軸ケーブル，終端器，波の反射

図 10 のような同軸ケーブルを考える．誘電率は ε，透磁率は μ とする．ケーブルの伸びる方向を x，ほかを y, z とする．同軸ケーブルの芯線の半径を a，中心からアース線までの距離を R とする．

Maxwell の方程式は，

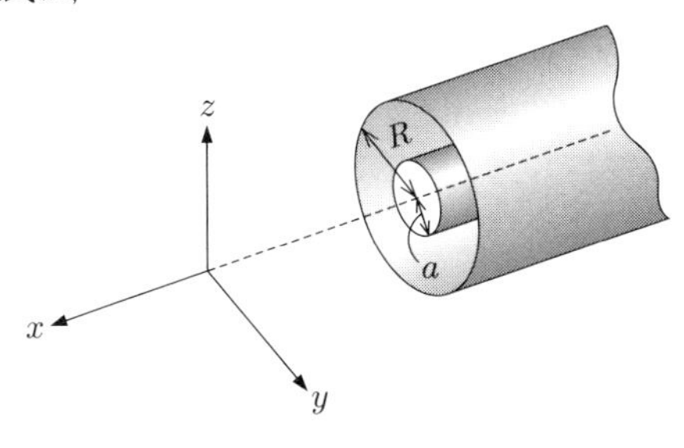

図 10　同軸ケーブルの模式図

$$\varepsilon\,\frac{\mathrm{d}\boldsymbol{E}}{\mathrm{d}t} = \mathrm{rot}\,\boldsymbol{H} \tag{2.6}$$

$$\mu\,\frac{\mathrm{d}\boldsymbol{H}}{\mathrm{d}t} = -\mathrm{rot}\,\boldsymbol{E} \tag{2.7}$$

である．

これを満たす解として，以下がある．ここで (r,θ) は $y = r\cos\theta$，$Z = r\sin\theta$ で定義される．各自確かめてみよう．(y, z に直してから rot を計算する．これは TEM モードと呼ばれる解である．数十 GHz 以上の高周波ではこれ以外に TE11 などと呼ばれる解が生じるが，ここでは触れない．)

$$E_r = \sqrt{\frac{\mu}{\varepsilon}}\,\frac{I_0}{2\pi r}\,\exp\left(i\omega(t \mp \sqrt{\varepsilon\mu}\,x)\right) \tag{2.8}$$

$$H_\theta = \pm\frac{I_0}{2\pi r}\,\exp\left(i\omega(t \mp \sqrt{\varepsilon\mu}\,x)\right) \tag{2.9}$$

$$E_\theta = H_r = E_x = H_x = 0 \tag{2.10}$$

電圧 V は E の積分なので，

$$V = \sqrt{\frac{\mu}{\varepsilon}}\,\frac{I_0}{2\pi}\,\exp\left(i\omega(t \mp \sqrt{\varepsilon\mu}\,x)\right)\log\frac{R}{a} \tag{2.11}$$

となり，インピーダンス Z，つまり V と $I = I_0\exp\left(i\omega(t \mp \sqrt{\varepsilon\mu}\,x)\right)$ の比は

$$Z\left(=\frac{V}{I}\right) = \sqrt{\frac{\mu}{\varepsilon}}\,\frac{\log\dfrac{R}{a}}{2\pi} \tag{2.12}$$

となる．これにケーブルの値

$R = 2.90\,\mathrm{mm}$, $a = 0.813\,\mathrm{mm}$, $\varepsilon' = 2.26$, $\mu = 4\pi\times10^{-7}\,\mathrm{N\,A^{-2}}$, $\varepsilon = \varepsilon'\dfrac{1}{c^2\mu}$

(c は真空中の光速) を代入して，$Z = 50.7\,\Omega$ となる．

波の伝播速度は

$$c' = \frac{1}{\sqrt{\varepsilon\mu}} \tag{2.13}$$

となる．

ガウスの法則から従う式 $\dfrac{E\,(\text{電場})}{Q\,(\text{単位長さあたりの電荷})} = \dfrac{1}{2\pi\varepsilon r}$ を積分すると ケーブルの単位長さあたりの静電容量は，

$$C = \frac{2\pi\varepsilon}{\log \dfrac{R}{a}} \tag{2.14}$$

となる．また，(2.12)，(2.13)，(2.14) 式から，

$$C = \frac{1}{c'Z} \tag{2.15}$$

と表される．

したがって，ケーブル中の光速とインピーダンスがわかれば，a や R がわからなくても静電容量が求まる．$Z = 50\,\Omega$ のケーブルでは，c' は $2 \times 10^8\,\mathrm{m\,s^{-1}}$ より，$C = 100\,\mathrm{pF\,m^{-1}}$ となる．

次に，同軸ケーブルにおける波の反射を考える．三角関数から任意の波形がつくれるので，解は電圧で表せば，

$$V = f\left(t - \frac{x}{c'}\right) + g\left(t + \frac{x}{c'}\right) \tag{2.16}$$

となり，右向きの波と，左向きの波の両方が存在できる．

電流と電圧の関係は，いったん右向き電流を正と決めると，

右向きに進行する波に対しては，$V = ZI$

左向きに進行する波に対しては，$V = -ZI$

となる (図 11 を参照)．

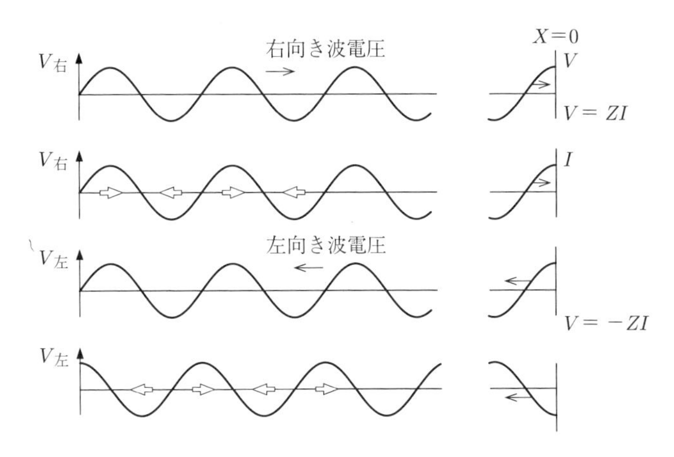

図 11　右向きの波と左向きの波

図のように，$x = 0$ に端がある場合を考えると，$x = 0$ において

$$V = V_{右} + V_{左} = Z_0(I_{右} - I_{左}) \tag{2.17}$$

$$I = I_{右} + I_{左} \tag{2.18}$$

右，左はそれぞれ右向き，左向きの進行波を表す．

$x = 0$ に Z_1 の抵抗をつけると，$V = Z_1 I$ より

$$Z_1 = \frac{I_{右} - I_{左}}{I_{右} + I_{左}} Z_0 \tag{2.19}$$

となる．

したがって，もし $Z_1 = 50\,\Omega$ であれば，ケーブルのインピーダンス Z_0 と等しいので，$I_{左} = 0$ となる．これが適切な終端器をつけて反射がなくなった状態である．

$Z_1 = 0$，つまりショートであれば，$I_{右} = I_{左}$ となり，$V_{右} = -V_{左}$ となる．これは固定端反射に対応する．

$Z_1 =$ 無限大，つまり開放であれば，$I_{右} = -I_{左}$，$V_{右} = V_{左}$ となる．これは自由端反射に対応する．

●参考 2　音

(1)　音の伝播

音が x 軸の方向に平面波として伝播するときの波動方程式は，

$$\frac{\mathrm{d}^2 p_\mathrm{a}}{\mathrm{d}t^2} = {v_\mathrm{a}}^2 \frac{\mathrm{d}^2 p_\mathrm{a}}{\mathrm{d}x^2} \tag{2.20}$$

である．p_a は音圧 (圧力の大気圧からのずれ)，v_a は音速である．x の正の方向に進む正弦波は，

$$p_\mathrm{a}(x, t) = p_1 \sin\left\{2\pi f\left(t - \frac{x}{v_\mathrm{a}}\right)\right\} \tag{2.21}$$

である．0 dB の音であれば，振幅 (実効値) p_1 は 2×10^{-5} Pa であり，100 dB の音であればその 10^5 倍で 2 Pa である．

平面波の場合は，媒質速度 u と音圧 p_a は $p_\mathrm{a} = \rho v_\mathrm{a} u$ の関係にあり，同位相である．ρ は媒質密度である．

空気中の音波では，空気分子集団が局所熱平衡を保ちながら振動しており，その分子集団の平衡位置からの変位を ξ とすると，

$$\frac{\mathrm{d}\xi}{\mathrm{d}t} = u \tag{2.22}$$

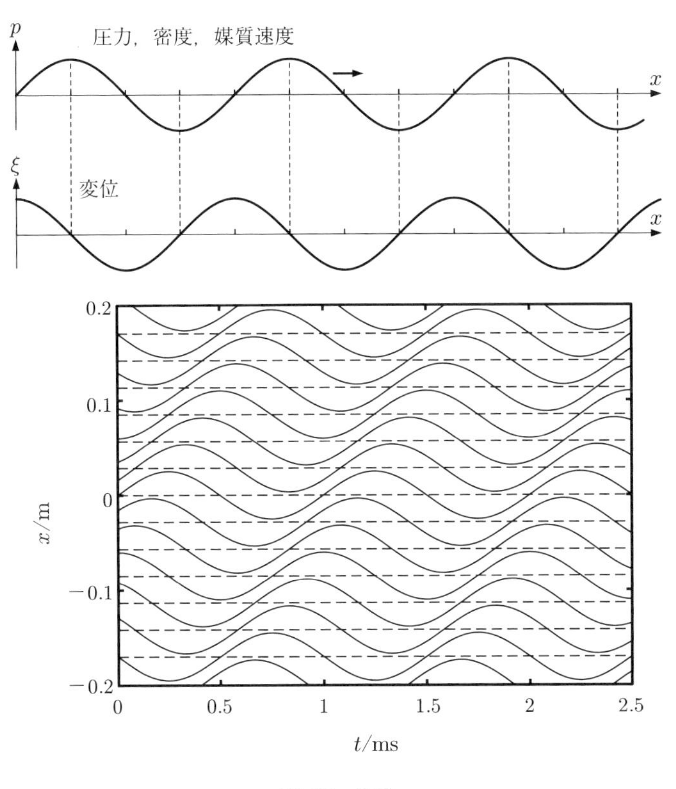

図 12　音波

であるので，変位 ξ と媒質速度 u は，片方が sin であればもう片方は cos というように，位相が 90 度ずれる．ξ と p も位相が 90 度ずれる．ある位置で p_{a} が最大であれば，密度 ρ 最大，媒質速度 u 最大で，変位 ξ はゼロである (図 12).

0 ℃の空気に対しては $\rho = 1.293\,\mathrm{kg\,m^{-3}}$，$v_{\mathrm{a}} = 331.5\,\mathrm{m\,s^{-1}}$，$\rho v_{\mathrm{a}} = 428.6\,\mathrm{kg\,m^{-2}\,s^{-1}}$ である．0 dB の音の媒質速度の振幅は $\dfrac{2\times10^{-5}}{428.6}\,\mathrm{m\,s^{-1}}$ で周波数によらない．

変位の振幅は上の式より，$\dfrac{2\times10^{-5}}{428.6\times2\pi f}$ である．たとえば 1 kHz，0 dB の音の変位は $10^{-11}\,\mathrm{m} = 10\,\mathrm{pm} = 0.1\,\text{Å}$ (オングストローム) となり，水素原子における陽子と電子の平均距離 (ボーア半径 = 53 pm) より小さい．

さて，次に波動方程式を導いてみる．簡単のため x 方向のみ考えると，(多数の分子を含む) 微小部分の運動方程式は

$$\rho \frac{\mathrm{d}u}{\mathrm{d}t} = -\frac{\mathrm{d}p_\mathrm{a}}{\mathrm{d}x} \tag{2.23}$$

となる．これはニュートンの運動方程式 $ma = F$ を微小部分に適用したものである．

音圧 p_a と変位 ξ は

$$p_\mathrm{a} = Ks = -K \frac{\mathrm{d}\xi}{\mathrm{d}x} \tag{2.24}$$

の関係にある．K は体積弾性率，s は密度変化の割合 $-\dfrac{\delta V}{V} = -\dfrac{\mathrm{d}\xi}{\mathrm{d}x}$ である．

また，速度 u と変位 ξ の関係は

$$u = \frac{\mathrm{d}\xi}{\mathrm{d}t} \tag{2.25}$$

である．

(2.23)，(2.24)，(2.25) 式から，

$$\frac{\mathrm{d}^2 p_\mathrm{a}}{\mathrm{d}t^2} = \frac{K}{\rho} \frac{\mathrm{d}^2 p_\mathrm{a}}{\mathrm{d}x^2} \tag{2.26}$$

が得られる．

ここから音速 v_a は，

$$v_\mathrm{a} = \sqrt{\frac{K}{\rho}} \tag{2.27}$$

で与えられる．

また運動方程式から u と p_a は同位相であり，どちらも $\sin\left\{2\pi f\left(t - \dfrac{x}{v_\mathrm{a}}\right)\right\}$ に比例する．u と p_a の関係は $p_\mathrm{a} = \rho v_\mathrm{a} u$ である．

体積弾性率の定義より，

$$K = -\frac{\delta p\,(\text{大気圧})}{\dfrac{\delta V}{V}} \tag{2.28}$$

である．空気は音の不良導体なので断熱変化の式 $pV^\gamma =$ 一定を使うと，$K = \gamma p$ となり，音速は

$$v_{\mathrm{a}} = \sqrt{\frac{\gamma p\,(\text{大気圧})}{\rho}} \tag{2.29}$$

である．γ は比熱比と呼ばれる量で，定圧比熱を定積比熱で割ったものである．二原子分子では $\gamma \fallingdotseq 7/5$ である．

理想気体の状態方程式は，$P\,(\text{大気圧})\,V = nRT$ である．このとき，n はモル数，R は気体定数である，M を分子量とすると $\dfrac{nM}{V} = \rho$ であるから

$$\frac{P\,(\text{大気圧})}{\rho} = \frac{R}{M}T \tag{2.30}$$

となり，これを代入して，

$$v_{\mathrm{a}} = \sqrt{\frac{\gamma RT}{M}} \tag{2.31}$$

と求まる．T は絶対温度である．この式より，気体中での音速は分子量と温度で定まり，圧力と密度に依存しなくなる．空気中の室温付近における音速は，摂氏温度 θ を使って近似的に

$$v_{\mathrm{a}} = 331.5 + 0.61\theta\,\mathrm{m\,s^{-1}} \tag{2.32}$$

で与えられる．

(2)　マイクロホン

この実験で用いるのはダイナミックマイクロホンである．構造を図 13 に示す．音圧が加わると，振動板に力が働いてコイルが動き，起電力 Blv (B：磁場，l：コイルのケーブル長，v：コイルの速度) が発生する．このとき，振動板の運動方程式は，強制振動の式 [p.94 の (4.10) 式] で表され

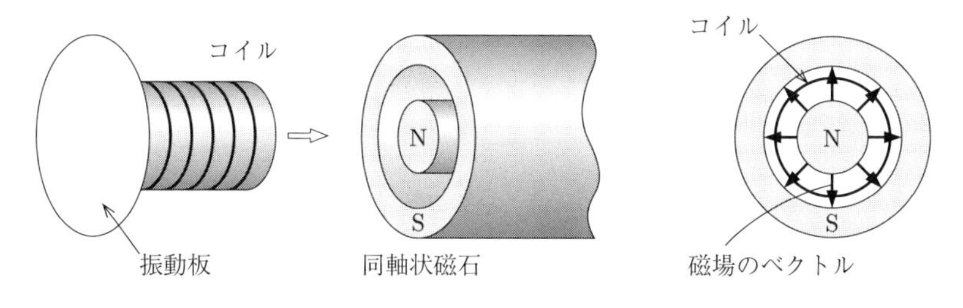

図 13　ダイナミックマイクロホンの模式図

$$\frac{\mathrm{d}^2 u(t)}{\mathrm{d}t^2} + 2\gamma \frac{\mathrm{d}u(t)}{\mathrm{d}t} + {\omega_0}^2 u(t) = \frac{F_0}{M_0} \cos\omega t = p_1 \frac{S}{M_0} \cos\omega t \tag{2.33}$$

となる.

ここで, u は振動板の変位の座標, γ は抵抗力のパラメータ, ω_0 は復元力のパラメータ, $p_1 \cos\omega t$ は音圧, S は振動板の面積, M_0 は振動板の質量である. 解を以下に示す. A, B は初期条件で決まるパラメータである.

$$\begin{aligned} u(t) &= A\mathrm{e}^{-\gamma t} \cos\left(\sqrt{{\omega_0}^2 - \gamma^2} t + B\right) \\ &\quad + \frac{F_0/M_0}{\sqrt{({\omega_0}^2 - \omega^2)^2 + 4\gamma^2\omega^2}} \cos(\omega t + \phi) \end{aligned} \tag{2.34}$$

十分に時間が経つと, 第 2 項が支配的になる. このとき, u は ω と ω_0 に依存するが, γ が十分大きくなるようにしておけば, $u(t) \propto \dfrac{p_1}{\omega \cdot \gamma} \cos(\omega t + \phi)$ となるので, 起電力 $Blv = Bl \dfrac{\mathrm{d}u}{\mathrm{d}t} \propto p_1$ となり, 音圧におよそ比例した電圧が得られる. γ を大きくしたほうが周波数特性はよくなるが, 大きすぎると出力がなくなってしまうので適切な値になるようにマイクロホンを設計する.

理想的なマイクロホンは, 音圧と出力電圧の比が周波数に依存せず, 位相ずれも起こさないものであるが, 実のマイクロホンは上で述べた原理からわかる通り, 周波数依存性と位相ずれは避けられない. また上式の解の第 1 項の影響もある. 同様のことは再生装置 (スピーカー) にもいえる.

実 験 3

交流回路の特性

1. 目　　的

日常生活に欠かせない電気製品には，抵抗，コンデンサ，コイルといった基本的な素子が含まれている．特にコンデンサとコイルは，その特性が周波数 (振動数) に依存することから，交流回路やパルス回路で重要な働きをする．ここでは，交流回路に対する基本的な事柄を理解するために，直列共振回路および高域透過フィルター回路を組み立て，交流入力に対する回路の応答の測定と理論計算との比較を行う．

2. 実験概要

実験 A　高域透過フィルター回路の特性

抵抗とコンデンサからなる高域透過フィルター回路に，任意波形発生器から正弦波の電圧信号を入力する．正弦波の周波数を変化させて，入出力信号の電圧比と位相差の周波数依存性を測定し，理論式 (3.31)，(3.32) と比較する．複合波入力に対する出力波を測定し，回路の周波数特性についての理解を深めるとともに，その有用性について考える．

実験 B　直列共振回路の特性

抵抗，コンデンサおよびコイルを直列接続してできる直列回路に，任意波形発生器から正弦波の電圧信号を入力する．正弦波の周波数を変化させて，入出力信号の電圧比と位相差の周波数依存性を測定し，理論式 (3.20)，(3.21) と比較する．さらに，共振周波数，共振幅，Q 値を測定値から求め，理論値と比較する．共振周波数の方形波入力に対する出力波の測定と，低周波数の方形波入力に対してみられる減衰振動の観察を行う．

3. 原　　理

3.1　回路素子の特性

抵抗，コンデンサおよびコイルといった回路素子の機能は，素子の両端にかかる電圧 $V(t)$ と電流 $I(t)$ の間の関係 (電圧–電流特性) によって特徴づけられる．ここで (t) は V および I が時刻 t の関数であることを表す．

抵抗 R［単位：Ω(オーム)］

図1(a)で抵抗素子の下の点が点A，上の点が点Bである．抵抗素子に時刻に依存する電圧 $V(t)$ を加える．ここで $V(t)$ の定義は点Aを基準とする点Bの電圧とする．つまり点Aの電位を V_A，点Bの電位を V_B とすると，$V(t) = V_B - V_A$ である．電流 $I(t)$ は図の下向きを正にとる．電流は電位の高い点から低い点に向かって流れるので，$V(t)$ が正なら $I(t)$ も正で，逆も同様である．したがって，オームの法則は

$$V(t) = RI(t) \tag{3.1}$$

と表される．

コンデンサ C［単位：F (ファラド)］

コンデンサの極板に蓄えられる電気量の大きさ $|Q(t)|$ は両端にかかる電圧 $V(t)$ の大きさに比例する．すなわち $|Q(t)| = C|V(t)|$．図1(b)の上下の極板のうち上の極板の電荷を $Q(t)$ とし，$V(t)$ の定義は上と同様に，点Aを基準とする点Bの電圧とすると，

$$Q(t) = CV(t) \tag{3.2}$$

となる．下向きを正とする電流 $I(t)$ は，$I(t)$ が正であれば $Q(t)$ は増加するので，

$$I(t) = \frac{\mathrm{d}Q(t)}{\mathrm{d}t} \tag{3.3}$$

となり，積分すると

$$Q(t) = \int_{t_0}^{t} I(t')\,\mathrm{d}t' \tag{3.4}$$

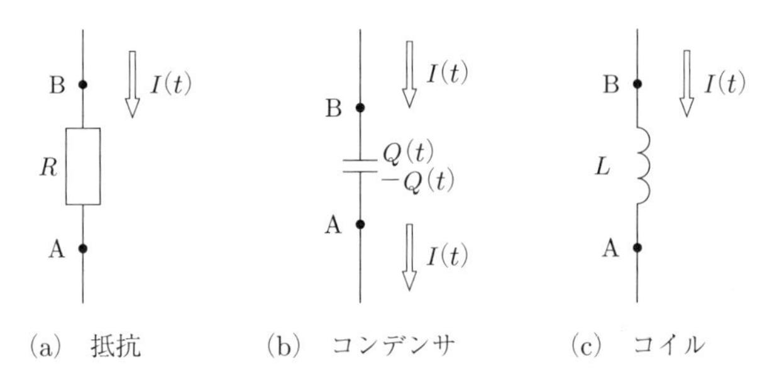

図1　回路素子

である．(3.2) 式と合わせて

$$V(t) = \frac{1}{C}\,Q(t) = \frac{1}{C}\int_{t_0}^{t} I(t')\,\mathrm{d}t' \tag{3.5}$$

を得る．

コイル L ［単位：H (ヘンリー)］

$V(t)$，$I(t)$ の定義は上と同様とする．電磁誘導の法則より，$|V(t)| = L\left|\dfrac{\mathrm{d}I(t)}{\mathrm{d}t}\right|$ である．この式の符号であるが，下向きの電流 $I(t)$ が増加するときは $V(t)$ は正であり，減少するときは $V(t)$ は負なので，

$$V(t) = L\,\frac{\mathrm{d}I(t)}{\mathrm{d}t} \tag{3.6}$$

である．

3.2　直列共振回路

3.2.1　回路の方程式と定常解

コイル，コンデンサ，抵抗を図 2 のように直列に接続した回路の周波数特性を考察しよう．下向きを正とする電流 $I(t)$ と，端子 3 を基準にした端子 1 の電圧 $V_{13}(t)$ の関係は

$$L\,\frac{\mathrm{d}I(t)}{\mathrm{d}t} + \frac{1}{C}\,Q(t) + RI(t) = V_{13}(t) \tag{3.7}$$

である．電荷の保存から，電流 I はコンデンサに蓄えられた電荷 Q を用いて

$$\frac{\mathrm{d}Q(t)}{\mathrm{d}t} = I(t) \tag{3.8}$$

と表されるので，これを (3.7) 式に代入して

$$L\,\frac{\mathrm{d}^2Q(t)}{\mathrm{d}t^2} + R\,\frac{\mathrm{d}Q(t)}{\mathrm{d}t} + \frac{1}{C}\,Q(t) = V_{13}(t) \tag{3.9}$$

を得る．これは非同次の定数係数 2 階線形微分方程式である．これの解法の手短な説明については，本章末の「●**参考**」を見よ．

時間変化する電圧 $V_{13}(t)$ は，いろいろな角振動数 ω の波 $\sin(\omega t)$，$\cos(\omega t)$ の重ね合わせとして表すことができる (フーリエ変換)．したがって，まず，$V_{13}(t) = V_0\cos(\omega t)$ の場合

$$L\,\frac{\mathrm{d}^2Q(t)}{\mathrm{d}t^2} + R\,\frac{\mathrm{d}Q(t)}{\mathrm{d}t} + \frac{1}{C}\,Q(t) = V_0\cos(\omega t) \tag{3.10}$$

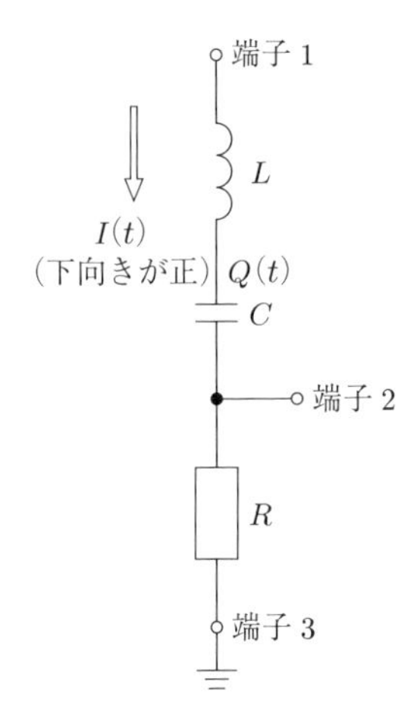

図 2　直列共振回路 (実験 B)

について回路の特性を調べる．それがわかれば，**重ね合わせの原理**に基づいて，一般の電圧 $V_{13}(t)$ に対する回路の振る舞いを知ることができる．

この方程式の特解を求める定石では，オイラーの公式 $\mathrm{e}^{i\omega t} = \cos(\omega t) + i\sin(\omega t)$ を利用して電圧を複素数に拡張し，

$$L\,\frac{\mathrm{d}^2\widetilde{Q}(t)}{\mathrm{d}t^2} + R\,\frac{\mathrm{d}\widetilde{Q}(t)}{\mathrm{d}t} + \frac{1}{C}\,\widetilde{Q}(t) = V_0\mathrm{e}^{i\omega t} \tag{3.11}$$

という方程式を考える．ここで，$\widetilde{Q}(t)$ は，右辺の複素数値の電圧に対する解である．方程式の線形性と左辺の各係数が実数であることに注意すると，両辺の実部を選び出すことによって，電圧 $V(t) = V_0\cos(\omega t)$ をもつ (3.10) 式を再現することができる．つまり，$\widetilde{Q}(t)$ の関数形が具体的に求まれば，その実部が解 $Q(t)$ である［虚部は，電圧 $V_0\sin(\omega t)$ に対する解である］．

回路のスイッチを入れてしばらくすると電荷 Q が電圧 $V = V_0\mathrm{e}^{i\omega t}$ と同じ角振動数で振動する定常状態になる．この定常解の形 $\widetilde{Q}(t) = \widetilde{A}\mathrm{e}^{i\omega t}$ を仮定して方程式 (3.11) に代入する．$\widetilde{A}$ は複素数の定数である．すると，時間微分を簡単に実行することができるから，

$$\left(-\omega^2 L + i\omega R + \frac{1}{C}\right)\widetilde{A} = V_0, \tag{3.12}$$

$$\widetilde{A} = \frac{V_0}{-\omega^2 L + i\omega R + \dfrac{1}{C}} \tag{3.13}$$

という計算で $\widetilde{A}$ を決めることができる．こうして得られた $\widetilde{Q}(t) = \widetilde{A}\mathrm{e}^{i\omega t}$ の実数部分が (3.10) 式の解である (複素数の利用は必須ではないが，見通しがよい．複素数を用いない解法は実験 4 の原理のページを参照).

3.2.2 複素インピーダンス

電気回路の理論に，交流電圧がかかっている回路の定常解を求める方法として複素インピーダンスの方法がある．その基本を説明する．

前小節のように，$\widetilde{Q}(t) = \widetilde{A}\mathrm{e}^{i\omega t}$ と仮定するならば，$\widetilde{I}(t) = \dfrac{\mathrm{d}}{\mathrm{d}t}\widetilde{Q}(t) = i\omega\widetilde{Q}(t)$ が成り立つ．そこで，まず，(3.11) 式の $\widetilde{Q}(t)$ をこの仮定によって $\widetilde{I}(t)$ に置き換え，次に $\widetilde{I}_0$ を複素数の定数とする電流の形 $\widetilde{I}(t) = \widetilde{I}_0\mathrm{e}^{i\omega t}$ を代入してみると，

$$\left(i\omega L + R + \frac{1}{i\omega C}\right)\widetilde{I}_0 = V_0 \tag{3.14}$$

が得られる．左辺の括弧の中身を複素数 $Z(\omega)$ と書き表せば，

$$Z(\omega)\widetilde{I}_0 = V_0, \quad Z(\omega) = i\omega L + R + \frac{1}{i\omega C} \tag{3.15}$$

のように，直流回路のオームの法則 $RI = V$ と同じ形になる．この Z を直列共振回路の**複素インピーダンス**と呼ぶ．インピード (impede) は英単語で「妨げる」という意味である．

以上の手順から，複素インピーダンスが各回路素子ごとに定義され (表 1)，インダクタンス L のコイルでは $Z_L = i\omega L$，抵抗 R の抵抗素子では $Z_R = R$，静電容量 C のコンデンサでは $Z_C = \dfrac{1}{i\omega C}$ となることが了解される．$\pm i = \mathrm{e}^{\pm i\pi/2}$ なので，複素インピーダンスには位相の情報が含まれていることに注意しよう．それぞ

表 1 回路素子のインピーダンス

コイル	直流抵抗	コンデンサ
$i\omega L$	R	$\dfrac{1}{i\omega C}$

れの周波数特性として，コイルのインピーダンス Z_L は，位相 $\frac{\pi}{2}$ をもち，絶対値は ω に比例して大きくなる．直流抵抗のインピーダンス $Z_R = R$ は実数で，ω には依存しない．コンデンサのインピーダンス Z_C は位相 $-\frac{\pi}{2}$ をもち，ω に反比例して小さくなることがわかる．

電荷 $\widetilde{Q}(t)$ の場合と同様に，$\widetilde{I}_0$ についての方程式は容易に解くことができて，

$$\widetilde{I}_0 = \frac{V_0}{Z(\omega)} = \frac{V_0}{R + i\left(\omega L - \dfrac{1}{\omega C}\right)} \tag{3.16}$$

となる．複素数 $z = x + iy$ について，$\frac{1}{z} = \frac{x - iy}{x^2 + y^2} = \frac{1}{|z|}\,\mathrm{e}^{i\theta}$ の形に表すと，$|z| = \sqrt{x^2 + y^2}$, $\tan\theta = -\frac{y}{x}$ となる．同様に，$\widetilde{I}_0 = I_0 \mathrm{e}^{i\theta}$ と表せば，振幅 I_0 と位相 θ はそれぞれ

$$I_0 = \frac{V_0}{|Z(\omega)|} = \frac{V_0}{\sqrt{R^2 + \left(\omega L - \dfrac{1}{\omega C}\right)^2}}, \tag{3.17}$$

$$\tan\theta = -\frac{1}{R}\left(\omega L - \frac{1}{\omega C}\right) \tag{3.18}$$

と読み取られる (図 3)．電圧 $V(t) = V_0 \cos(\omega t)$ に対応する電流 $I(t)$ は，$\widetilde{I}(t)$ の実数部分だから，

$$I(t) = \mathrm{Re}\,(\widetilde{I}_0 \mathrm{e}^{i\omega t}) = \mathrm{Re}\,(I_0 \mathrm{e}^{i\theta} \mathrm{e}^{i\omega t}) = I_0 \cos(\omega t + \theta) \tag{3.19}$$

と決定される．

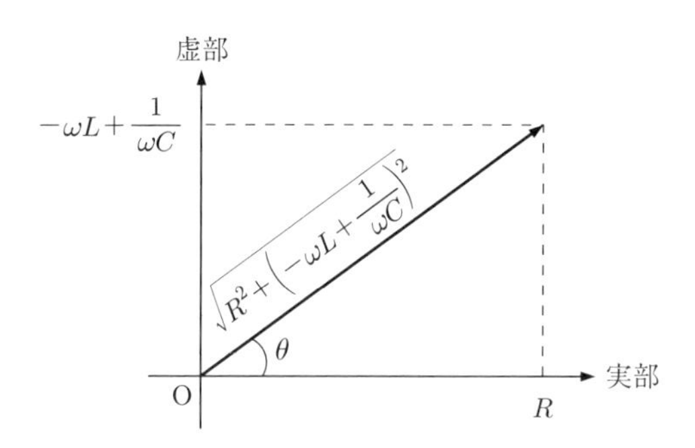

図 3　直列共振回路の位相差

3.2.3 交流電気回路としての特性

図 2 の端子 1 と端子 3 に電源 $V_{13}(t)$ をつないで回路にしたものを，**直列共振回路**という．ここでは，端子 3 を接地して電位の基準点に選び，端子 1–3 間に印加する電圧の振幅 $\overline{V}_{13} = V_0$ を**入力電圧**，端子 2–3 間に現れる電圧の振幅 $\overline{V}_{23} = RI_0$ を**出力電圧**とみなす．入出力の電圧比 $\dfrac{\overline{V}_{23}}{\overline{V}_{13}}$ と位相差 θ は，入力電圧の周波数 $f = \dfrac{\omega}{2\pi}$ に依存して，

$$\frac{\overline{V}_{23}}{\overline{V}_{13}} = \frac{RI_0}{V_0} = \frac{RV_0/|Z(\omega)|}{V_0} = \frac{R}{\sqrt{\left(\omega L - \dfrac{1}{\omega C}\right)^2 + R^2}}, \tag{3.20}$$

$$\tan\theta = \frac{1}{R}\left(\frac{1}{\omega C} - \omega L\right) \tag{3.21}$$

のように変化する．この直列共振回路の周波数特性を図 4 に示した．

特に，

$$\omega L - \frac{1}{\omega C} = 0 \tag{3.22}$$

が成り立つとき，つまり，$\omega = \omega_0 \equiv \dfrac{1}{\sqrt{LC}}$ のときにインピーダンス $|Z(\omega)|$ が最小となり，振幅 $I_0(\omega)$ が最大になることがわかる．この現象を**共振** (**共鳴**) という．実験測定で操作する周波数 $f = \dfrac{\omega}{2\pi}$ に直して，電流が最大の振幅をもつ周波数

$$f_0 \equiv \frac{1}{2\pi}\,\omega_0 = \frac{1}{2\pi\sqrt{LC}} \tag{3.23}$$

を**共振周波数**と呼ぶ．共振周波数の信号が入力されたときには，出力信号の位相差 θ がゼロになるという際立った特徴がある [(3.21) 式と図 4 を参照]．つまり，このとき，入力電圧 $V_{13}(t)$ と回路を流れる電流 $I(t) = \dfrac{V_{23}(t)}{R}$ が位相をそろえて時間変化する．

周波数 f が共振周波数から外れると，交流電流 $I(t)$ が流れにくくなるために，抵抗 R にかかる出力電圧 $V_{23}(t)$ は最大値に比べて小さくなる．共振現象の起きる周波数領域を特徴づけるために，入出力電圧比 $\dfrac{\overline{V}_{23}}{\overline{V}_{13}}$ が最大値の $\dfrac{1}{\sqrt{2}}$ 倍に等しくなる周波数を $f_{1,2}$ ($f_1 < f_2$) と書こう．対応する角振動数 $\omega_{1,2}$ は，

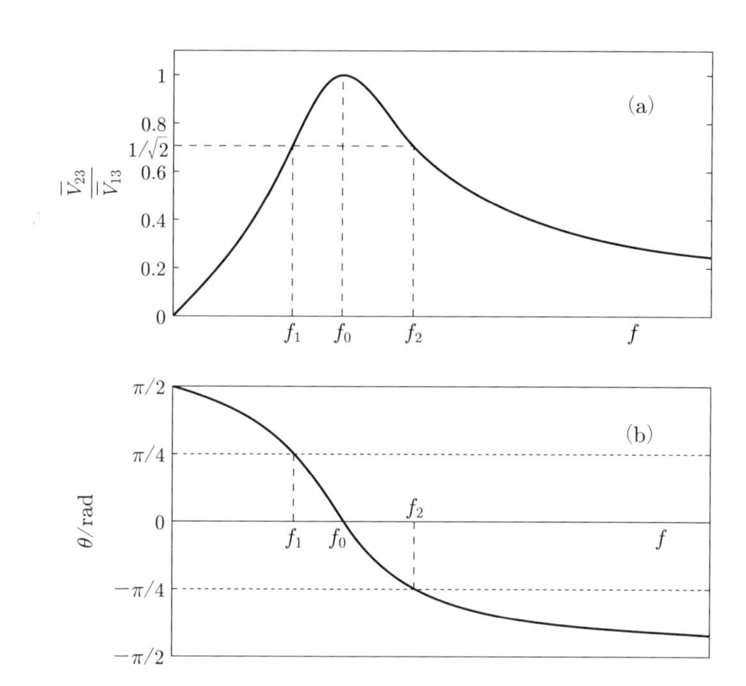

図 4　直列共振回路の周波数特性

$$R^2 + \left(\omega L - \frac{1}{\omega C}\right)^2 = 2R^2,$$

$$L^2\omega^4 - 2\left(\frac{L}{C} + \frac{R^2}{2}\right)\omega^2 + \frac{1}{C^2} = 0 \tag{3.24}$$

という条件で決まる．解と係数の関係を用いると，

$$(\omega_2 - \omega_1)^2 = ({\omega_1}^2 + {\omega_2}^2) - 2\sqrt{{\omega_1}^2{\omega_2}^2} = 2\left(\frac{1}{CL} + \frac{R^2}{2L^2}\right) - 2\sqrt{\frac{1}{C^2L^2}}$$
$$= \left(\frac{R}{L}\right)^2 \tag{3.25}$$

がわかるから，

$$\omega_2 - \omega_1 = \frac{R}{L} \quad \left(f_2 - f_1 = \frac{1}{2\pi}\frac{R}{L}\right) \tag{3.26}$$

と定まる．これを**共振幅**という．共振の鋭さを表すには，**Q 値** (quality factor) と呼ばれる

$$Q = \frac{f_0}{f_2 - f_1} = \frac{1}{R}\sqrt{\frac{L}{C}} \tag{3.27}$$

が便利である．この量はもともと $Q = 2\pi\times$ (共振周波数で回路に蓄えられているエネルギー)/(1 周期の間に散逸するエネルギー) という量を表す．

以上からわかるように，直列共振回路は，さまざまの周波数の交流電圧が回路に入力されたときに，共振周波数をはさんで共振幅程度の周波数の信号を選択して透過させるという**帯域透過フィルター**としての機能を備えている．

3.3 高域透過フィルター回路

図 5 のように，静電容量 C のコンデンサと抵抗値 R の抵抗素子を直列につなぎ，端子 1–3 の間に交流電圧 $V(t)$ をかけた回路を高域透過フィルター回路という．この回路に，$V(t) = V_0 \cos(\omega t)$ の交流電圧をかけた場合の回路の周波数特性を考察しよう．

回路の定常解を知りたいので，複素インピーダンスの方法を用いる．このとき，回路の方程式は

$$\left(R + \frac{1}{i\omega C}\right)\widetilde{I}_0 = V_0 \tag{3.28}$$

となる．複素数の計算を行うと，

$$\widetilde{I}_0 = I_0 \mathrm{e}^{i\theta} = \frac{V_0}{R + \dfrac{1}{i\omega C}} = V_0 \frac{R + i\dfrac{1}{\omega C}}{R^2 + \dfrac{1}{(\omega C)^2}} \tag{3.29}$$

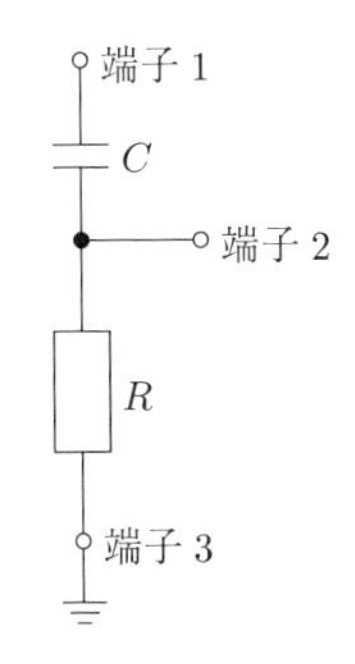

図 5　高域透過フィルター回路 (実験 A)

となって，これから電流の振幅 I_0 と位相 θ が読み取られる．このとき，交流電圧 $V(t) = V_0 \cos(\omega t)$ に対応して流れる電流は

$$I(t) = \mathrm{Re}\,(\widetilde{I}_0 \mathrm{e}^{i\omega t}) = I_0 \cos(\omega t + \theta) \tag{3.30}$$

と得られる．

ここでも，端子 3 を接地して電位の基準点に選び，端子 1–3 に印加する電圧の振幅 $\overline{V}_{13}$ を**入力電圧**，端子 2–3 に現れる電圧の振幅 $\overline{V}_{23} = RI_0$ を**出力電圧**とみなす．入出力の電圧比 $\dfrac{\overline{V}_{23}}{\overline{V}_{13}}$ と位相 θ は，入力電圧の周波数 $f = \dfrac{\omega}{2\pi}$ によって，

$$\frac{\overline{V}_{23}}{\overline{V}_{13}} = \frac{R}{\sqrt{R^2 + \dfrac{1}{(\omega C)^2}}}, \tag{3.31}$$

$$\tan\theta = \frac{1}{\omega CR} \tag{3.32}$$

のように変化する．この高域透過フィルター回路の周波数特性を図 6 に示した．

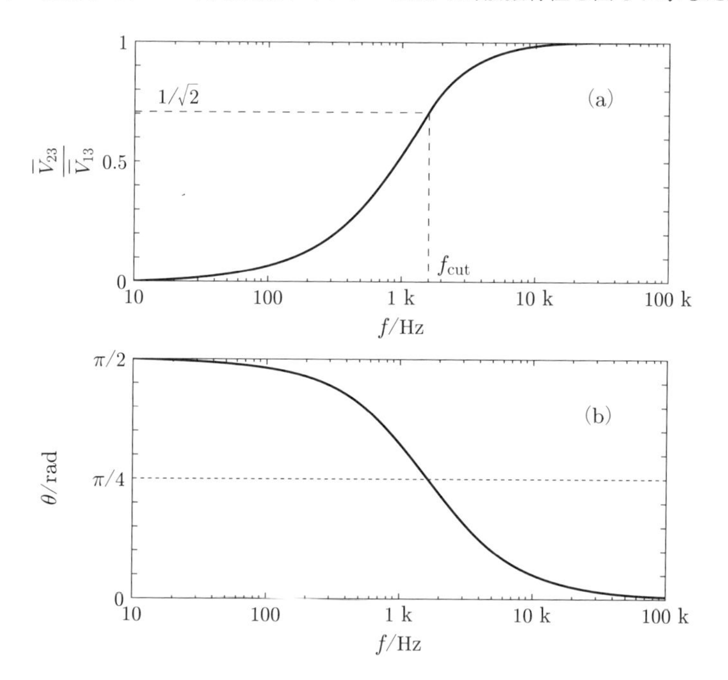

図 6　高域透過フィルター回路の周波数特性

周波数 $f = \dfrac{\omega}{2\pi}$ の値が小さいときには，コンデンサが充放電される時間に比べて極性の変化が緩やかなので，電流がほとんど流れず，$\dfrac{\overline{V}_{23}}{\overline{V}_{13}}$ は小さい．一方で f の値が大きいときには，$\dfrac{\overline{V}_{23}}{\overline{V}_{13}}$ は 1 に近づく．つまり，この回路は高周波信号を透過させ，低周波信号をカットする**高域透過フィルター**としての機能を備えている．f の高低は，$\dfrac{\overline{V}_{23}}{\overline{V}_{13}} = \dfrac{1}{\sqrt{2}}$ となる周波数

$$f_{\mathrm{cut}} \equiv \frac{1}{2\pi}\frac{1}{RC} \tag{3.33}$$

によって特徴付けられる．これを**カットオフ周波数**という．また，分母に現れる $\tau \equiv RC$ は，RC 回路の**時定数**と呼ばれ，抵抗素子を通って流れる電流がコンデンサを充放電する時間スケールを特徴付ける．

3.4　直列共振回路に現れる減衰振動

ここまでは，複素インピーダンスの方法を用いて，交流電圧に対する定常電流の流れ方を調べてきた．最後に，L, C, R を直列につないだ回路に一定の電圧 $V > 0$ をかけておき，ある時刻 ($t = 0$ とする) に急激に値を 0 に変化させたときの**過渡現象**について述べる．微分方程式の解法は章末の「●**参考**」を見よ．

コンデンサ極板の電荷を $Q(t)$ とするとき，回路の方程式は，

$$L\,\frac{\mathrm{d}^2Q(t)}{\mathrm{d}t^2} + R\,\frac{\mathrm{d}Q(t)}{\mathrm{d}t} + \frac{1}{C}\,Q(t) = 0 \tag{3.34}$$

となる．抵抗 R がない場合，電荷は固有角振動数 $\omega_0 = \dfrac{1}{\sqrt{LC}}$ で単振動する．抵抗 R による散逸効果が弱い $\left(R^2 < \dfrac{4L}{C}\right)$ 場合に，初期条件 $I(0) = \dfrac{\mathrm{d}Q}{\mathrm{d}t}(0) = 0$ として微分方程式を解くと，**減衰振動**の解

$$Q(t) = Q(0)\mathrm{e}^{-\gamma t}\left\{\cos(\omega t) + \frac{\gamma}{\omega}\sin(\omega t)\right\} \tag{3.35}$$

が得られる．ここで，減衰率 $\gamma = \dfrac{R}{2L}$ であり，固有角振動数 $\omega = \sqrt{\dfrac{1}{LC} - \dfrac{R^2}{4L^2}} = \sqrt{{\omega_0}^2 - \gamma^2}$ は抵抗がない場合に比べて値が小さくなる．この運動では，**減衰時間**

$$\tau = \frac{1}{\gamma} = \frac{2L}{R} \tag{3.36}$$

が経過する毎に，振動の振幅が $\dfrac{1}{\mathrm{e}}$ 倍に減衰していく．

以上から，減衰時間 τ に比べて十分に長い周期の方形波を直列共振回路に入力すると，電流 $I(t) = \dfrac{\mathrm{d}Q(t)}{\mathrm{d}t}$ の減衰振動がオシロスコープで観察されることがわかる．

予習問題 1　図 2 の直列共振回路について，$L = 10\,\mathrm{mH}, C = 0.001\,\mu\mathrm{F}, R = 1\,\mathrm{k}\Omega$ として，共振周波数，共振幅，Q 値を計算せよ．ただし，この実験で用いるコイルは細く長い導線を巻いたものであり約 $50\,\Omega$ の純抵抗成分 (直流抵抗ともいう) をもつので，それを R に加えること．

予習問題 2　$L/R, LC, RC$ の次元を調べよ．

4.　実験装置

4.1　プローブ (probe，探り針)

実験 2「オシロスコープ」では，オシロスコープの端子に直に BNC ケーブルを接続し，電圧を測定した．本実験ではその代わりに，オシロスコープの端子にプローブを取り付けて，プローブ先端の電圧を測定する．これにより，測定が回路に及ぼす影響を最小限に止めつつ，任意の箇所の電圧を測定できるようになる．図 7 にプローブの主要部を示す．電圧測定を行いたい回路の 2 点間にプローブの針部分 B とミノ虫クリップを接続する．ただし，ミノ虫クリップはオシロスコープ内部でシャシー (chassis，金属枠) につながりアース (earth，接地) されている．アースとは，電圧測定の基準点として容量の大きな物体 (たとえば大地) の電位を用いることであ

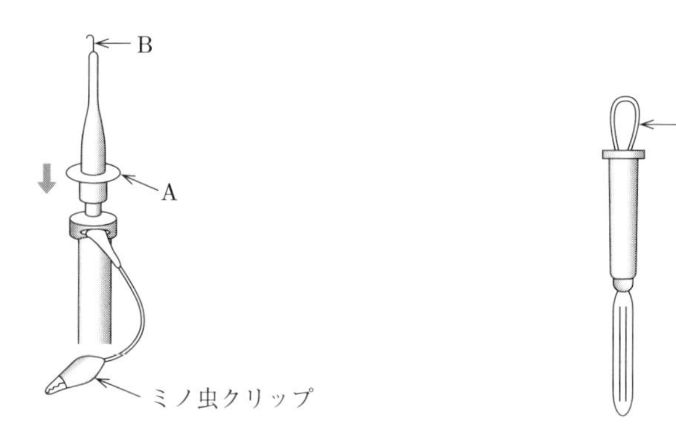

図 7　プローブ　　**図 8**　ループ付きバナナチップ

る．ゆえに，ミノ虫クリップは測定される回路側においてもアースされている点につなぐべきである．CH1，CH2 のプローブのミノ虫クリップはオシロスコープ内部で導通しているので，この 2 つを回路の電圧の異なる点につないではならない．

4.2　ループ付きバナナチップ

道具箱には図 8 のような「ループ付きバナナチップ」が赤・黒それぞれ数個ずつ入れてある．電圧を測定したい端子に赤を，アース側端子に黒を差し込んで使用する．プローブの A 部分を少し押し下げると金属針部分 B が露出するので，赤色ループ付きバナナチップのループ部分に引っ掛けて接続する．アース側はミノ虫クリップで黒色ループ付きバナナチップのループ部分を挟み接続する．アース側に常に黒色を用いるという色の区別は，配線ミスを防ぐための基本的な工夫である．

4.3　回路素子とケーブル

路素子 (抵抗，コンデンサ，コイル) を図 9 のように接続した基板が各実験机上に用意されている．図の◎は回路基板に固定された端子を示す．コイルは独立していることに留意せよ．任意波形発生器を接続して回路を作るには，BNC–二股ケーブル (または BNC–圧着端子ケーブル) (図 10 左) を用い，ミノ虫クリップ (または圧着端子) を回路基板上の目的に応じた 2 つの端子につなぐ．2 本のミノ虫クリップ (または圧着端子) のうち，赤いリード線のほうが出力信号端子，黒いリード線のほうがアース端子であるので注意すること．圧着端子は，回路基板上の端子にねじで締め付けて (圧着) 接続する．信号の測定には，◎にループ付きバナナチップを差し込み，ループ部分にプローブの針やミノ虫クリップを接続して行う．

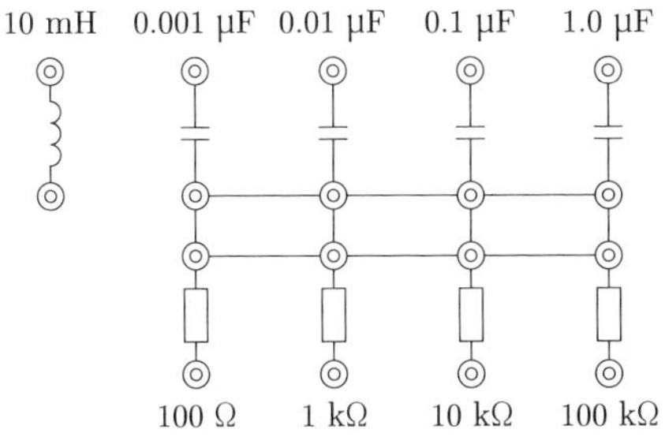

図 9　回路基板における素子の配置

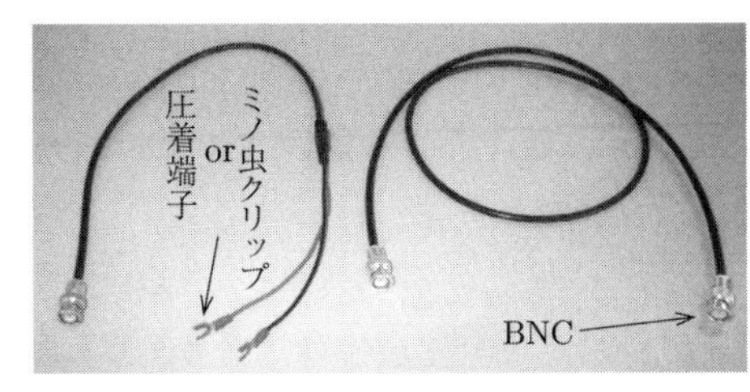

図 10　ケーブル

なお，不確かさを評価する場合，抵抗については公称値の1%の，コンデンサとコイルについては5%の相対不確かさを，それぞれもつものとせよ．

5. 実　験

実験 A　高域透過フィルター回路

A.1 (オシロスコープの初期化) 実験2「オシロスコープ」で学んだように，Default Setup ボタン ㋨ を押して，オシロスコープを初期設定に戻し，Menu ON/OFF ボタン ㋖ を1回か2回押して画面右端のメニューをクリアする．不意の操作などにより，オシロスコープの状態がわからなくなったときは，この操作で初期設定に戻すとよい．次に CH1，CH2 にプローブを取り付ける．CH1 には黄色の輪のついたプローブ，CH2 には青い輪のついたプローブを付ける．

A.2 図5の回路の特性を測定する．$R = 100\,\Omega$，$C = 1\,\mu\mathrm{F}$ の値を選ぶ．端子 1, 3 間に BNC–圧着端子 (もしくは BNC–ミノ虫) ケーブルを使って，任意波形発生器から正弦波電圧を加える．端子 1, 3 間の電圧振幅 ($\overline{V}_{13}$) と端子 2, 3 間の電圧振幅 ($\overline{V}_{23}$) をオシロスコープの CH1, CH2 を用いて測定する．このとき任意波形発生器のアース側である黒リード線と，プローブのアース側であるミノ虫クリップを端子3に接続し，電位の基準を統一する．接続ができたら基板上の接続の様子をノートに記録する．任意波形発生器の出力調節モードスイッチ ㋷ とダイヤル ㋠ を用いて，出力電圧を $600\,\mathrm{mV_{pp}}$ (PP は peak–to–peak の略で全振幅を表す) に設定する．オシロスコープに2つの波形を同時に表示するために CH2 ボタン ㋰ を押してから，縦軸，横軸を適切に設定する．

A.3 任意波形発生器の出力周波数を 20, 100, 500 Hz，および 1, 2, 5, 20, 100 kHz と変化させ，周波数，電圧の全振幅 $2\overline{V}_{13}$，$2\overline{V}_{23}$，位相差 θ を測定する[注1]．このとき，各自のノートに表2のように記入欄を作成し，測定値を記録する．表の1行目に記入例を示した．なお，θ は1周期で 2π rad となり，その符号は V_{23} が V_{13} よりも進む (オシロスコープの画面上で左側に見える) ときに正である．表中の div は division (オシロスコープ上のマス目) の意である．記録はマス目の数のままでよく，オシロスコープの縦横軸の設定とともに一次情報として保存する．電圧や時間に換算した後の値のみを記録すると，かえって情報量が減るだけでなく，計算ミスをおかす危険性もある．

注1　任意波形発生器の出力電圧 (回路への入力電圧) V_{13} も出力インピーダンスによって周波数に依存する．

表 2　高域透過フィルター回路の測定結果

周波数 f /Hz	CH1 縦軸 div の設定値	CH2 縦軸 div の設定値	$2\overline{V}_{13}$ 測定値 /div	$2\overline{V}_{23}$ 測定値 /div	$2\overline{V}_{13}$ 測定値 /V	$2\overline{V}_{23}$ 測定値 /V	$\dfrac{\overline{V}_{23}}{\overline{V}_{13}}$	横軸 div の設定値	周期 /div	θ 測定値 /div	θ 測定値 /rad
20	200 mV	20.0 mV	6.0	0.8	1.20	0.016	0.013	10 ms	5.0	1.25	0.5π
100											
500											
1 000											
2 000											
5 000											
20 000											
100 000											

表 3　高域透過フィルター回路における電圧比の計算値

周波 f/Hz	$\dfrac{\overline{V}_{23}}{\overline{V}_{13}} = \dfrac{1}{\sqrt{1+\left(\dfrac{1}{\omega RC}\right)^2}},\ \omega = 2\pi f$		
	$RC = 10^{-4}$ s ($R = 100\,\Omega$, $C = 10^{-6}$ F)	$RC = 10^{-3}$ s ($R = 1000\,\Omega$, $C = 10^{-6}$ F)	$RC = 10^{-5}$ s ($R = 100\,\Omega$, $C = 10^{-7}$ F)
10	0.0063	0.0627	0.0006
15	0.0094	0.0938	0.0009
20	0.0126	0.1247	0.0013
30	0.0188	0.1852	0.0019
40	0.0251	0.2437	0.0025
50	0.0314	0.2997	0.0031
70	0.0439	0.4026	0.0044
100	0.0627	0.5320	0.0063
150	0.0938	0.6859	0.0094
200	0.1247	0.7825	0.0126
300	0.1852	0.8834	0.0188
400	0.2437	0.9292	0.0251
500	0.2997	0.9529	0.0314
700	0.4026	0.9751	0.0439
1 000	0.5320	0.9876	0.0627
1 500	0.6859	0.9944	0.0938
2 000	0.7825	0.9968	0.1247
3 000	0.8834	0.9986	0.1852
4 000	0.9292	0.9992	0.2437
5 000	0.9529	0.9995	0.2997
7 000	0.9751	0.9997	0.4026
10 000	0.9876	0.9999	0.5320
15 000	0.9944	0.9999	0.6859
20 000	0.9968	1.0000	0.7825
30 000	0.9986	1.0000	0.8834
40 000	0.9992	1.0000	0.9292
50 000	0.9995	1.0000	0.9529
70 000	0.9997	1.0000	0.9751
100 000	0.9999	1.0000	0.9876

A.4 $\dfrac{\overline{V}_{23}}{\overline{V}_{13}}$ と位相差 θ を周波数 f の関数として，片対数グラフ用紙にプロットする．なお，プロット点の間は線で結ばない．グラフにしてみて，測定点を追加する必要性が判明した場合は，あらたな周波数での測定を追加する．

A.5 グラフ上で電圧振幅比が $1/\sqrt{2}$ になる周波数近傍の測定点を直線で内挿することによって，低域カットオフ周波数 f_{cut} の測定値を求める．測定点が足りないときは測定点を追加する．こうして得られた f_{cut} の測定値と (3.33) 式から計算した理論値をともにノートに記す (理論曲線から測定値を“求めて”はいけない)．

A.6 同じ回路について，$\dfrac{\overline{V}_{23}}{\overline{V}_{13}}$ を周波数 20 Hz～100 kHz の範囲で計算 (表 3 の値を用いてもよい)，数値をノートに記録する．結果を，測定データと同じグラフ上になめらかな理論曲線として描き，測定値と比較する．理論値は任意の周波数について与えられるので，グラフ上に点を打たずになめらかな曲線で表現すること．

複合波を用いた実験

この実験の入力信号である 10 kHz と 50 Hz の複合波は，オシロスコープの画面に図 11 のように表示される．オシロスコープの横軸設定は，周波数の低いほう (50 Hz) の成分の 2 周期程度が画面内に入るようにする．このとき，10 kHz 成分は振動が細かすぎて分解表示できず，塗りつぶされた帯状の構造に見える．また，

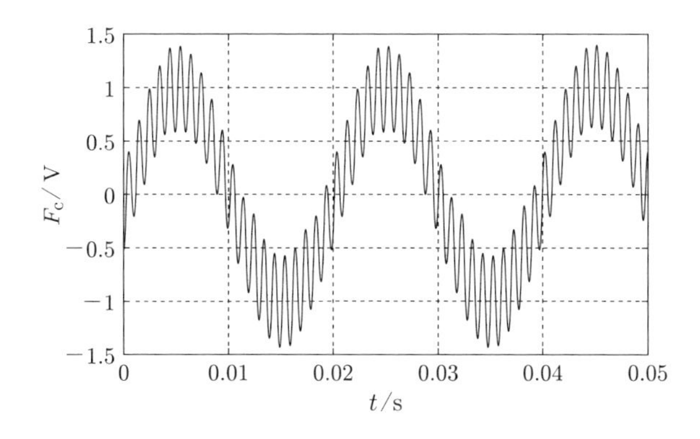

図 11 複合波のイメージ ($A = 1$, $a_1 = 1$, $a_2 = 0.4$, $f_1 = 50\,\mathrm{Hz}$, $f_2 = 700\,\mathrm{Hz}$)

その帯全体に 50 Hz の周波数の成分が乗るため，複合波は蛇行した帯のように表示される．

ここで，10 kHz 成分が信号で，50 Hz 成分がノイズである場合を想定し，複合波からノイズ成分を除去し信号成分のみを抽出することは可能だろうか？

A.7 任意波形発生器を用いて端子 1, 3 間に 50 Hz と 10 kHz の複合波[注2]を入力し，端子 2, 3 間の出力電圧を観察する．オシロスコープの縦軸 1 div の設定値 (V) は，入力 (V_{13}) と出力 (V_{23}) で共通の値を用い，両方の信号が画面内に収まる範囲でなるべく拡大表示するように選ぶ．横軸 1 div の設定値 (横軸レンジ) は 50 Hz 成分の 2 周期程度を表示するように選ぶ．画面が流れる場合は，トリガ同期の信号源に CH1 を選び，トリガ電圧の設定値を調整する．同時観測した入出力信号をグラフとして書き写す．その際，10 kHz の成分は振幅 (帯の幅) のみに着目すればよい．

注2 ここで用いる任意波形発生器は $F_c(t) = A[a_1 \sin(2\pi f_1 t) + a_2 \sin(2\pi f_2 t)]$ という形の複合波を出力できる．そのためには，まず Shift ㊉，Arb ㋬ を順に押し，桁選択ボタン ㊂ の ＜ を 1 回押す．任意波形発生器の画面に MIX と表示されるので，Enter を押す．次に周波数設定ダイヤル ㋠ と桁選択ボタン ㊂ を用いて周波数 f_1 を 50 Hz に設定する．$A = 100\,\mathrm{mV}$，$a_1 = 1$，$a_2 = 0.4$，$f_2 = 200 f_1$ が初期設定されているので，以上の操作で $F_c(t) = [100\,\mathrm{mV}]\,[\sin(2\pi \cdot 50t) + 0.4 \sin(2\pi \cdot 10\,000t)]$ の複合波が出力される．参考のために，50 Hz，700 Hz の複合波の例を図 11 に示す．

次に，回路の特性に基づいて観測結果を説明しよう．この回路は，先ほど **A.4** で作図した周波数応答特性のグラフに基づき，入力電圧を出力電圧に変換する機能をもつと考えられる．いま，入力した複合波のうち 10 kHz 成分は，低域カットオフ周波数よりも十分に高いため，ほとんど減衰を受けずに V_{23} へ出力される．一方，50 Hz の成分は，それよりも十分低い周波数であるため，ほとんど出力されない．このように，ある周波数以上の信号を透過させ，それ以下の周波数を除去する機能を，高域透過フィルターと呼ぶ．この結果，V_{23} では 50 Hz 成分によるゆったりとした振動が消失し，10 kHz 成分による直線状に近い帯のみが残された．

実験 B　直列共振回路

B.1 図 2 の直列共振回路 ($L = 10\,\mathrm{mH}$，$C = 0.001\,\mu\mathrm{F}$，$R = 1\,\mathrm{k\Omega}$) を回路基板上に作る．端子 1,3 間に BNC–圧着端子 (もしくは BNC–ミノ虫) ケーブルを

使って，任意波形発生器から正弦波電圧を加える．端子 1, 3 間の電圧振幅 ($\overline{V}_{13}$) と端子 2, 3 間の電圧振幅 ($\overline{V}_{23}$) をオシロスコープの CH1，CH2 を用いて測定する．このとき，任意波形発生器の出力端子に接続した二股ケーブルのアース線 (黒いリード線)，およびオシロスコープの入力端子に接続したプローブのアース線 (ミノ虫クリップ) は，すべて共通の端子 3 (図 2 参照) に接続し，電位の基準を統一する．

B.2 任意波形発生器で振幅 $V_{\mathrm{pp}} = 2\,\mathrm{V}$，周波数 $f = 35\,\mathrm{kHz}$ の正弦波を端子 1,3 間に加える．なお，任意波形発生器の出力電圧は振幅 (Ampl) キーを押した後，ダイヤルと桁選択スイッチで調整する．周波数 (Freq) キーを押すと，周波数設定モードに戻る．

B.3 全振幅 $2\overline{V}_{13}$，$2\overline{V}_{23}$ の測定値およびそれらの比 $\left(\dfrac{\overline{V}_{23}}{\overline{V}_{13}}\right)$ の値をノートに記録せよ．なお，配線が正しければ，$\dfrac{\overline{V}_{23}}{\overline{V}_{13}} \approx 0.4$ となる．

B.4 共振周波数の実験値，および $\dfrac{\overline{V}_{23}}{\overline{V}_{13}}$ のピーク値を求める．任意波形発生器の出力を，**予習問題 1** で求めた共振周波数の計算値の付近で変化させ，$\dfrac{\overline{V}_{23}}{\overline{V}_{13}}$ の値が最大となる周波数 (共振周波数の実験値) f_0 を $0.1\,\mathrm{kHz}$ 単位の精度で求めよ．このとき，共振周波数では V_{13} と V_{23} の位相差がゼロになることを利用してもよい［(3.21) 式前後の議論を参照］．このときの全振幅 $2\overline{V}_{13}$，$2\overline{V}_{23}$，および $\dfrac{\overline{V}_{23}}{\overline{V}_{13}}$ のそれぞれの値をノートに記録せよ．なお，コイルやコンデンサ内での損失 (主にコイルの直流抵抗) により，$\overline{V}_{23}$ の最大値は V_0 よりも小さい．

B.5 $\dfrac{\overline{V}_{23}}{\overline{V}_{13}}$ の共振ピーク形状を求める．任意波形発生器の出力周波数を表 4 のように変化させて，$2\overline{V}_{13}$，$2\overline{V}_{23}$，$\dfrac{\overline{V}_{23}}{\overline{V}_{13}}$ を測定する．各自のノートに**表 4** のように記入欄を作成し，測定値を記録する．また，位相差 θ も同様に測定するが，表 4 の斜線の箇所は測定を省略してもよい．

B.6 $\dfrac{\overline{V}_{23}}{\overline{V}_{13}}$ および θ を f の関数として (対数ではない方眼の) グラフ用紙にプロットする．なお，プロット点の間は，線で結ばない．グラフにしてみて，測定

表 4　直列共振回路の測定結果

周波数 f /kHz	CH1 縦軸 div の設定値	CH2 縦軸 div の設定値	$2\overline{V}_{13}$ 測定値 /div	$2\overline{V}_{23}$ 測定値 /div	$2\overline{V}_{13}$ 測定値 /V	$2\overline{V}_{23}$ 測定値 /V	$\frac{\overline{V}_{23}}{\overline{V}_{13}}$	横軸 div の設定値	周期 /div	θ 測定値 /div	θ 測定値 /rad
10	1.00 V	50.0 mV	4.2	5.2	4.2	0.26	0.062	25.0 μs	4.0	+1.0	+0.50 π
25											
35											
42											
46											
48											
50											
52											
54											
58											
65											
75											
90											
110											
150											

点を追加する必要性が判明した場合は，あらたな周波数での測定を追加する．

B.7 $\dfrac{\overline{V}_{23}}{\overline{V}_{13}}$ のグラフから共振周波数 f_0，および f_1, f_2 を求める．ただし，f_1，f_2 の値は **B.4** で求めたピーク値の $\dfrac{1}{\sqrt{2}}$ から読み取ること．なお，値を読み取る際にグラフに引いた補助線などは，根拠情報として残しておくこと．共振幅 $(f_2 - f_1)$ から Q 値［(3.27) 式］を計算してノートに計算過程を含めて記録し，**予習問題 1** で求めた理論値と比較検討する．

方形波を用いた実験

あらゆる周期的な信号 (不連続点のないもの) は，さまざまな周波数の三角関数を重ね合わせて作成できる．どのような周波数の三角関数をどのような割合で足し合わせるかを求める手続きは，フーリエ級数展開である．

振幅 A，周波数 f の方形波 $[F_{\mathrm{s}}(t)]$ のフーリエ級数展開は，

$$F_{\mathrm{s}}(t) = \frac{4A}{\pi}\left\{\sin(2\pi ft) + \frac{1}{3}\sin(6\pi ft) + \frac{1}{5}\sin(10\pi ft) + \cdots\right\} \tag{3.37}$$

であるから，方形波は自身の周波数と同じ周波数の正弦波，およびその奇数倍の周波数の正弦波を足し合わせたものに等しい．つまり，回路に方形波信号を入力することは，周波数が f，$3f$，$5f$，$\cdots$ の正弦波信号を同時入力することと等価である．このとき，出力信号はどうなるだろうか？ なお項数が有限の場合には (3.37) 式は近似表現であり，その精度は項数が多いほど高い (図 12)．

B.8 任意波形発生器を用いて端子 1, 3 間に **B.4** で求めた直列共振回路の共振周波数 f_0 の方形波を入力し，端子 2, 3 間の出力電圧を観察する．オシロスコープの縦軸の設定は，入出力で共通の値を用い，信号が画面内に収まる範囲でなるべく拡大するように選ぶ．横軸の設定は入出力信号の 2 周期程度を表示するように選ぶ．同時観測した入出力信号をグラフとして書き写す．

次に，直列共振回路の特性に基づいて観測結果を説明しよう．いま，入力する方形波の周波数を直列共振回路の共振周波数と一致するように選んだので，右辺第 1 項の方形波と同じ周波数の正弦波成分は，ほとんど減衰を受けずに V_{23} へ出力される．一方，右辺第 2 項，第 3 項，$\cdots$ の成分，すなわち方形波の 3 倍，5 倍，$\cdots$

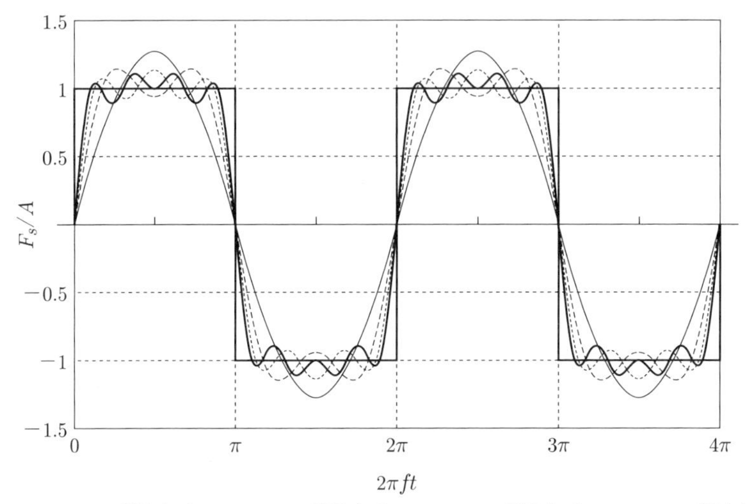

図 12 方形波とフーリエ級数の最初の 4 項までの比較

の周波数の正弦波成分は強く減衰を受ける．その結果，入力した方形波に対して，主に右辺第 1 項の正弦波のみが出力された．このように，ある周波数帯を選択的に透過させ，それ以外の周波数を除去する機能を，帯域透過フィルター (バンドパスフィルター) と呼ぶ．

質問 出力における右辺第 2 項 (約 150 kHz) の寄与は第 1 項の寄与と比べてどの程度か．**B.6** で作成した周波数応答特性 (共振曲線) のグラフを参照し，(3.37) 式の展開係数にも留意して，定量的に見積もれ．

減衰振動の観察

B.9 直列共振回路の V_{13} に，周波数 50 kHz の方形波を入力する．V_{23} を観察しながら，周波数を 5 kHz 程度まで減少させていくと，減衰振動する波形が観察されるので，これをグラフ用紙に波形をスケッチせよ．電圧 $V_{23}(t) \propto \mathrm{e}^{-\gamma t}\sin(\omega t)$ とすると，連続する正の極大値 a_1, a_2 の間の時間は周期 $T = \dfrac{2\pi}{\omega}$ に等しく，その間の振幅比の減衰は $\dfrac{a_2}{a_1} = \mathrm{e}^{-\gamma T}$ であるから，$\gamma = \dfrac{1}{T}\log_{\mathrm{e}}\dfrac{a_1}{a_2}$ と読み取る

ことができる．減衰振動の周期 T と，極大での電圧 a_1, a_2 の値をグラフから読み取って，減衰率 γ を求めよ．

B.10　減衰率 γ を回路の定数 (R, C, L) から計算し，**B.9** の実験値と比較せよ．

B.11　**B.9**，**B.10** と同様なことを回路の定数 (R, C, L) および方形波の周波数を変更して行い，結果をスケッチせよ．ただし，判別式が正 $\left(R^2 - \frac{4L}{C} > 0\right)$ の場合は過減衰［本実験の「●**参考**」(3.50) 式および図 13 を参照せよ］が観測される．

▶ 参考実験　コイル，コンデンサの両端の電圧

B.12　実験ではこれまで抵抗両端の電圧を測定した．コイルまたはコンデンサ両端の電圧を測定するには回路およびプローブの接続をどのように変更すればよいか．

B.13　共振周波数における，コイル，コンデンサ，抵抗両端の電圧をそれぞれ測定せよ．

B.14　複素インピーダンスを用いて，**B.13** の電圧を計算し，実験結果と比較，検討せよ．

■参考課題および考察のヒント

- 微分方程式と複素インピーダンスによる直列共振回路の取り扱いを比較せよ．
- 身近な機器 (携帯電話，テレビ，ラジオ，パソコン，電子レンジ，etc) に使用される電磁波や信号の周波数はいくらか．それを今回の実験で扱った周波数と比較せよ．
- 高域透過フィルター回路を利用する機器と利用目的は何があるか．
- 実験 **A.7** では 50 Hz の信号を削除している．これは現実の機器ではどのような場面で必要なことか．
- 共振回路を利用する機器と利用目的は何があるか．
- 直列共振回路の共振現象は，強制振動と同じ微分方程式で記述される現象である．このような強制振動が関係する物理現象はほかにどのようなものがあるか．またどのような利用が行われているか．
- 図 12 のようなグラフはパーソナルコンピューターとプログラミング言語を使って容易に描くことができる．以下に MATLAB (商標名) を用いて関数を計算しグラフを描くプログラムを示す (2 行目の N = 10 で級数の項の数を指定してい

る）．MATLAB は東京大学の全学包括ライセンスに基づき，本学の学生は無償でダウンロードし利用できる．

級数の項の数を増やしていくとどうなるだろうか．

```
close all; clear;
N = 10;
x = 4*pi*(1:1000)/1000;
y = 0*x;
for n = 1:N
   y = y + sin((2*n−1)*x)/(2*n−1);
end
plot(x,y);
```

●参考　定数係数の 2 階線形微分方程式の解法

ここでは実験 3「交流回路の特性」や実験 4「減衰振動・強制振動」に現れる，同次および非同次の定数係数 2 階線形微分方程式の解法に限って説明する．これから述べる解法は，この種の n 階微分方程式にも適用できる．しかし，すべての場合に使える微分方程式の解法というものは存在しない．

「慣性系において，質量と物体の加速度 (速度の変化率) の積が物体に働く力に等しい」ということを表したものがニュートンの運動方程式である．特に，質量 m の振り子にばね定数 k のばねによる復元力 $-kx$ と，速度 v に比例する抵抗力 $-2m\gamma v$，変位 x によらない外力 $F(t)$ が働く場合，振り子の運動 $x(t)$ が従う運動方程式は

$$m\,\frac{\mathrm{d}^2x}{\mathrm{d}t^2} = -kx - 2m\gamma\,\frac{\mathrm{d}x}{\mathrm{d}t} + F(t) \tag{3.38}$$

となる．また，抵抗値 R の抵抗素子，静電容量 C のコンデンサとインダクタンス L のコイルを起電力 $V(t)$ の電源に直列につないで電流 I を流すときの回路 (LCR 直列共振回路) の方程式は，

$$V(t) - RI - \frac{Q}{C} - L\,\frac{\mathrm{d}I}{\mathrm{d}t} = 0 \tag{3.39}$$

となる．ここで，電荷保存の法則から，電流 I はコンデンサに蓄えられた電荷 Q の

変化率に等しいから $I = \dfrac{\mathrm{d}Q}{\mathrm{d}t}$ である．つまり，回路の方程式は Q に対する微分方程式として

$$L\,\frac{\mathrm{d}^2 Q}{\mathrm{d}t^2} = -\frac{Q}{C} - R\,\frac{\mathrm{d}Q}{\mathrm{d}t} + V(t) \tag{3.40}$$

となる．変位 $x(t)$ あるいは電荷 $Q(t)$ を $f(t)$ と書くと，これらの微分方程式は

$$\frac{\mathrm{d}^2 f(t)}{\mathrm{d}t^2} + b\,\frac{\mathrm{d}f(t)}{\mathrm{d}t} + cf(t) = g(t) \tag{3.41}$$

という同じ形をしている．ここで b, c は定数，$g(t)$ はある関数である．このことから，振り子の運動と共振回路の現象の間には明確な対応関係があることがわかる．

この形の方程式を**定数係数の 2 階線形微分方程式**という．「線形」とは f について「1 次」という意味である．特に $g(t) = 0$ の場合を**同次 (斉次) 方程式**と呼び，そうでない場合を**非同次 (非斉次) 方程式**と呼ぶ．この形の微分方程式の性質を簡潔に説明しよう．

(1) 重ね合わせの原理と同次方程式の解法

定数 C_1, C_2 を用いた 2 つの関数 $f_1(t)$，$f_2(t)$ の和 (1 次結合) に対する微分計算は

$$\frac{\mathrm{d}}{\mathrm{d}t}(C_1 f_1(t) + C_2 f_2(t)) = C_1 \frac{\mathrm{d}f_1(t)}{\mathrm{d}t} + C_2 \frac{\mathrm{d}f_2(t)}{\mathrm{d}t} \tag{3.42}$$

のように，それぞれの関数の 1 階微分の和になる．微分計算のこの性質を「微分操作は，関数に線形に作用する」あるいは「微分計算は**線形性**をもつ」という．

微分方程式 (3.41) の左辺は，関数 $f(t)$ とその 1 階微分，2 階微分を含むのみなので，線形性をもっている．すると，$f_1(t)$，$f_2(t)$ が同次方程式 $[g(t) = 0]$ の解であれば，その 1 次結合 $C_1 f_1(t) + C_2 f_2(t)$ も同次方程式の解になる．つまり同次線形微分方程式では，解の**重ね合わせの原理**が成り立つ．

微分方程式の解を $f(t) = C_1 f_1(t) + C_2 f_2(t)$ と表すとき，$t = 0$ での初期条件

$$f(0) = C_1 f_1(0) + C_2 f_2(0), \qquad \frac{\mathrm{d}f}{\mathrm{d}t}(0) = C_1 \frac{\mathrm{d}f_1}{\mathrm{d}t}(0) + C_2 \frac{\mathrm{d}f_2}{\mathrm{d}t}(0) \tag{3.43}$$

を用いて，係数 C_1, C_2 (以下では $C_{1,2}$ などと略記) を決めることができる．ここで $\dfrac{\mathrm{d}f}{\mathrm{d}t}(0)$ は $t = 0$ における $\dfrac{\mathrm{d}f(t)}{\mathrm{d}t}$ の値を表す．具体的には，

$$\begin{pmatrix} C_1 \\ C_2 \end{pmatrix} = \frac{1}{W} \begin{pmatrix} \dfrac{\mathrm{d}f_2}{\mathrm{d}t}(0)f(0) - f_2(0)\dfrac{\mathrm{d}f}{\mathrm{d}t}(0) \\ -\dfrac{\mathrm{d}f_1}{\mathrm{d}t}(0)f(0) + f_1(0)\dfrac{\mathrm{d}f}{\mathrm{d}t}(0) \end{pmatrix} \tag{3.44}$$

と求められる．ここで $W = f_1(0)\dfrac{\mathrm{d}f_2}{\mathrm{d}t}(0) - \dfrac{\mathrm{d}f_1}{\mathrm{d}t}(0)f_2(0)$ と書いた．この形から，$C_{1,2}$ が決まるためには $W \neq 0$ が必要十分条件であることがわかる [$W = 0$ のときには，$f_1(t)$ と $f_2(t)$ は定数倍を除いて同じ初期条件を満たすから，$f_1(t) \propto f_2(t)$ となる]．$W \neq 0$ を満たす $f_1(t)$，$f_2(t)$ は**1 次独立**であるということができ，任意の解は

$$f(t) = C_1 f_1(t) + C_2 f_2(t) \tag{3.45}$$

という形で一意に表される．よって，この形が同次の 2 階線形微分方程式の**一般解**である．この $\{f_1(t),\ f_2(t)\}$ を**基本解系**という．もちろん基本解系の選び方は無数にある (2 次元ベクトルとの類似に注意しよう).

基本解の求め方

なんらかの方法で基本解系が求まれば，その 1 次結合として一般解が得られることがわかったので，これを見つけよう．ためしに，解を $\mathrm{e}^{\lambda t}$ の形に想定して，$g(t) = 0$ とおいた微分方程式 (3.41) に代入すると，$\mathrm{e}^{\lambda t} \neq 0$ なので，

$$\lambda^2 + b\lambda + c = 0 \tag{3.46}$$

という条件になる．これを**特性方程式**といい，その解を**固有値**という．解の公式からもわかるように，2 次方程式の解 $\lambda_{1,2}$ は複素数の範囲に必ず存在する．こうして見出した解 $f_{1,2}(t) = \mathrm{e}^{\lambda_{1,2}t}$ は $W = \lambda_2 - \lambda_1$ をもつので，$\lambda_1 \neq \lambda_2$ であれば，これらが基本解系になる．

また，この固有値を用いて同次の微分方程式を

$$\left(\frac{\mathrm{d}}{\mathrm{d}t} - \lambda_1\right)\left(\frac{\mathrm{d}}{\mathrm{d}t} - \lambda_2\right) f(t) = 0 \tag{3.47}$$

のように因数分解した形に表すことができることに注目する．これを形式的に展開すれば元の微分方程式に戻ることは容易に確認できるだろう．微分方程式をこの形に書き表すと，$f_{1,2}(t) = \mathrm{e}^{\lambda_{1,2}t}$ に対して括弧で囲んだ因子のいずれかがゼロになるので，それらが解になっていることが明らかである．このことが最初に解を $\mathrm{e}^{\lambda t}$

の形に想定した理由である．

特性方程式が重解 λ をもつ場合には，微分方程式が

$$\left(\frac{\mathrm{d}}{\mathrm{d}t}-\lambda\right)^2 f(t)=0 \tag{3.48}$$

という形に表される．基本解系をつくるためには，$f(t)=\mathrm{e}^{\lambda t}$ に加えて，もう 1 つの別の解を見つける必要がある．このとき，$\left(\frac{\mathrm{d}}{\mathrm{d}t}-\lambda\right)f(t)=\mathrm{e}^{\lambda t}$ となっていれば，同じ括弧の因子をもう一度掛けることでゼロになることに気づく．そのような関数は $f(t)=t\mathrm{e}^{\lambda t}$ と見つけられる．$\{\mathrm{e}^{\lambda t},\ t\mathrm{e}^{\lambda t}\}$ に対して $W=1$ だから，これが 1 つの基本解系になる．

振り子の問題では，係数 $c=\dfrac{k}{m}={\omega_0}^2>0$ は振り子に働く復元力の効果を，$b=2\gamma$ は速度に比例する抵抗力による減衰の効果を表す．このとき，固有値は $\lambda_{1,2}=-\gamma\pm\sqrt{\gamma^2-{\omega_0}^2}$ と求まる．平方根の中は特性方程式の判別式 (の 1/4) に等しい．この判別式の符号によって，解の振る舞いが分類される．また，共振回路では，$c=\dfrac{1}{LC}\leftrightarrow{\omega_0}^2$，$b=\dfrac{R}{L}\leftrightarrow 2\gamma$ と読みかえるとよい．

(あ) 減衰振動 $(\omega_0>\gamma)$：

これは，復元力の効果が抵抗力に優っている場合に対応する．固有値を $\lambda_{1,2}=-\gamma\pm i\sqrt{{\omega_0}^2-\gamma^2}=-\gamma\pm i\omega_1$ と書き直して，オイラーの公式 $\mathrm{e}^{i\theta}=\cos\theta+i\sin\theta$ を使うと，一般解を

$$\begin{aligned}f(t)&=C_1\mathrm{e}^{-\gamma t+i\omega_1 t}+C_2\mathrm{e}^{-\gamma t-i\omega_1 t}\\&=C_\mathrm{c}\mathrm{e}^{-\gamma t}\cos(\omega_1 t)+C_\mathrm{s}\mathrm{e}^{-\gamma t}\sin(\omega_1 t)=A\mathrm{e}^{-\gamma t}\cos(\omega_1 t+\phi)\end{aligned} \tag{3.49}$$

と表すことができる．ここで，現実の運動 $f(t)$ は実だから，$C_\mathrm{c}=C_1+C_2$，$C_\mathrm{s}=i(C_1-C_2)$ が実数である．運動 $f(t)$ は角振動数 ω_1 で振動しつつ減衰率 γ で減衰する．

(い) 過減衰 $(\omega_0<\gamma)$：

これは，抵抗力の効果が復元力に優っている場合に対応する．固有値を $\lambda_{1,2}=-\gamma\pm\sqrt{\gamma^2-{\omega_0}^2}=-\gamma_{1,2}$ と書き直す．一般解は

$$f(t)=C_1\mathrm{e}^{-\gamma_1 t}+C_2\mathrm{e}^{-\gamma_2 t} \tag{3.50}$$

と表される．運動 $f(t)$ は，振動することなく，実質的に減衰率 γ_1 で減衰する $(0<\gamma_1<\gamma<\gamma_2$ に注意$)$．

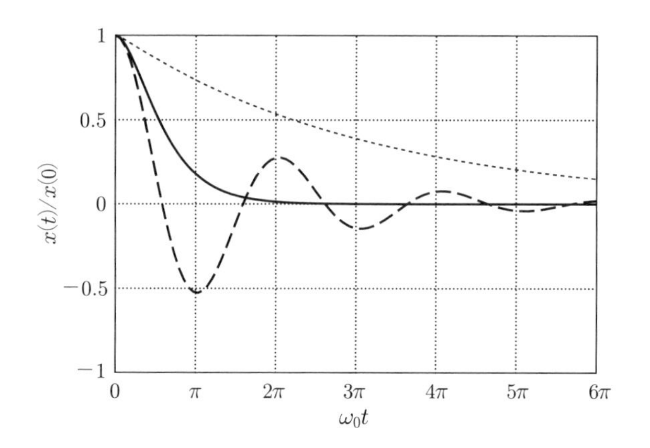

図 13　減衰振動 ($\gamma = 0.2\omega_0$：破線) と過減衰 ($\gamma = 5\omega_0$：点線) の様子．実線は臨界減衰．いずれも初期条件 $v(0) = 0$．

(う) 臨界減衰 ($\omega_0 = \gamma$)：

これは，(あ) と (い) の場合の境界に対応する．この場合の一般解は，

$$f(t) = C_1 \mathrm{e}^{-\gamma t} + C_2 t \mathrm{e}^{-\gamma t} \tag{3.51}$$

と表される．運動 $f(t)$ は振動することなく，最もすみやかに平衡位置に漸近する．

(2) 非同次方程式の解法—周期的外力の場合—

次に，非同次 $[g(t) \neq 0]$ の場合を述べる．非同次 2 階線形微分方程式

$$\frac{\mathrm{d}^2 f(t)}{\mathrm{d}t^2} + b\frac{\mathrm{d}f(t)}{\mathrm{d}t} + cf(t) = g(t) \tag{3.52}$$

を満たす解 $f_\mathrm{s}(t)$ が 1 つ見つかったとする (**特解**と呼ぶ)．このとき，ここで扱っている微分方程式の線形性から，同次微分方程式の基本解系 $\{f_1(t),\ f_2(t)\}$ を用いて，一般解を

$$f(t) = f_\mathrm{s}(t) + C_1 f_1(t) + C_2 f_2(t) \tag{3.53}$$

と書くことができる．ある特解を準備しておけば，任意の初期条件については，係数 $C_{1,2}$ を用いて満足させることができるのである．非同次線形方程式の一般解法は別書に譲り，ここでは，周期的な外力を受ける振り子の場合に限定して考えよう．

この微分方程式の解を $x(t)$ と書くと，

$$\frac{\mathrm{d}^2 x(t)}{\mathrm{d}t^2} + 2\gamma \frac{\mathrm{d}x(t)}{\mathrm{d}t} + {\omega_0}^2 x(t) = g_0 \cos(\omega t). \tag{3.54}$$

便宜のために，位相が $\frac{\pi}{2}$ だけずれた外力が働いている振り子 $y(t)$ を考えてみる：

$$\frac{\mathrm{d}^2 y(t)}{\mathrm{d}t^2} + 2\gamma \frac{\mathrm{d}y(t)}{\mathrm{d}t} + {\omega_0}^2 y(t) = g_0 \sin(\omega t). \tag{3.55}$$

複素数 $z(t) = x(t) + iy(t)$ を用いると，微分方程式の線形性により 2 つの方程式を 1 つの方程式にまとめて書くことができる：

$$\frac{\mathrm{d}^2 z(t)}{\mathrm{d}t^2} + 2\gamma \frac{\mathrm{d}z(t)}{\mathrm{d}t} + {\omega_0}^2 z(t) = g_0 \mathrm{e}^{i\omega t}. \tag{3.56}$$

なんらかの方法で，この方程式の解を見つけることができたとする．そのとき，左辺に現れる微分が $z(t)$ の実部 $x(t)$ と虚部 $y(t)$ を混ぜないことに注意すれば，得られた解 $z(t)$ の実部と虚部をとることによって，それぞれが外力の実部，虚部に対応する運動を表すことがわかる．外力を指数関数の場合に拡張する理由は，下に見るように，指数関数の微分が自身に比例する性質を利用するためである．

特解を求めるために $z(t) = A\mathrm{e}^{-i\phi}\mathrm{e}^{i\omega t}$ という形を想定してみる．その物理的な動機は，十分に時間が経った後では同次方程式の解は抵抗力のために必ず減衰して，外力によって駆動される振動のみが持続して定常状態に至るという観察に由来する．振動は駆動力と同じ角振動数で持続するだろうが，位相がずれる可能性を考慮すれば，上記の形になる．この $z(t)$ を方程式 (3.56) に代入すると，微分操作は $i\omega$ を掛けることに置き換えられるので，

$$(-\omega^2 + 2i\gamma\omega + {\omega_0}^2) A\mathrm{e}^{-i\phi}\mathrm{e}^{i\omega t} = g_0 \mathrm{e}^{i\omega t}, \quad A\mathrm{e}^{-i\phi} = \frac{g_0}{{\omega_0}^2 - \omega^2 + 2i\gamma\omega} \tag{3.57}$$

を得る．結果を振幅 A と位相部分 $\mathrm{e}^{-i\phi} = \cos\phi - i\sin\phi$ が見やすいように書き直すと，

$$A\mathrm{e}^{-i\phi} = \frac{g_0}{\sqrt{({\omega_0}^2 - \omega^2)^2 + (2\gamma\omega)^2}} \frac{{\omega_0}^2 - \omega^2 - 2i\gamma\omega}{\sqrt{({\omega_0}^2 - \omega^2)^2 + (2\gamma\omega)^2}} \tag{3.58}$$

$$\cos\phi = \frac{{\omega_0}^2 - \omega^2}{\sqrt{({\omega_0}^2 - \omega^2)^2 + (2\gamma\omega)^2}}, \quad \sin\phi = \frac{2\gamma\omega}{\sqrt{({\omega_0}^2 - \omega^2)^2 + (2\gamma\omega)^2}} \tag{3.59}$$

となる．よって，外力の角振動数 ω に依存する形で振幅 A と位相 ϕ が

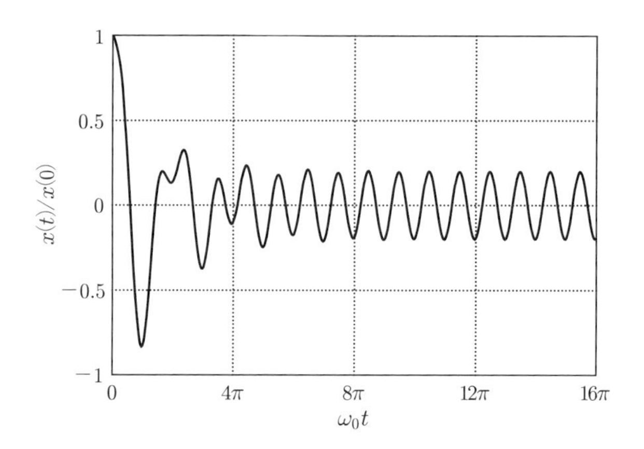

図 14　減衰振動 ($\gamma = 0.2\omega_0$) する振り子に角振動数 $\omega = 2\omega_0$ の周期的な外力を振幅 $A = 0.2x(0)$ となるような強さで働かせた場合の運動 $[v(0) = 0]$．定常状態の振り子は，外力の振動数 ω で振動する (周期 $\omega_0 T = \pi$)．

$$A(\omega) = \frac{g_0}{\sqrt{({\omega_0}^2 - \omega^2)^2 + (2\gamma\omega)^2}}, \quad \tan\phi(\omega) = \frac{2\gamma\omega}{{\omega_0}^2 - \omega^2} \tag{3.60}$$

と読み取られる．外力 $g(t) = g_0 \cos(\omega t)$ に対する特解は，$z(t)$ の実部として $x(t) = \mathrm{Re}(z(t)) = A\cos(\omega t - \phi)$ と求められる．$\tan\phi$ の逆関数は $-\frac{\pi}{2} < \phi < \frac{\pi}{2}$ で定義されているので，逆関数を使って測定データから実際の位相差を算出する際には解の連続性に注意しよう (ここで紹介した複素数に拡張して特解を得る方法は計算の見通しがよい．一方，複素数に拡張することなく特解を得る方法の計算例としては，実験 4 の原理を参照せよ)．

実験 4

減衰振動・強制振動

1. 目　的

楽器の調律などに使われる音叉を用い，基本的な振動現象である減衰振動や強制振動を観測し，運動方程式から予想される結果と比較する．

2. 実験の概要

電磁コイルに流す振動電流で音叉を励振し，音叉の振動をマイクで検出する．振動電流の周波数と音叉の振動強度の関係，および振動電流と音叉振動の位相の関係を測定する (**強制振動**).

次に，音叉が十分に励振された状態で振動電流を切り，振動強度の減衰を測定する (**減衰振動**).

それぞれの測定について，簡単なモデルの微分方程式を考え，その解から予測される結果と比較する．特に，強制振動の共鳴ピーク幅から減衰振動の減衰時間が予想されるが，本当にそのとおりになるか確かめてみよう．

3. 原　理

3.1 単振動

最も簡単な振動は，変位に比例する**復元力**を物体が受けるときに起きる**単振動**である．たとえば，図 1 のように，なめらかな水平面上に置かれた質量 M のおもりにばね定数 k のばねの一端を取り付け，ばねの他端を壁に固定する．このとき，おもりを揺らすと，ばねの自然長となる位置を中心に単振動する．ばねの自然長からの伸縮 (**変位**) を $u(t)$ とすると，おもりには復元力 $-ku(t)$ が働くので，運動方程式は，

$$M\,\frac{\mathrm{d}^2u(t)}{\mathrm{d}t^2} = -ku(t), \tag{4.1}$$

$$\frac{\mathrm{d}^2u(t)}{\mathrm{d}t^2} + {\omega_0}^2u(t) = 0 \tag{4.2}$$

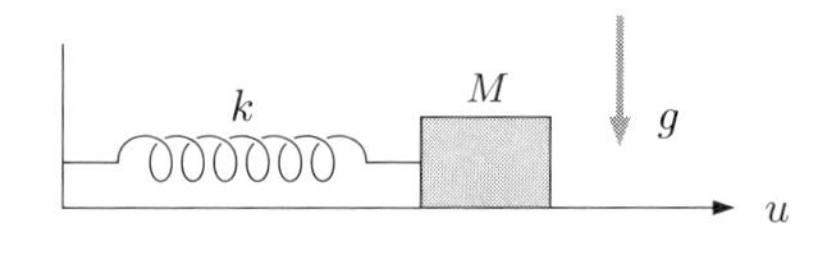

図 1　水平ばね振り子

となる．ここで $\omega_0 = \sqrt{\dfrac{k}{M}}$ は**固有角振動数**である．

一般解は任意定数 C_1, C_2 ないし振幅 A と位相差 θ を用いて，

$$u(t) = C_1 \cos(\omega_0 t) + C_2 \sin(\omega_0 t) = A \cos(\omega_0 t + \theta) \tag{4.3}$$

である．C_1, C_2 の値は運動の初期条件で決まる．たとえば，最初におもりを l だけ正方向にひっぱり $[u(0) = l]$，静止状態から静かに手を放す $\left[\left.\dfrac{\mathrm{d}u}{\mathrm{d}t}\right|_{t=0} = 0 \right]$ と，おもりの運動は

$$u(t) = l \cos(\omega_0 t) \tag{4.4}$$

となる．

音叉の振動も，図 1 のおもりの振動と同様に扱うことができる．このとき音叉の固有角振動数 ω_0 は，音叉の材料のヤング率や形状で決まる．さらに，化学反応系や生態系など，広い意味で安定な釣り合いの「位置」から「変位」した状態に置かれた系は一般に振動現象を示す．以下では，ばねにつながれたおもりや音叉という具体的な対象からはしばらく離れて，振り子の一般論として減衰振動と強制振動を説明してみる (以下に現れる微分方程式の解法の簡潔な説明については，実験 3 の「●**参考**」を参照)．

3.2　減衰振動

前項の単振動は永久に継続する運動である．しかし，現実の振動ではさまざまな抵抗力によって振動のエネルギーが散逸する．したがって，現実の振動現象を記述するためには，抵抗力を適切に見積もって運動方程式に組み込まなければならない．

最も簡単でかつ現象をよく再現できるモデルとして，速度に比例する抵抗力 $-2M\gamma \dfrac{\mathrm{d}u(t)}{\mathrm{d}t}$ が働くとする場合を考えよう．ここで γ は**減衰率**と呼ばれ，角振動数と同じく時間の逆数の次元をもつ定数である (ことが後でわかる)．この力を含めると，(4.2) 式は，

$$\frac{\mathrm{d}^2u(t)}{\mathrm{d}t^2}+2\gamma\frac{\mathrm{d}u(t)}{\mathrm{d}t}+{\omega_0}^2u(t)=0 \tag{4.5}$$

となる．定数係数の線形微分方程式の解法に従って，解を $u(t)=\mathrm{e}^{\lambda t}$ の形に仮定して (4.5) 式に代入すると，

$$\lambda^2+2\gamma\lambda+{\omega_0}^2=0 \tag{4.6}$$

が得られる．この 2 次方程式の 2 つの解 $\lambda_\pm$ は

$$\lambda_\pm=-\gamma\pm\sqrt{\gamma^2-{\omega_0}^2}\quad\text{(複号同順)} \tag{4.7}$$

と求められる．

以下では，復元力に比べて抵抗力が弱い場合 $(0<\gamma<\omega_0)$ を考える．この場合には $\lambda_\pm$ が虚数となるので，$\omega_1=\sqrt{{\omega_0}^2-\gamma^2}$ を定義し，これを使って

$$\lambda_\pm=-\gamma\pm i\omega_1 \tag{4.8}$$

と書き直そう．すると，任意定数 $C=C_1+iC_2$ (C_1,C_2 は実)，あるいは振幅 A と位相差 θ を用いて，一般解を

$$\begin{aligned}u(t)&=C\mathrm{e}^{-\gamma t+i\omega_1 t}+C^*\mathrm{e}^{-\gamma t-i\omega_1 t}\\&=\mathrm{e}^{-\gamma t}[2C_1\cos(\omega_1 t)-2C_2\sin(\omega_1 t)]\\&=A\mathrm{e}^{-\gamma t}\cos(\omega_1 t+\theta)\end{aligned} \tag{4.9}$$

と書くことができる．つまり，変位 $u(t)$ は角振動数 ω_1 で振動しながら，その振幅が減衰率 γ で減少する運動を表す (図 2 を参照)．この運動を**減衰振動**という．

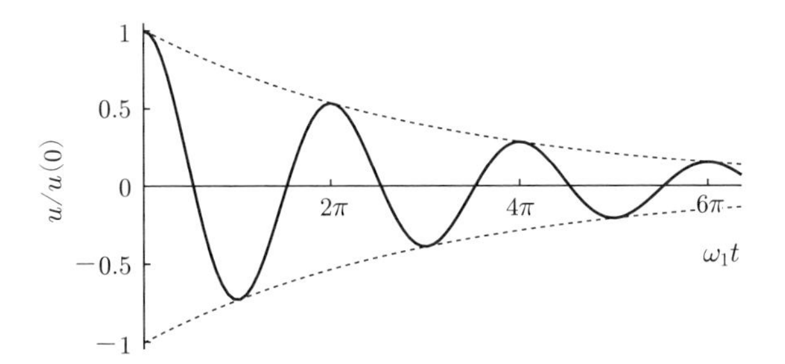

図 2　減衰振動の例：$u(t)=A\exp(-0.1\omega_1 t)\cos(\omega_1 t+\theta)$ $\left(\dfrac{\mathrm{d}u(0)}{\mathrm{d}t}=0\right)$．点線は振幅 $\pm A\exp(-0.1\omega_1 t)$．

3.3　強制振動

単振動や減衰振動をする振り子に，角振動数 $\omega > 0$ で周期的に変化し，振り子の変位や速度に依存しない外力 (**駆動力**) $F_0 \cos(\omega t)$ を加えたときに生じる運動が，**強制振動**である．この駆動力を (4.5) 式に含めると，運動方程式は

$$\frac{\mathrm{d}^2 u(t)}{\mathrm{d}t^2} + 2\gamma \frac{\mathrm{d}u(t)}{\mathrm{d}t} + {\omega_0}^2 u(t) = \frac{F_0}{M}\cos(\omega t) \tag{4.10}$$

となる．$\gamma < \omega_0$ の場合の一般解は

$$u(t) = \mathrm{e}^{-\gamma t}[C_3 \cos(\omega_1 t) + C_4 \sin(\omega_1 t)] + g(t) \tag{4.11}$$

と書かれる．ここで，$g(t)$ は (4.10) 式の特解である．いま，外力によって振動を起こさせてから十分に長い時間が経過した場合を考えると，(4.11) 式の $g(t)$ 以外の部分は減衰によって実質的にゼロになる．このとき，外力によって駆動される $g(t)$ は，外力と同じ角振動数 ω で振動すると考えられるから，$g(t)$ を

$$g(t) = G\sin(\omega t + \phi) \tag{4.12}$$

という形に仮定してみる．これを (4.10) 式に代入すると

$$(-\omega^2 + {\omega_0}^2)G\sin(\omega t + \phi) + 2\gamma\omega G\cos(\omega t + \phi) = \frac{F_0}{M}\cos(\omega t) \tag{4.13}$$

となる．加法定理を用いて左辺を $\cos(\omega t)$ と $\sin(\omega t)$ に分け，それぞれの係数が両辺で等しいことを要求して，

$$G[(-\omega^2 + {\omega_0}^2)\sin\phi + 2\gamma\omega\cos\phi] = \frac{F_0}{M}, \tag{4.14}$$

$$G[(-\omega^2 + {\omega_0}^2)\cos\phi - 2\gamma\omega\sin\phi] = 0 \tag{4.15}$$

という条件を得る．(4.15) 式から，

$$\sin\phi = \frac{{\omega_0}^2 - \omega^2}{\sqrt{({\omega_0}^2 - \omega^2)^2 + (2\gamma\omega)^2}}, \quad \cos\phi = \frac{2\gamma\omega}{\sqrt{({\omega_0}^2 - \omega^2)^2 + (2\gamma\omega)^2}},$$

$$\tan\phi = \frac{{\omega_0}^2 - \omega^2}{2\gamma\omega} \quad \left(-\frac{\pi}{2} < \phi < \frac{\pi}{2}\right) \tag{4.16}$$

がわかる．この結果と (4.14) 式から，

$$G(\omega) = \frac{F_0/M}{\sqrt{({\omega_0}^2 - \omega^2)^2 + (2\gamma\omega)^2}} \tag{4.17}$$

が得られる．

以上から，十分に時間が経過して定常状態に至ったときの運動は

$$u(t) = \frac{F_0/M}{\sqrt{({\omega_0}^2 - \omega^2)^2 + (2\gamma\omega)^2}} \sin(\omega t + \phi) \tag{4.18}$$

と表されることがわかった．このときの速度 $v(t) = \dfrac{\mathrm{d}u(t)}{\mathrm{d}t}$ は，

$$v(t) = V(\omega)\cos(\omega t + \phi), \tag{4.19}$$

$$V(\omega) = \omega G(\omega) = \frac{F_0/M}{\sqrt{\left(\dfrac{{\omega_0}^2}{\omega} - \omega\right)^2 + (2\gamma)^2}} \tag{4.20}$$

となる．この振幅 $V(\omega)$ が最大になるのは，

$$\frac{{\omega_0}^2}{\omega} - \omega = 0 \tag{4.21}$$

のとき，すなわち，$\omega = \omega_0$ のときである（変位 u の振幅が最大になる角振動数 ω_r も，$\gamma \ll \omega_0$ の場合には，ω_0 に実質的に等しい）．このように振動運動の振幅がある条件で極大になる現象を**共鳴**（**共振**，**resonance**）と呼ぶ．

実験では振動数（周波数）を変数として測定を行うから，以下では，振動数 $f = \dfrac{\omega}{2\pi}$ を用いて説明しよう．共鳴の起きる振動数（**共鳴振動数**）は

$$f = f_0 = \frac{1}{2\pi}\,\omega_0 = \frac{1}{2\pi}\sqrt{\frac{k}{M}} \tag{4.22}$$

である．振幅の駆動振動数 $f = \dfrac{\omega}{2\pi}$ に対する変化の様子（共鳴曲線）を図 3 に示した．速度の振幅 $V(\omega)$ は，共鳴振動数 f が振り子の固有振動数 f_0 に一致したときに最大値 $V_\mathrm{max} = \dfrac{F_0}{M}\dfrac{1}{2\gamma}$ をとり，それから外れるにしたがって小さくなる．

共鳴の起きる振動数領域（ピーク幅）の目安として，共鳴振動数 f_0 をはさんで振幅が最大値 V_max の $\dfrac{1}{\sqrt{2}}$ になる（振動エネルギーでは $\dfrac{1}{2}$ になる）ときの振動数 $f_\pm$ の差を考えよう．これを，ここでは $\Delta f_\mathrm{r} = f_+ - f_-$ と書き，**共鳴の** $\dfrac{1}{\sqrt{2}}$ **全幅**と呼ぶ．振幅が $\dfrac{1}{\sqrt{2}}$ になる条件は，(4.20) 式の平方根の中身がその最小値の 2 倍になることだから，

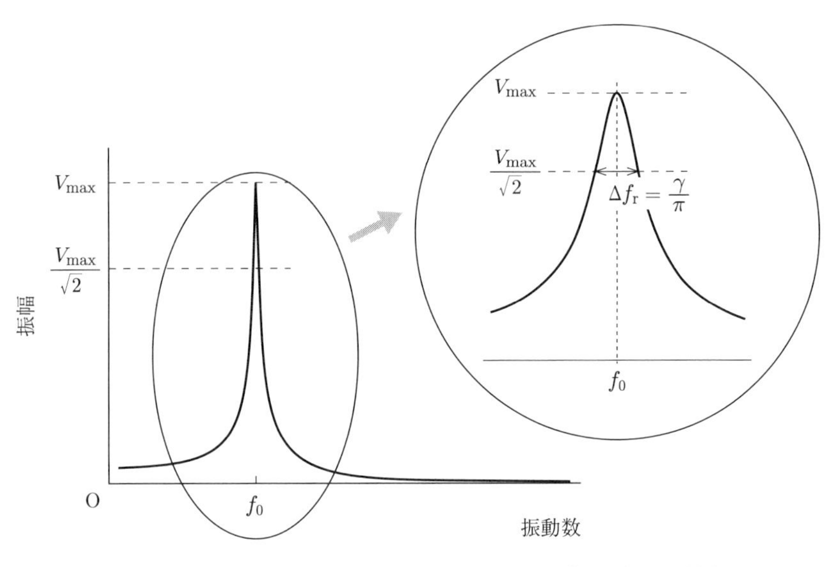

図 3　速度の振幅と外力の振動数との関係およびピーク付近の拡大図

$$\frac{{\omega_0}^2}{\omega} - \omega = \pm 2\gamma \tag{4.23}$$

となる．対応する振動数 $f_{\pm} = \dfrac{\omega_{\pm}}{2\pi}$ (> 0) は

$$2\pi f_{\pm} = \pm\gamma + \sqrt{\gamma^2 + {\omega_0}^2} \quad \text{(複号同順)} \tag{4.24}$$

と得られる．つまり，全幅は

$$\Delta f_{\mathrm{r}} = f_+ - f_- = \frac{\gamma}{\pi} \tag{4.25}$$

となる．

次に位相差 ϕ の振る舞いを考えよう．(4.16) 式を用いて，駆動振動数 $f = \dfrac{\omega}{2\pi}$ に対する位相差 ϕ の概形を図 4 に描いた．共鳴振動数 $f = f_0$ のときには位相差はゼロであり，振り子の速度と外力が同位相で運動する．振り子が正方向に運動するときには外力も正方向に働き，振り子が負方向に運動するときには外力も負方向に働くから，$f = f_0$ では，外力が振り子に最も効率よく仕事をする．一方で，$f \to 0$ では位相差 $\dfrac{\pi}{2}$ で，変位と外力が同位相となり，$f \to \infty$ では位相差 $-\dfrac{\pi}{2}$ で，加速度と外力が同位相となる．これらのとき，外力が 1 周期の間に行う仕事はゼロに

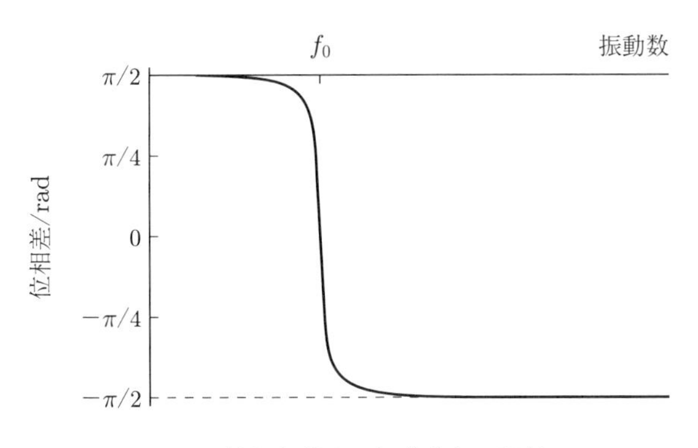

図 4　位相と外力の振動数との関係

近づき，振り子の振幅も小さくなる．

4.　実験装置

楽器の調律などに用いる音叉の振動を測定する．測定装置は主に，音叉，電気信号の増幅器 (マイクアンプ)，電気信号の入出力インターフェイス，および PC の 4 つの部分で構成される．

4.1　音叉

音叉の二叉の間には電磁コイルが挿入されており，これに振動電流を流すと鉄製音叉に周期的な外力 (駆動力) が加わる．

音叉には，音叉の振動 (速度 $v(t)$) を測定するピックアップマイクが取り付けられている．マイク信号はマイクアンプ (実験 2「オシロスコープ」で使用したもの) で増幅され，入出力インターフェイスを経由して PC 画面上に表示される．

音叉，コイルおよびマイクは，遮音性のあるケースに納められているが，実験中には不要なノイズ (騒音や振動) を発生させないこと．また，ケースの扉は開けないこと．

4.2　PC

Windows パソコンであり，計測・制御に必要なソフトウェアがインストールされている．すべての実験操作は，これらのソフトウェアを用いて行う．

4.3　入出力インターフェイス

さまざまな計測・制御の信号入出力に使われる汎用機器で，PC 上のソフトウェアから操作できる．本装置における電気信号の入出力には，インターフェイスのステレオ音声端子が用いられている．ステレオ出力端子の左右のチャンネルからは，いずれも駆動電流が出力されている．このうち，左チャンネル出力は，左チャンネル入力と短いケーブルでつながれており，ソフトウェア画面上に「駆動力と同期した正弦波」として表示される．右チャンネルの出力は電磁石を磁化して音叉を励振する．音叉の振動速度はピックアップマイクで電気信号に変換され，マイクアンプで増幅されてから右チャンネル入力につながれており，同画面上に「マイク信号」として表示される．

5.　実　験

5.1　準備

(1)　音叉に接着されたピックアップマイクの信号ケーブルが，マイクアンプのオーディオ端子に接続されていることを確認する．アンプに実験 2「オシロスコープ」で使用したハンドマイクが接続されていたら取り外すこと．マイクアンプの電源スイッチを ON (モノラル．ステレオではないので注意) の位置にし，増幅率のつまみを最大まで回す．

(2)　PC と電気信号の入出力インターフェイスが USB ケーブルで接続されていることを確認し，PC の電源を入れる．Windows が起動したら，学生アカウント (パスワードなし) でログインする．

5.2　実験 A　強制振動の観測と原点補正

音叉の二叉間に挿入されたコイルに電流を流すと，コイルは電磁石として働き鉄製音叉を引きつける．したがって，周期的に変化する振動電流を流すと，その周波数の外力が音叉に加わり，(4.11) 式のような強制振動が引き起こされる．実験 A では，駆動力の周波数の関数として，定常状態における強制振動の速度の振幅 $[I(f)]$ を測定する．また，この振幅と入出力間の位相差［駆動電流とマイク信号の位相差 $\phi(f)$］との関係も調べる．

なお，駆動振動数を変更した直後は信号が安定しないので，波形の変化が収まるまで待つこと．

(A–1)　PC デスクトップ上の「強制振動」のアイコンをダブルクリックする．

(A–2) 開いたウィンドウの左上にある実行ボタン(右向きの矢印が記されている)をクリックするとコイルに駆動電流が流れ，音叉の強制振動が始まる．このときウィンドウには図5のような2つのグラフが表示される．

このうち左側には，縦軸を強度，横軸を時間として，「駆動力と同期した正弦波」と「マイク信号」の2つの波形が同時に表示される．実験2「オシロスコープ」で使用したオシロスコープと同様の機能である．右側には，X軸を駆動電流に比例した信号波形，Y軸をマイク信号に比例した信号波形とするXYプロットが表示される．これは「リサジュー図形」と呼ばれ，その形状から2つの正弦波の周波数比や位相差などを読み取ることができる．詳細は「●**参考**」に記した．

なお，音叉の温度上昇を防止するために，一定時間が経過すると駆動電流は自動的にOFFとなる．詳しくは机上マニュアルを参照せよ．

(A–3) 駆動電流の振動数は，初期値が436.000 Hzになっている．キーボードもしくはマウスで値を操作して駆動振動数を数秒ごとに0.100 Hzずつ(マイク信号が大きくなりはじめたら0.010 Hzずつ)大きくしていき，グラフ上の波形の変化を観察する．はじめマイク信号の振幅はきわめて小さいが，音叉の共鳴振動数(440 ± 1 Hz，値は装置によって異なる)に近づくと急激に増大し，ピークを過ぎるとまた急激に減少する(図3)．

(A–4) 次に共鳴ピークを調べる．駆動振動数は0.001 Hzの位まで設定できるので，固有振動数付近で0.001 Hz刻みで駆動振動数を変えながらマイク信号の振

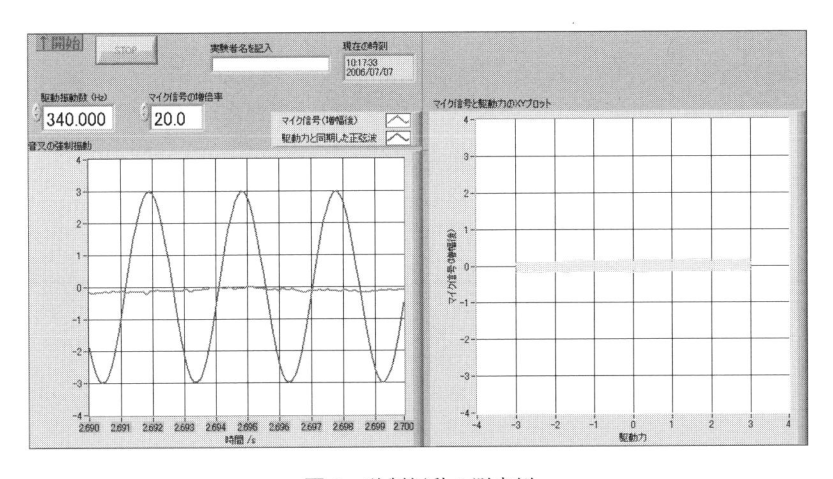

図5 強制振動の測定例

幅が最大となる振動数を探し，その振動数，振幅，およびプログラム上のマイク信号の増倍率を記録せよ．

(A–5) ピックアップマイクの性質などにより「駆動力と同期した正弦波」と「マイク信号」の間には時間差 (位相差) が生じる．以降の測定を正しく行うために，位相差の原点補正を次のように行う．

(A–4) で求めたマイク信号が最大となる駆動振動数において，「マイク信号の増倍率」の値 (初期値は 10.0) を微調整して，画面上の「マイク信号」の振幅と「駆動力と同期した正弦波」の振幅が等しくなるように表示する．このとき，$f \approx f_0$ であり，「マイク信号」と「駆動力と同期した正弦波」は同位相である［(4.16) 式および図 4］から，両者の波の山と山，谷と谷が同時刻に観測されるべきである．位相が表示上異なる場合には，ソフトウェア上で「時間差 (位相差) の補正値」の値を $0 \sim 23$[注1] (整数値) で変化させて「駆動力と同期した正弦波」の波形を左右 (時間方向) に平行移動し，「マイク信号」と「駆動力と同期した正弦波」とが最もよく重なり合う値 ($0 \sim 23$) を求め，これを時間差 (位相差) の補正値とする．補正値をノートに記録せよ．また，このときの画面をプリンターで印刷し，各自のノートに貼りつける．この補正値は，以降は教員の指示がない限り変更しないこと．なおまた，プログラムを再起動した場合は，この値を再入力すること．

補正値が適切であれば，$f \approx f_0$ において，リサジュー図形は右斜め 45 度に傾いた楕円形 (最も理想的には線分) となる．

注1 電圧信号のサンプリングは 10 kHz で行われており，振動数 440 Hz の信号波形は約 23 点で測定されている．この調整後も $2\pi/23$ rad 程度の系統的不確かさが残り得る．

5.3 実験 B 共鳴振動数と共鳴の幅の測定

駆動振動数を変化させたときに，強制振動の振幅および位相差がどのように変化するかを系統的に測定する．共鳴曲線を描き，共鳴幅を求める．

> **注意** 駆動振動数を変化させて行う共鳴の幅の測定はなるべく手早く行うこと．また，測定中以外はソフトを停止させ駆動電流を流さないこと．時間をかけすぎると音叉が温まることにより，共鳴振動数がわずかに変化してしまい，正確な結果が得られない．

(B–1) 固有振動数付近まで駆動振動数を戻し，駆動振動数を細かく変えながら，最終的には0.001 Hz刻みでマイク信号の振幅が最大になるところを探す．上記「注意」の理由により，(A–3) の値とは異なる場合がある．このときの，振動数と振幅，およびマイク信号の増倍率をノートに記録する．以降では，この振動数を固有振動数 f_0 とする．

(B–2)　f_0 を中心に ±0.2 Hz 程度の範囲を測定するために，f_0 よりも 0.2 Hz 程度小さな“切りのよい”値に駆動振動数を設定する．たとえば f_0 が 439.635 Hz だったら，駆動振動数を 439.440 Hz に設定する．この振動数から 0.020 Hz 刻みで駆動振動数を変化させ，それぞれの駆動振動数で，マイク信号の振幅，マイク信号の増倍率，振幅，および位相差を，各自のノートに表 1 のような表を作成し記録する．これを f_0 よりも 0.2 Hz 程度大きな周波数まで行う．なお，振幅は相対的な大きさが比較できればよいので，各自で適当に定義し直してよい．表 1 では，測定した「マイク信号の振幅」を「マイク信号の増倍率」で割った値の 100 倍とした．

(B–3)　さらに，駆動振動数を $f_0 \pm 0.3$ Hz，±0.5 Hz，および ±1.0 Hz の各点についても測定し記録をする．

(B–4)　記録した表を参照して，グラフ用紙に横軸を駆動振動数 ($f_0 \pm 1.0$ Hz までを含む)，縦軸を強制振動の振幅としたグラフを描く (図 3 を参照すること)．

(B–5)　同じく，グラフ用紙に横軸を駆動振動数，縦軸を位相差としたグラフを描く．横軸のスケールは (B–4) のグラフと同じにすること (図 4 を参照すること)．

(B–6)　(B–4) のグラフから，図 3 を参照して共鳴ピークの $\dfrac{1}{\sqrt{2}}$ 全幅 (Δf_{r}) を読み取り，音叉振動の減衰率 $\gamma = \pi\,\Delta f_{\mathrm{r}}$，およびその逆数 $\tau_{\mathrm{r}} = \dfrac{1}{\gamma}$ を求めよ．なお，どのように Δf_{r} を読み取ったのかを示す根拠 (補助線など) を，グラフ中に書き残すこと．

(B–7)　強制振動のソフトウェアを停止・終了せよ．

◆**参考問題 1**　音叉の励振を長時間継続すると，共鳴振動数は増大するか減少するか観察せよ．また，増大もしくは減少する理由を考察もしくは調査せよ．

◆**参考問題 2**　上記の増大もしくは減少が共鳴ピーク形状の測定中に起きることにより，共鳴の $\dfrac{1}{\sqrt{2}}$ 全幅から推定される減衰率 γ は過大評価されるか過少評価されるか考察せよ．

表1　測定データの一覧表

駆動振動数 f/Hz	マイク信号の振幅	マイク信号の増倍率	信号強度 / 任意単位	位相差 /rad
439.635 (共鳴振動数 f_0)	3.0	4.4	$\left(\frac{3.0}{4.4} \times 100 =\right) 68.2$	0
439.440				
439.460				
439.480				
$\cdots$	$\cdots$	$\cdots$	$\cdots$	$\cdots$
439.820				
439.840				
438.640				
439.140				
439.340				
439.940				
440.140				
440.640				

◆**参考問題 3**　上記の過大評価もしくは過少評価を防ぐために，実験装置，測定手順，解析方法にどのような工夫や対策が可能か考察せよ．

◆**参考問題 4**　実験 3「交流回路の特性」で求めた Q 値［(3.27) 式］を参考にして，音叉の Q 値を求め，直列共振回路の Q 値と比較せよ．また Q 値が大きいほど，振動系に蓄えられたエネルギーの散逸が少ないことを示せ．

▶ **参考実験 1**　駆動振動数を共鳴振動数の $\frac{1}{2}$ に設定し，その付近の振動数で最もマイク信号の振幅が最大となる振動数でリサジュー図形をスケッチせよ．$\frac{1}{3}$，$\frac{1}{4}$ ではどうなるか (この参考実験を行う際には机上マニュアルに従ってソフトウェアを操作し，ノイズ除去フィルタを一時的に解除すること)．

5.4　実験 C　減衰振動

外力 (駆動力) のない状態で音叉の振動数と減衰率を測定する．共鳴周波数で音叉を励振したのち，駆動電流を停止して，振幅の時間的な変化を調べる．なお，(B–6) で共鳴幅から求めた τ_{r} は，減衰振動で振幅が $\dfrac{1}{\mathrm{e}}$ 倍になる時間の予想値である［(4.9) 式］．この予想通りとなるか試してみよう．

(C–1)　PC 画面上にある,「減衰振動」と書かれたアイコンをダブルクリックしてソフトウェアを開始する (強制振動のソフトウェアとは同時に起動しないこと).

(C–2)　開いたウィンドウ内の「駆動振動数」の欄に，実験 B で測定した f_0 (f_0 が変化したと考えられる場合は，最も新しい f_0 の値) を入力し，ウィンドウ左上にある実行ボタン (右向きの矢印が記されている) をクリックすると，音叉の強制振動が始まる．グラフの横軸は時間であり，縦軸はマイク信号強度である．グラフが塗りつぶされたように見えるのは，振動周期に比べて時間軸の表示スケールが極端に長いため，画面上では波の構造が弁別できないからである．30 秒程度経過すると自動的に駆動電流が停止し，減衰振動に移行する．

(C–3)　減衰振動が始まると，上記の塗りつぶされたような信号の振幅が次第に小さくなる．振幅が十分に小さくなったら，ウィンドウ左上の停止ボタン (赤い丸が記されている) をクリックし，データ取得を終了する．測定途中に雑音が入るなどした場合は，データ取得をやり直すこと．

(C–4)　図 6 b) を参考にして，測定結果の拡大図をプリントアウトし，各自のノートに貼る．拡大はマウスでグラフの領域を選択 (ドラッグ) をすることで行う．拡大表示とその解除方法の詳細は机上マニュアルを参照すること．

(C–5)　減衰振動の開始直後は系が定常状態ではない．グラフをよく観察し，振幅が指数関数的な減少を開始したと考えられる時刻 t_1 での振幅 I_1 を求め，その振幅が $I_2 = \dfrac{I_1}{\mathrm{e}}$ になる時刻 t_2 までの所用時間 $\tau_{\mathrm{d}} = t_2 - t_1$ をグラフから求めよ．なお，どのように τ_{d} を読み取ったのかを示す根拠 (補助線など) をグラフ中に書き残すこと．なお t_1 が判断しにくい場合は，机上マニュアルを参照して縦軸を対数表示に変更するとよい．

(C–6)　この τ_{d} と (B–6) で共鳴幅から推定した τ_{r} を比較せよ．

(C–7)　取得したデータの一部分 (10～20 周期分) を，図 7 のように振動の一山一山の様子が見えるように拡大表示する．プリントアウトして，各自のノートに貼る．

a）音叉の減衰振動（全体）

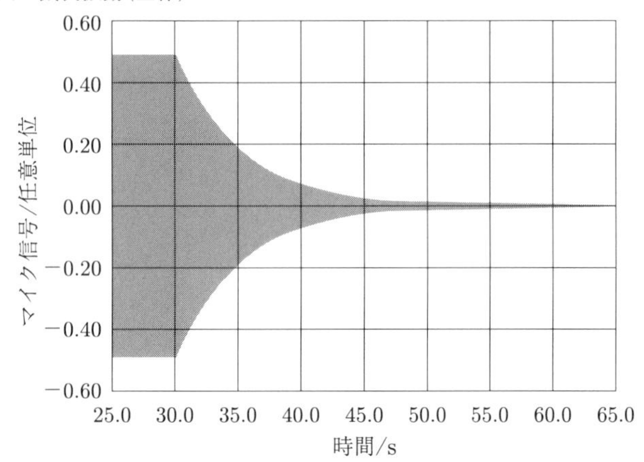

b）音叉の減衰振動（拡大）および作図の例

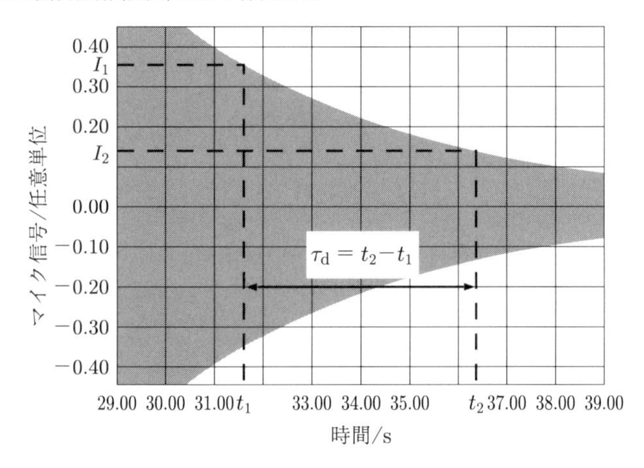

図 6　減衰振動の測定 (例)

(C–8)　このグラフから 10 ∼ 20 周期分の振動に要した時間を求めて，減衰振動の周期 T_{d} とその逆数 f_{d} をノートに記録する．なお，どのように T_{d} を読み取ったのかを示す根拠 (補助線など) をグラフ中に書き残すこと．

(C–9)　(4.9) 式から減衰振動の角振動数 $\omega_1 = \sqrt{{\omega_0}^2 - \gamma^2}$ であることに注意しつつ，この f_{d} と共鳴振動数 f_0 を比較せよ．

(C–10)　減衰振動のソフトウェアを停止・終了せよ．

(C–11)　必要な測定が完了したら，PC をシャットダウンせよ．

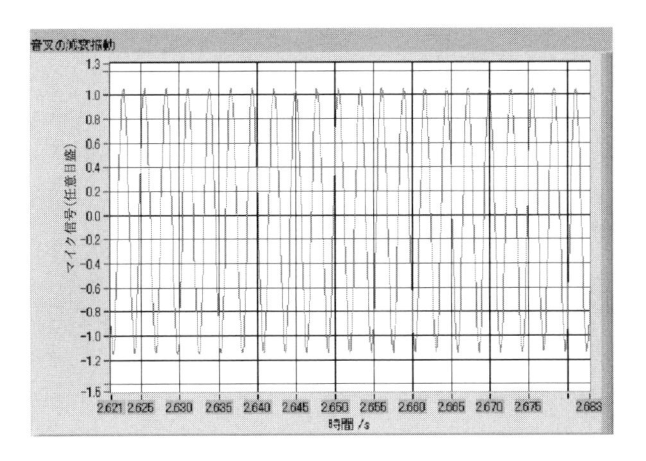

図 7　減衰振動の測定 (例) ［図 6 b) の一部をさらに拡大したもの］

●参考　リサジュー図形

2 つの単振動に対して，ある時刻におけるそれぞれの変位を横軸 (X 軸) と縦軸 (Y 軸) の値として XY 面上にプロットし，このプロットをすべての時刻について行った結果得られる曲線をリサジュー (Lissajous) 図形と呼ぶ．つまり，図 5 の右のグラフは，駆動力に比例した正弦波を X 軸にとり，マイク信号を Y 軸にとって描かれたリサジュー図形である．リサジュー図形は 2 つの単振動の振幅，周波数比や位相差を反映した形状を示す．ここで位相差を $\phi(\omega)$ とすると，図 8 において，

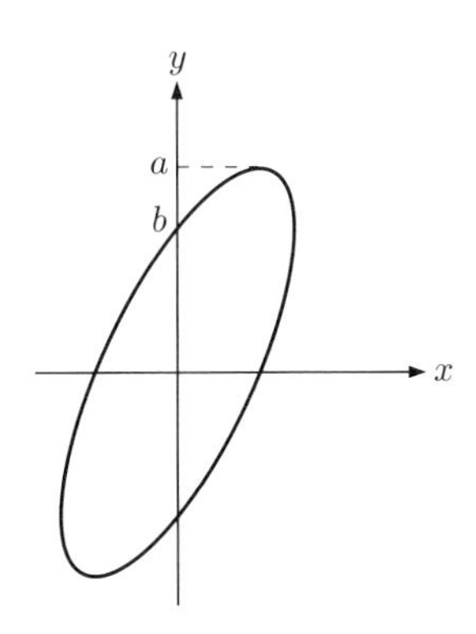

図 8　リサジュー図形での垂直・水平接線と切片

$$|\sin\phi(\omega)| = \frac{b}{a} \tag{4.26}$$

の関係がある．ただし，b は X 信号がゼロのときの Y 信号の絶対値，a は Y 信号の振幅である．なお，(4.26) 式の位相差の単位は rad である．また，絶対値をはずすときには物理的意味を考え，符号に注意せよ (図 4 も参照せよ)．さらに関数電卓で計算する場合は，角度の入出力単位が度なのか rad なのか，その設定を確認すること．

このようなリサジュー図形の特性を知っていると，$|\phi(\omega)|$ を簡便に求められる．たとえば，2 つの単振動の振幅が同一で，周波数比が 1 の場合と 2 の場合 (Y 信号の周波数が X 信号の周波数の 2 倍) のリサジュー図形は，位相差に応じてそれぞれ図 9 のような形状となる．

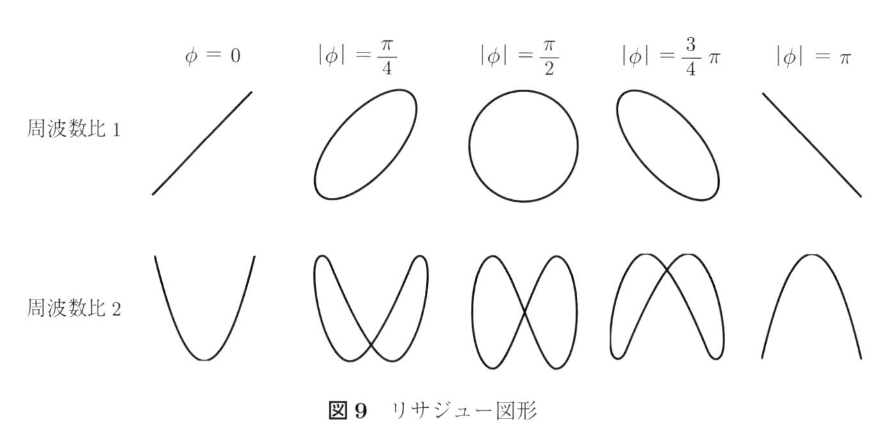

図 9　リサジュー図形

実験 5

磁束密度の測定

1. 目　　的

ホール素子を用いて磁気的物理量の基本である磁束密度の測定を行う．これにより磁気現象を実感し電磁気学に関する理解を深める．

2. 実験の概要

クラスによって，以下の A–E のうち，いくつかの実験を選択して行う．教員の指示に従うこと．

実験 A　円形コイルのつくる磁束密度の測定：ベクトル場の大きさと方向

実験 B　円形コイルおよび円板磁石のつくる中心軸上の磁束密度の測定 (ビオ・サバールの法則)

実験 C　円形コイルの場合のアンペールの法則

実験 D　穴あき永久磁石の場合のアンペールの法則

実験 E　磁場のローテーションの測定

3. 原　　理

3.1 ホール素子

電流の流れている板に磁場をかけると，電流および磁場に垂直な方向に電圧が生じる．これは 1879 年に E. H. Hall によって発見された現象で，**ホール効果**と呼ばれている．この実験では，磁束密度の測定にこのホール効果を利用する．ここではホール効果を示すホール素子という半導体の原理について述べる．

一般に，電場 $\boldsymbol{E}$，磁束密度 $\boldsymbol{B}$ の下で，速度 $\boldsymbol{v}$ で動く電荷 q の粒子が受ける力は

$$\boldsymbol{F} = q(\boldsymbol{E} + \boldsymbol{v} \times \boldsymbol{B}) \tag{5.1}$$

と表すことができる．この力はローレンツ力と呼ばれる．図 1 に示すように，一様な磁束密度 $\boldsymbol{B}$ の下でホール素子の AB 間に定電流を流すとする．素子中を速度 $\boldsymbol{v}$ で動く電荷 q の荷電粒子には，電場 $\boldsymbol{E}$ がなければ，速度 $\boldsymbol{v}$ と磁束密度 $\boldsymbol{B}$ に垂直な方向にローレンツ力が働く (荷電粒子の電荷 q は正の場合と負の場合があるが，図

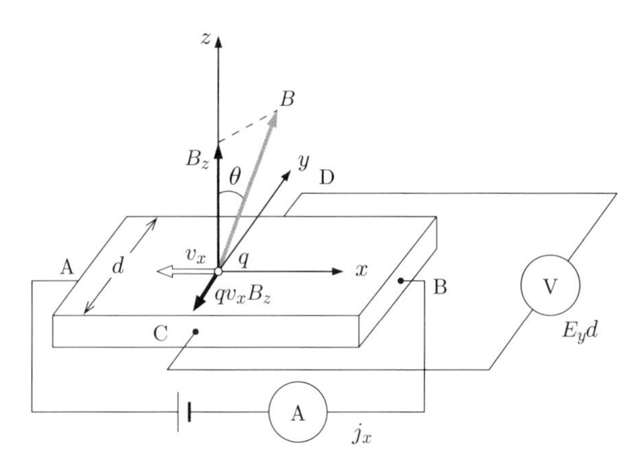

図 1　ホール効果

1 は q が負であるとして描いてある). この力により素子内の電荷分布が変化し, それによって生じる電場 $\boldsymbol{E}$ からの力と, 磁束密度 $\boldsymbol{B}$ からの力が釣り合って定常状態 (時間的に変化しない電流密度で電流が A から B に流れている状態) に達する. この釣り合いを式で表すと

$$q\boldsymbol{E} + q\boldsymbol{v} \times \boldsymbol{B} = \boldsymbol{0} \tag{5.2}$$

である. ホール素子の CD 間の電位差 V (ホール電圧) は, C の電位を基準にとると

$$V = -\int_{\mathrm{C}\to\mathrm{D}} \boldsymbol{E} \cdot \mathrm{d}\boldsymbol{r} \tag{5.3}$$

で与えられる.

図 1 のように, ホール素子に固定された座標軸 (x, y, z) を定める. 荷電粒子の密度を n とすれば, 素子中の電流密度は

$$\boldsymbol{j} = nq\boldsymbol{v} \tag{5.4}$$

で与えられる. 簡単のために, $\boldsymbol{j}$ が x 軸と平行, すなわち

$$j_x = nqv_x \qquad (\text{他の成分は } 0) \tag{5.5}$$

であるとすれば, (5.2) 式の y 方向成分は

$$qE_y - qv_xB_z = 0 \tag{5.6}$$

となる. (5.5), (5.6) 式より, 関係式

$$E_y = Rj_x B_z \tag{5.7}$$

が成り立つ．ただし，比例定数

$$R = \frac{1}{nq} \tag{5.8}$$

はホール係数と呼ばれ，物質の種類，温度などによって符号および大きさが決まる．(5.3) 式から，

$$V = -\int_{\mathrm{C}\to\mathrm{D}} E_y \, \mathrm{d}y = -B_z \int_{\mathrm{C}\to\mathrm{D}} Rj_x \, \mathrm{d}y \tag{5.9}$$

であり，電流一定の条件下では Rj_x は一定だから，ホール電圧 V は B_z に比例する．磁束密度と素子面の法線のなす角度を θ とすると，$B_z = |\boldsymbol{B}|\cos\theta$ であるから，ホール電圧は $\cos\theta$ に比例する．

3.2　円電流のつくる磁場 (ビオ・サバールの法則)

一定電流の流れる導体がつくる磁束密度はビオ・サバールの法則によって求めることができる．位置ベクトル $\boldsymbol{x}$ の点にある導体の微小部分に流れる電流 I が位置ベクトル $\boldsymbol{r}$ の点につくる微小磁束密度 $\mathrm{d}\boldsymbol{B}$ を考える (図 2)．導体の微小部分の長さを $\mathrm{d}s$，電流の流れる方向の単位ベクトルを $\boldsymbol{e}_\mathrm{s}$ とすると，$\mathrm{d}\boldsymbol{s} = \boldsymbol{e}_\mathrm{s}\,\mathrm{d}s$ と書ける．このとき，以下の式が成り立つ (ビオ・サバールの法則)．

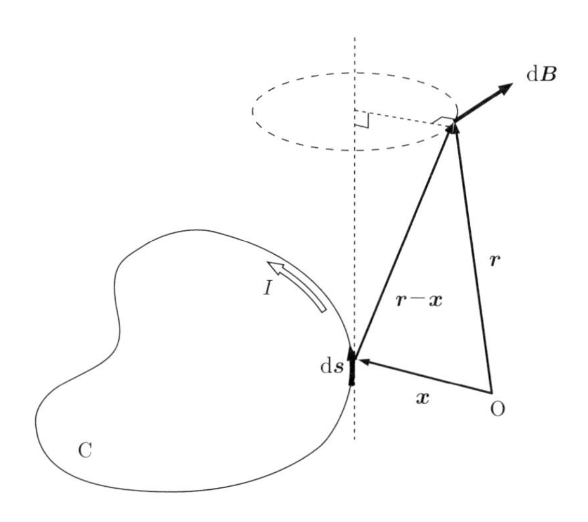

図 2　ビオ・サバールの法則

$$\mathrm{d}\boldsymbol{B} = \frac{\mu_0}{4\pi}\frac{I\,\mathrm{d}\boldsymbol{s}}{|\boldsymbol{r}-\boldsymbol{x}|^2} \times \frac{\boldsymbol{r}-\boldsymbol{x}}{|\boldsymbol{r}-\boldsymbol{x}|} \tag{5.10}$$

ここで，μ_0 は真空の透磁率 (磁気定数) で，$\mu_0 \sim 4\pi \times 10^{-7}\,\mathrm{N\,A^{-2}}$ (裏見返し表 A.6 参照) である．この $\mathrm{d}\boldsymbol{B}$ を閉じた導体の経路 C で積分することで，導線全体がつくる磁束密度を任意の導体形状について求めることができる．

$$\boldsymbol{B} = \oint_{\mathrm{C}} \mathrm{d}\boldsymbol{B} = \oint_{\mathrm{C}} \frac{\mu_0}{4\pi}\frac{I\,\mathrm{d}\boldsymbol{s}}{|\boldsymbol{r}-\boldsymbol{x}|^2} \times \frac{\boldsymbol{r}-\boldsymbol{x}}{|\boldsymbol{r}-\boldsymbol{x}|} \tag{5.11}$$

原点に中心があり，xy 面内に置かれた半径 r の円電流が原点 $\boldsymbol{r} = \boldsymbol{0}$ につくる磁束密度を，ビオ・サバールの法則を用いて求めてみよう．電流の方向は，図 3 のように反時計回りとする．まず，y 軸上の点 $\boldsymbol{x} = (0, r, 0)$ の電流素片がつくる磁束密度を考えよう．電流は $-x$ 方向なので $I\,\mathrm{d}\boldsymbol{s} = -I\,\mathrm{d}s\,\boldsymbol{e}_x$，また $\boldsymbol{r}-\boldsymbol{x} = -r\boldsymbol{e}_y$ である．したがって，

$$\mathrm{d}\boldsymbol{B} = \frac{\mu_0}{4\pi}\frac{I\,\mathrm{d}s}{r^2}(-\boldsymbol{e}_x) \times (-\boldsymbol{e}_y) = \frac{\mu_0}{4\pi}\frac{I\,\mathrm{d}s}{r^2}\,\boldsymbol{e}_z \tag{5.12}$$

円電流では電流素片の座標 $\boldsymbol{x}$ によらず $\boldsymbol{r}-\boldsymbol{x}$ と $\mathrm{d}\boldsymbol{s}$ は直交するから $\mathrm{d}\boldsymbol{B}$ は同じ値をとる．したがって，円全体で積分することで磁束密度が得られる．

$$\boldsymbol{B} = \oint_{\mathrm{C}} \mathrm{d}\boldsymbol{B} = \frac{\mu_0 I\boldsymbol{e}_z}{4\pi r^2}\oint_{\mathrm{C}} \mathrm{d}s = \frac{\mu_0 I\boldsymbol{e}_z}{4\pi r^2}\,2\pi r = \frac{\mu_0 I}{2r}\,\boldsymbol{e}_z \tag{5.13}$$

また，z 軸上の原点から h 離れた z 軸上の点 $(0,\ 0,\ h)$ における磁束密度も同様に求めることができる：

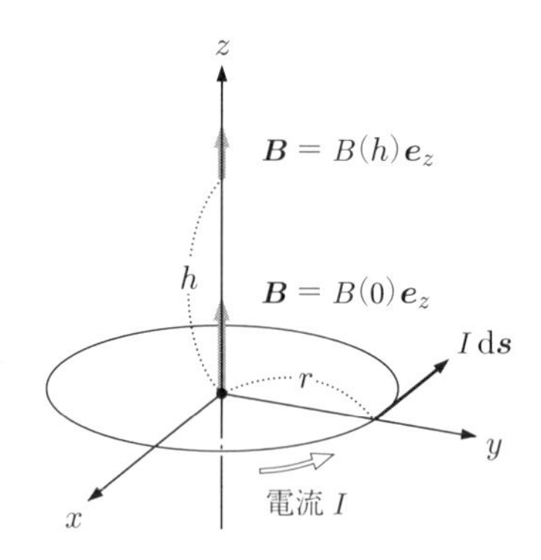

図 3　円電流が中心軸上につくる磁束密度

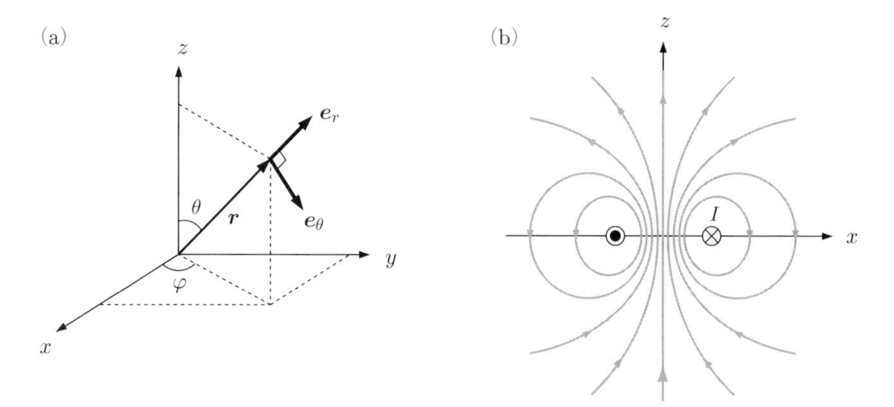

図 4　(a) 球座標系での位置ベクトル $\boldsymbol{r}$ の座標．(b) 原点の磁気モーメント (円電流) が xz 面内につくる磁束密度．

$$\boldsymbol{B}(h) = \frac{\mu_0 I}{2}\frac{r^2}{(h^2+r^2)^{3/2}}\boldsymbol{e}_z \tag{5.14}$$

なお，$h=0$ では上の原点での結果に一致する．そして，円電流から十分に離れた $h \gg r$ の点では，円電流の磁気モーメント (向きは電流が囲む面の法線方向，大きさは円電流の囲む面積 $S=\pi r^2$ と電流 I の積で定義されるベクトル)

$$\boldsymbol{m} = IS\boldsymbol{e}_z = I\pi r^2\boldsymbol{e}_z \tag{5.15}$$

を用いて

$$\boldsymbol{B}(h) = \frac{\mu_0}{2\pi}\frac{\boldsymbol{m}}{h^3} \tag{5.16}$$

と表せることがわかる．

原点に中心のある円電流が十分に離れた場所 $\boldsymbol{r}$ につくる磁束密度は，一般に球座標を用いて以下のように表される．

$$\boldsymbol{B}(\boldsymbol{r}) = \frac{\mu_0 m}{4\pi|\boldsymbol{r}|^3}(2\cos\theta\,\boldsymbol{e}_r + \sin\theta\,\boldsymbol{e}_\theta) \tag{5.17}$$

球座標のとり方は図 4 (a) に示したとおりであり，$\boldsymbol{e}_r, \boldsymbol{e}_\theta$ は，それぞれ r 方向と θ 方向の単位ベクトルである．図 4 (b) は xz 面内における磁束密度の様子を描いた．磁束密度の大きさ，向きは座標 φ にはよらず，また φ 方向の成分もない．そのため，z 軸を含む任意の断面上で磁束密度は図 4 (b) のように表される．

3.3　磁石の磁気モーメントがつくる磁束密度

原子は原子核と電子からなっており，古典的なモデルでは電子は原子核のまわりを回転運動している．また原子核や電子自身が自転に相当する「スピン」と呼ばれる運動をしている．これらのうち，主に電子の運動により，原子はそれ自体が一定の磁気モーメントをもつことがある．原子の磁気モーメントの起源について，詳しくは付録を参照して欲しい．原子の磁気モーメントは目安としてボーア磁子

$$\mu_{\mathrm{B}} = \frac{e\hbar}{2m_{\mathrm{e}}} = 9.27 \times 10^{-24}\,\mathrm{A\,m^2} \tag{5.18}$$

程度の値をもつ．$e, m_{\mathrm{e}}, \hbar$ は，それぞれ電子の電荷，電子の質量，プランク定数を 2π で割ったものである．

磁石は磁気モーメントをもつ原子からつくられており，これらの原子の磁気モーメントが同じ方向を向いている．小さな領域内で磁気モーメントの体積平均をとり，その単位体積あたりの値 (磁気モーメントの密度) $\boldsymbol{M}$ を，物質の磁化と呼ぶ．多くの磁石は内部に一様な磁化をもつ．たとえば，典型的な原子間隔 ($0.2\,\mathrm{nm}$ 程度) で原子が詰まった物質を考え，原子 1 個あたり 1 つのボーア磁子が存在する場合を考えると，その磁化の大きさは

$$M = \frac{\mu_{\mathrm{B}}}{(0.2 \times 10^{-9}\,\mathrm{m})^3} = \frac{9.27 \times 10^{-24}\,\mathrm{A\,m^2}}{8 \times 10^{-30}\,\mathrm{m^3}} = 1.1 \times 10^{6}\,\mathrm{A\,m^{-1}} \tag{5.19}$$

と計算される．一般的なネオジム磁石の磁化は $10^6\,\mathrm{A\,m^{-1}}$ であり，同程度の値となる．なお，棒磁石では磁束密度が出ていく端を N 極，逆端を S 極と呼ぶ．

磁石が外部につくる磁場を考えよう．一様な磁化をもつ物質を考え，断面積 S，高さ d，体積 V をもつ微小な部分に分割したとしよう．各部分が磁気モーメント $\boldsymbol{m} = \boldsymbol{M}V$ をもち，その周囲に環電流 $|\boldsymbol{m}|/S$ [(5.15) 式参照] が流れていると考えよう．図 5 (a) に示すように，隣り合った部分同士は，その境界で逆方向に流れる電流をもつから，それらの電流が外部につくる磁場は打ち消されて有限な値をもたない．一方，物質の外側の表面は隣り合う部分をもたないので，外側表面に存在する電流は有限の外部磁場をつくる．その結果，磁石が外部につくる磁場は，磁石の外側表面に流れる環電流がつくる磁場に等しい．この環電流を磁化電流と呼ぶ．高さ方向の単位長さあたりの磁化電流密度は磁化の大きさに等しい．したがって，磁石の高さを d とすれば，図 5 (b) に示すように

$$I = |\boldsymbol{M}|d \tag{5.20}$$

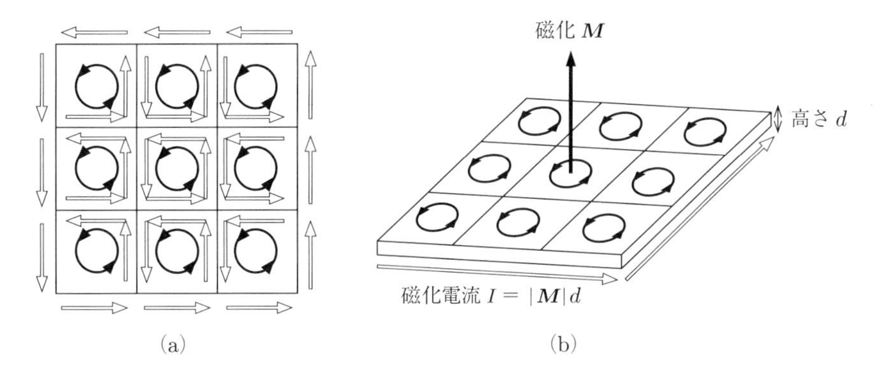

図 5　(a) 隣り合った部分同士での環電流の打ち消し合い．境界で逆方向に進む環電流が打ち消し合い，外周の電流のみが残る．(b) 磁化と磁化電流の関係．

の環電流が磁石の側面を流れるとして磁束密度を計算できる．たとえば，先に述べたネオジム磁石について，磁石の高さが 10 mm であれば，

$$I = (1.1 \times 10^6\,\mathrm{A\,m^{-1}}) \times (10 \times 10^{-3}\,\mathrm{m}) = 1.1 \times 10^4\,\mathrm{A} \qquad (5.21)$$

と計算される．空芯の電磁石で高さ 10 mm のネオジム磁石と同じ磁束密度をつくろうとすると，電流値 1 A で 10 000 巻相当のものが必要となる．このように，磁石は強い磁束密度を電磁石よりはるかに容易につくることができる．

3.4　アンペールの法則

図 6 のように，定電流を囲む閉曲線 C を考える．磁束密度 $\boldsymbol{B}$ を，閉曲線上で積分すると，

$$\oint_{\mathrm{C}} \boldsymbol{B} \cdot \mathrm{d}\boldsymbol{s} = \mu_0 I \qquad (5.22)$$

(ドット“・”は内積)

の関係が成り立つ．これをアンペールの法則という．ここで，$\mathrm{d}\boldsymbol{s}$ は閉曲線 C 上の微小変位ベクトル (図 6)，μ_0 は真空の透磁率 (磁気定数ともいう) であり，

$$\mu_0 = 1.26 \times 10^{-6}\,\mathrm{N\,A^{-2}} \qquad (5.23)$$

である．

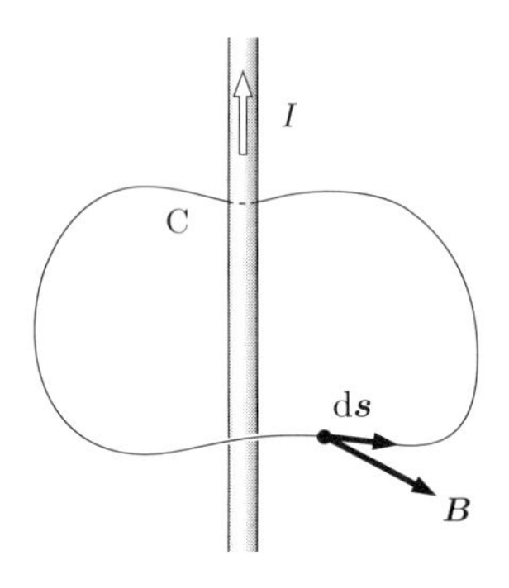

図 6　アンペールの法則

3.5　rot (ローテーション) と div (ダイバージェンス)

マクスウェルの方程式は電磁気学の基本法則であって，真空中では

$$\mathrm{rot}\,\boldsymbol{B} = \mu_0 \boldsymbol{j} + \mu_0 \varepsilon_0 \frac{\partial \boldsymbol{E}}{\partial t} \tag{5.24}$$

$$\mathrm{rot}\,\boldsymbol{E} = -\frac{\partial \boldsymbol{B}}{\partial t} \tag{5.25}$$

$$\mathrm{div}\,\boldsymbol{E} = \frac{\rho}{\varepsilon_0} \tag{5.26}$$

$$\mathrm{div}\,\boldsymbol{B} = 0 \tag{5.27}$$

である．太字はベクトルを表す．$\boldsymbol{B}$ は磁束密度ベクトル，$\boldsymbol{E}$ は電場ベクトル，ε_0，μ_0 はそれぞれ真空中の誘電率と透磁率，$\boldsymbol{j}$ は電流密度 (ベクトル場)，ρ は電荷密度 (スカラー場)，t は時間である．

時間変化がない場合，$\boldsymbol{B}$ は

$$\mathrm{rot}\,\boldsymbol{B} = \mu_0 \boldsymbol{j} \tag{5.28}$$

$$\mathrm{div}\,\boldsymbol{B} = 0 \tag{5.29}$$

を満たす．これを rot 記号，div 記号を使わずに書くと

$$\frac{\partial B_z}{\partial y} - \frac{\partial B_y}{\partial z} = \mu_0 j_x, \quad \frac{\partial B_x}{\partial z} - \frac{\partial B_z}{\partial x} = \mu_0 j_y, \quad \frac{\partial B_y}{\partial x} - \frac{\partial B_x}{\partial y} = \mu_0 j_z \tag{5.30}$$

$$\frac{\partial B_x}{\partial x} + \frac{\partial B_y}{\partial y} + \frac{\partial B_z}{\partial z} = 0 \tag{5.31}$$

と表せる．

rot $\boldsymbol{B}$ の 3 つの式のうち，z 成分は，

$$(\mathrm{rot}\,\boldsymbol{B})_z = \frac{\partial B_y}{\partial x} - \frac{\partial B_x}{\partial y} = \mu_0 j_z \tag{5.32}$$

である．また

$$\frac{\partial B_z}{\partial z} = 0 \tag{5.33}$$

と近似できる状況では

$$\mathrm{div}\,\boldsymbol{B} = \frac{\partial B_x}{\partial x} + \frac{\partial B_y}{\partial y} = 0 \tag{5.34}$$

が成り立つ．

次に，図 7 に示した辺の長さが Δl $(= 1\,\mathrm{cm})$ の正方形に対して，各辺の B_x, B_y と (5.32) 式と (5.34) 式の rot $\boldsymbol{B}$ と div $\boldsymbol{B}$ の関係を考える．辺を下の辺は辺 1，右は辺 2，上は辺 3，左は辺 4 と呼ぶ．微分の定義から，以下のように微分を差分で近似できる．

$$\frac{\partial B_x}{\partial x} = \lim_{\Delta x \to 0} \frac{B_x(x+\Delta x) - B_x(x)}{\Delta x} \sim \frac{B_x(2) - B_x(4)}{\Delta l}$$

他の微分についても同様に差分で置き換えると，$(\mathrm{rot}\,\boldsymbol{B})_z$，div $\boldsymbol{B}$ は正方形のなかでそれぞれ以下のように近似できる．

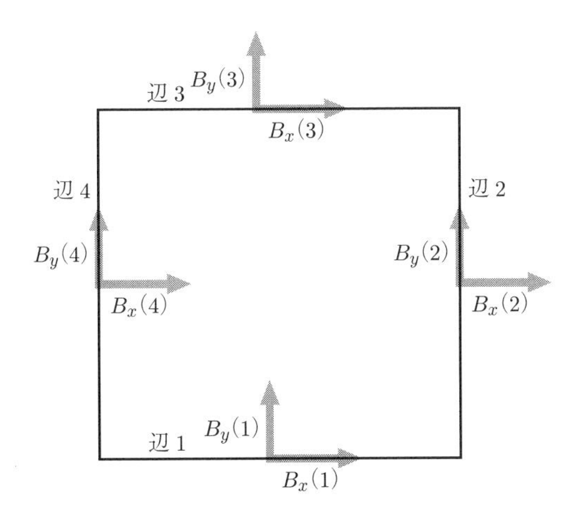

図 7　一辺 Δl の正方形のなかでの $(\mathrm{rot}\,\boldsymbol{B})_z$，div $\boldsymbol{B}$ の近似計算

$$(\mathrm{rot}\,\boldsymbol{B})_z = \frac{B_y(2) - B_y(4)}{\Delta l} - \frac{B_x(3) - B_x(1)}{\Delta l} \tag{5.35}$$

$$\mathrm{div}\,\boldsymbol{B} = \frac{B_x(2) - B_x(4)}{\Delta l} + \frac{B_y(3) - B_y(1)}{\Delta l} \tag{5.36}$$

4. 実験装置

4.1 ガウスメーター

ガウスメーターは磁束密度を測定するための装置である．ガウスメーターのプローブの先端にはホール素子が埋め込まれている［図 8 (a)］．「**3. 原理**」で説明したように，ホール素子に垂直な磁束密度の成分 B_z を測定することができる．

プローブの形状は細長い丸棒型のものと平型のものがある．丸棒型のものは先端から深さ 0.4 mm 程度の位置にホール素子があり，測定する磁場 B_z は棒に平行な成分である．平型のものは先端から 4 mm ほどの位置にホール素子があり，B_z は平らな面に垂直な成分である．また，B_z の正の向きは，丸棒型では図 8 (a) に示す

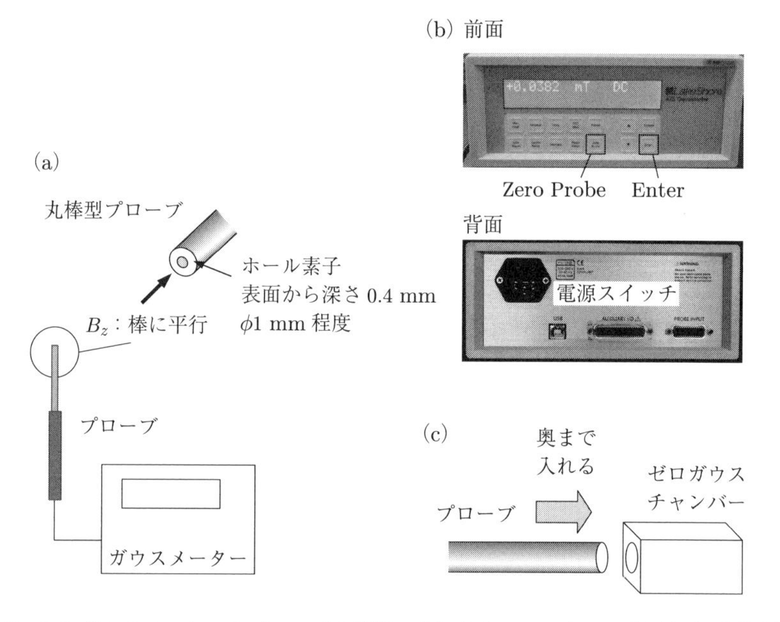

図 8　(a) ガウスメーターのプローブの形状，(b) ガウスメーターの前面および背面とスイッチなどの位置，(c) ゼロガウスチャンバーの使い方

向き，平型ではプローブ上で印のある面 (持ち手の部分に社名が印刷されている側) を表として，表から裏側に貫通する向きである．なお，測定値の確度は ±0.20 % (3 mT に対して ±0.006 mT)，温度係数は −0.01 % ℃$^{-1}$ である．

ガウスメーター本体の背面には電源スイッチ，前面には操作パネルがある [図 8 (b)]．この実験で用いるのは，電源スイッチ，Zero Probe キー，Enter キーのみである．他のキーは触れないこと．また，図 8 (b) のように表示は (数値) mT DC となっている状態で使うこと．他のキーに触れると設定が変わってしまうが，Units，DC/RMS などのキーは複数回押すことで元の設定に戻すことができる．また，他のキーは ENTER キーの上の ESC キーを押すことでキャンセルできる．表示がおかしくなり，復旧できないときは教員の指示を仰ぐこと．

4.2　ゼロガウスチャンバー

チャンバー内では環境の磁場は遮蔽され，ゼロ磁場を保っている．これを用いてガウスメーターの校正を行う．使用時は，図 8 (c) のように，チャンバーの一番奥までプローブを差し込むこと．

4.3　円形コイルおよび円板磁石

実験 A–C, E では，導線を多数回巻いた空芯の電磁石 (円形コイル) と円板磁石 (図 9) のつくる磁束密度の測定を行う．円形コイルは直径 0.5 mm の被覆銅線を 100 回巻いたもので，内径 47 mm，外径 53 mm(平均直径 50 mm)，高さ 10 mm である．円板磁石はフェライト磁石で，外径 50 mm，高さ 10 mm である．円形コ

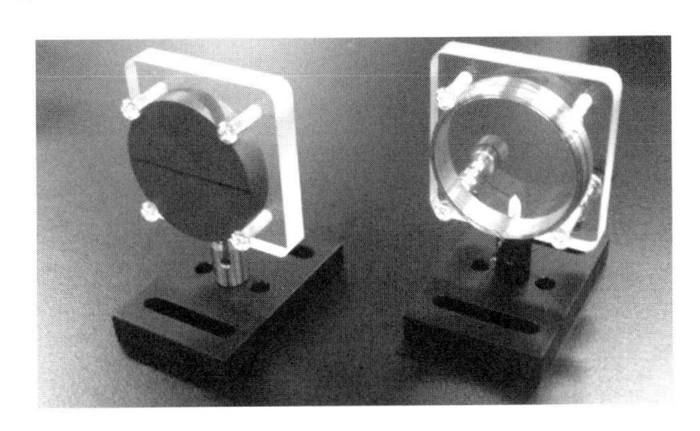

図 9　実験に用いる円形コイル (右) と円板磁石 (左)

イルに電流を流す際は，バナナケーブルを用いて直流電源と円形コイルを接続する．

5. 実　験

実験 A　円形コイルのつくる磁束密度の測定：ベクトル場の大きさと方向

(A–1)　ガウスメーターの電源投入

ホール素子 (プローブ) とガウスメーターが図 8 (a) のように接続されていることを確認する．ガウスメーターの電源 (スイッチは裏側) を投入する．装置が安定するまで 5 分程度かかる．測定中は電源を入れたままにしておくこと．

(A–2)　直流電源の電源投入と設定

円形コイルにつながれている直流電源の電圧 (voltage) つまみ，および電流 (current) つまみが反時計回りに回し切ってあることを確認してから電源スイッチを入れる．電圧つまみを時計回りに半分くらい回し，電流つまみをゆっくりと時計回りに回して，電流を 1 A に設定する．このとき電源は定電流 (CC, constant current) モードにあり，1 A の定電流が流れるように電圧が自動的に調整される．今後，電流を切る場合は電流つまみを逆に回してゼロにする．

(A–3)　ガウスメーターのゼロリセット A

図 8 (c) のように，プローブ先端をゼロガウスチャンバーに差し込み，ゼロ設定を行う．ガウスメーターの Zero Probe キーを押し，Enter キーを押す．しばらくして 0 mT の表示に戻ったらゼロ設定終了である (この作業をゼロリセット A と呼ぶ)．

(A–4)　プローブの向きを変化させて測定

まずコイルの位置を記録する．コイルを方眼紙の上に置いて，コイルの台を方眼紙に書き取ってから，コイルの位置を目視で記入する．次に磁束密度を測定する位置 A を適当に決める．位置 A を方眼紙に記入し，透明位置合わせスコヤ (図 10) を用いて，プローブ先端から 0.4 mm の位置にあるホール素子を位置 A の直上に持ってくる．この方眼紙はノートに貼ること．実験の記録として必ず必要であるので，共同実験者がいる場合は各自作成する．図 11 に示すようにホール素子の角度を 0 deg から 180 deg に 45 deg 刻みで動かし，それぞれの角度で磁束密度を測定する．測定値は表 1 のようにノートに記入する．磁束密度の正の方向は，図 8 (a) にあるとおり，ホール素子から台に向かう方向である．

物理の実験の測定では，表示を読んでからノートに記入するまでの間に，判断，推定，計算などを一切してはいけない．見たままを記録するように．磁束計の最

図 10　透明位置合わせスコヤ

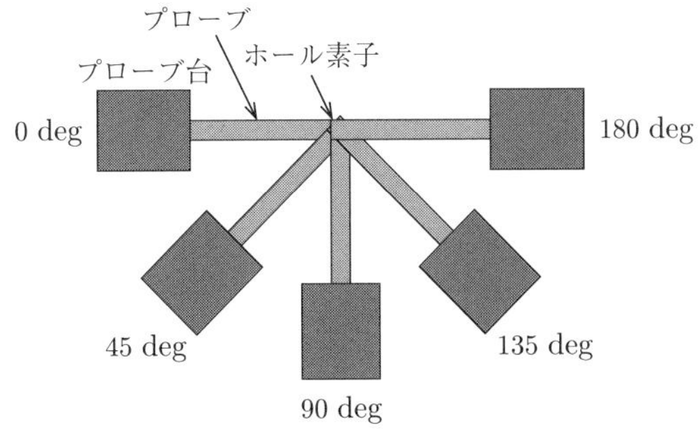

図 11　ホール素子の位置を固定し，角度を 45 deg 刻みで動かし，磁束密度を測定する．

表 1　ホール素子の角度 θ に対する磁束密度の値

θ/deg	磁束密度/mT
0	
45	
$\cdots$	

後の桁は見ている間に変化する場合がある．ここでは，3 秒待って最後に表示されている値を記録すればいい (本来は見ている間に表示された値はすべて記録すべきであるが，ここでは簡単化している)．

(A–5)　結果の確認

もしも，(A–4) の 0 deg の結果の絶対値と 180 deg の結果の絶対値が大きく異なる場合は何か間違っているので，(A–2) に戻って再度確認しながら測定をやり直す．なお，この際に一旦ノートに記入してある数値は消しゴムや修正液などで消去してはいけない．取り消し線で消すのはいいが，後で読めるようにしておくこと．

(A–6)　ベクトル場の大きさと方向 1

ここでは方眼紙上に各自作図する．方眼紙上に測定値に比例した長さの矢印を描き，これを用いて点 A における磁束密度ベクトルの大きさと方向を求める．まず 0 deg と 90 deg のデータから大きさと方向を求める．次に 45 deg と 135 deg のデータから同様に大きさと方向を求め比較せよ．

(A–7)　ベクトル場の大きさと方向 2

プローブ先端の位置を (透明位置合わせスコヤを用いて) 1 か所に定めつつ，プローブの方向を連続的に変化させて，値を観察する．何がわかるか？

(A–8)　方眼紙上の他の点を選び，(A–4) から (A–7) を再度行い，磁束密度ベクトルを求める．時間があれば点の数をさらに増やすといい．

❖**応用課題 A–1**　(A–6) の作図で，0 deg と 45 deg のデータを使うと，どのように磁束密度のベクトルを求めればいいか．

❖**応用課題 A–2**　もしも 0 deg と 60 deg のデータしかない場合は，どのようにしてベクトル場を求めればいいか．

(A–9)　全体ディスカッションで学んだこと，わかったことはノートに記入すること．

実験 B　円形コイルおよび円板磁石のつくる中心軸上の磁束密度の測定

(B–1)　ガウスメーターのゼロリセット B

まず，地磁気を含めた環境磁場のキャンセルを行う．プローブ支持台を図 12 のように横向きに置き，ゼロガウスチャンバーを被せない状態でガウスメーターのゼロ設定を行う．その際，円板磁石は遮蔽容器に入れておくこと．これで，地磁気を含めた環境磁場の存在にかかわらず，ガウスメーターはゼロを示すようになる (この作業をゼロリセット B と呼ぶ)．

(B–2)　図 12 に示すように，円形コイルの中心軸上の磁束密度を測定する．円形コイルにつながれている直流電源の電圧 (voltage) つまみ，および電流 (current)

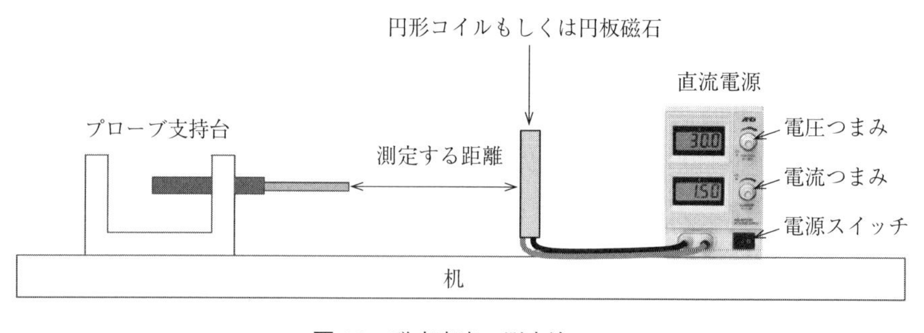

図 12　磁束密度の測定法

表 2　距離に対する磁束密度の測定値と理論値

測定した距離 /mm	実際の距離 /mm	磁束密度の測定値/mT	磁束密度の理論値/mT
0	5.4		
10	15.4		
20	25.4		
...			

つまみが反時計回りに回し切ってあることを確認してから電源スイッチを入れる．電圧つまみを時計回りに回し切り，電流つまみをゆっくりと時計回りに回して電流を 1 A に設定する．このとき，電源は定電流 (CC，constant current) モードにあり，1 A の定電流が流れるように電圧が自動的に調整される．円形コイルのプローブ側の側面からプローブの端面までの距離を，0 mm から 100 mm の範囲では 10 mm 刻みで，100 mm から 200 mm の範囲では 20 mm 刻みで変化させ (距離の測定にはアルミ定規を用いよ)，表 2 のように磁束密度の測定値をまとめよ．実際の距離とは，円形コイルの中心からホール素子までの距離を意味する (プローブ端面からホール素子までの距離 0.4 mm を考慮せよ)．磁束密度の理論値を計算する際は，円形コイルを流れる電流は，コイルの高さは無視し，高さの中心のみを流れると仮定せよ．

(B–3)　円板磁石の中心軸上の磁束密度を，円形コイルの場合と同様に測定し，表にまとめよ．ただし，理論値の列は必要ない．

(B–4)　実験 (B–2)，(B–3) のデータ (円形コイルの測定値，理論値および円板磁石の測定値) を同一の両対数 (log–log) グラフ上にプロットせよ．理論値は曲線で表し，測定値との差が一目でわかるように描くこと．グラフより，円板磁石が外部につくる磁束密度は磁石の側面を流れる磁化電流がつくっているとみなすことができるか，みなすことができるならば，磁石の側面を流れる磁化電流は具体的に何アンペアになるか考察せよ．

実験 C　コイルの場合のアンペールの法則

(C–1)　アンペールの法則の式 (5.22) をノートに書き写す．法則内の数式の文字の定義も記入する．

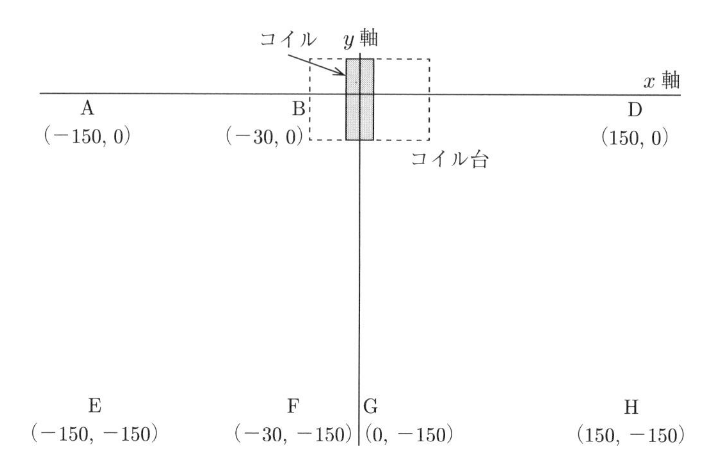

図 13　コイルを原点とした座標 A〜H

A ($x=-150,\ y=0$)　B ($x=-30,\ y=0$)　C($x=y=0$ コイル中心)
D ($x=150,\ y=0$)　E ($x=-150,\ y=-150$)　F ($x=-30,\ y=-150$)
G ($x=0,\ y=-150$)　H ($x=150,\ y=-150$)
A–D，A–E，E–H，D–H，B–F の 5 つの経路で測定

(C–2)　コイルの位置の設定

実験中，コイルは固定して行う．図 13 の経路で測定ができるようにコイルの位置を決める．なお座標の数値の単位は mm である．

(C–3)　ガウスメーターのゼロリセット A

図 8 (c) のように，プローブ先端をゼロガウスチャンバーに差し込み，ゼロ設定を行う．ガウスメーターの Zero Probe キーを押し，Enter キーを押す．しばらくして 0 mT の表示に戻ったらゼロ設定終了である (この作業をゼロリセット A と呼ぶ)．

(C–4)　測定 (A–D，B–F)

A–D，B–F の 2 つの経路に沿って，経路方向の磁束密度の成分を測定する．

ホール素子の位置は，プローブの先端から 0.4 mm のところである．方眼シートと透明位置合わせスコヤを使ってプローブの位置を決め，値を読み取る．

変化が大きいところは 5 mm から 10 mm 刻み，変化が小さいところは 20 mm 刻みで．後でグラフの面積を求めるので，細かすぎる測定は必要ないが，概形がわからないほど粗い刻みも適当ではない．また，ときどきガウスメーターのゼロリセット A を行うように.

(C–5)　結果の確認

経路 B–F の測定の際，点 B での BF 方向の磁束密度の値がほぼゼロ (地磁気などの環境磁場があるのでおよそ 0.05 mT 以下の数値) になっていないときは何か間違っているので，もとに戻って検討してやり直すこと.

(C–6)　グラフ化

各経路 A–D，B–F について，横軸を位置，縦軸を磁束密度としてグラフを描く．位置の定義を，たとえば「点 A から右方向への移動距離」など，わかりやすくグラフに示すように.

(C–7)　面積の算出 (宿題)

グラフの面積を求める．方法は，台形近似 (**注**参照) が普通であるが，グラフに適当に図形を描くなどして適宜工夫して求めても構わない．使った方法の不確かさについて考察することが望ましい.

(C–8)　測定 (A–E，E–H，D–H)

残りの 3 つの経路，A–E，E–H，D–H について，50 mm 刻みで測定する．面積は求めなくてもいい.

❖**応用課題 C–1**　経路 A–E，E–H，D–H について，面積を求めなくてもいいのはどうしてか？

(C–9)　経路 (ループ)

ループ 1：A–D–H–E–A
ループ 2：A–B–F–E–A
ループ 3：B–D–H–F–B

の 3 つのループについて，線積分を μ_0 で割った値，つまり

$$I_k = \frac{1}{\mu_0}\int_{\mathrm{C}_k} \boldsymbol{B}\cdot\mathrm{d}\boldsymbol{l}, \quad (k=1,2,3) \tag{5.37}$$

の値を求めて，次週の実験の開始前にホワイトボードに記入する.

(C–10)　このとき，経路 A–E，E–H，D–H の値は無視してもいい．どうしてか？

(C–11)　実験 E で rot を求めるための測定はどの点のどの方向の磁束密度か？

(5.35) 式を見て，図 7 の該当する磁束密度ベクトルの矢印を○で囲うこと.

注　台形近似

データ (x_i, y_i) ただし $i=1,\cdots,N$ があったとき，面積の近似値 S を

$$S = \sum_{i=1}^{N-1} \frac{(y_{i+1} + y_i)(x_{i+1} - x_i)}{2} \tag{5.38}$$

として求める近似を台形近似と呼ぶ．台形の面積は「(上底 + 下底) × 高さ ÷ 2」であることによる．

実験 D　穴あき永久磁石の場合のアンペールの法則

(D–1)　経路

コイルの場合と同様に図 14 の経路で測定することを考える．

今回用いる穴あき磁石がつくる磁束密度は，実験 C で 1 A を流したコイルがつくる磁束密度のおよそ 100 倍である．穴を通る経路 A–D–H–E–A の磁束密度の線積分 (を μ_0 で割った値) は何アンペアになると予想されるか．

(D–2)　経路 A–D の測定

経路 A–D の経路方向 (穴あき磁石の中心軸方向) の磁束密度を測定したい．(時間の都合上) 粗い測定でよいが，磁石付近は複雑な動きをするので，あらかじめプローブを経路に沿って動かしてみて，大まかな傾向を見てみること．複数ある極大，極小値付近の点と，A 点付近の点，合わせて 5 点程度測定して，グラフにプロットせよ．面積を求める必要はない．

❖ **応用課題 D–1**　測定 D–2 を詳しく行って面積を求めてみよう．

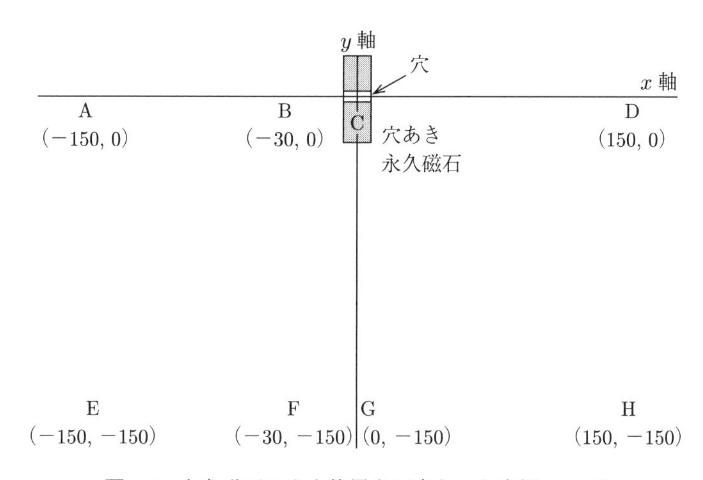

図 14　永久磁石の中心位置を原点とした座標 A ∼ H

実験 E　磁場のローテーションの測定

(E–1)　準備

磁石は容器にしまう．コイルを用いる．方眼紙の上にコイルを置き，1 A の電流を流して，コイル台の位置を記入する．次に測定する点を，各自 2 か所以上決める．これまでの実験と同様に，ガウスメーターのゼロリセット A を行う．図 8 (c) のように，プローブ先端をゼロガウスチャンバーに差し込み，ゼロ設定を行う．ガウスメーターの Zero Probe キーを押し，Enter キーを押す．しばらくして 0 mT の表示に戻ったらゼロ設定終了である．

(E–2)　rot 測定 (1)

図 7 の正方形の各辺中央の B_x, B_y のうち rot に必要な成分を測定する．ここでは赤色位置合わせスコヤ (図 15) を使ってプローブの位置を決め，値を読み取る．このとき，プローブの方向も同時に記入する．赤色位置合わせスコヤの上部の透明な部分は 10 mm × 10 mm の正方形になっているので，これを使って測定位置を合わせるとよい [ここでは赤色位置合わせスコヤの電線には電流を流さない．コイルには (E–1) で 1 A を流した状態のままにする]．

図 15　赤色位置合わせスコヤ

(E–3)　rot 計算 (1)

原理 **3.5** の解説に従って，rot の値を計算する．rot の計算に用いた 4 つの磁束密度の絶対値と比較して十分小さいといえるか？ なお上記は，各自別の点で行うこと．

(E–4)　rot 測定 (2)

赤色位置合わせスコヤの上部の正方形をバナナ端子付きケーブルが貫通している．このケーブルに 1 A の電流を流して (E–2) と同様に rot の測定を行う．1 A

の電流を流す際は同時にコイルにも電流を流すように配線すること．

(E–5)　rot 計算 (2)

(E–3) と同様に rot の z 成分を計算する．時間に依存しないマクスウェルの方程式との一致について考察する．

✣応用課題 E–1

座標軸 (グラフ用紙) を 45 deg 回転させてから同じ点で測定するとどうなるか？

rot の演算を，最初に決めた座標系 (S 系と呼ぶ) で行う場合と，S 系を θ だけ回転させた座標系 (S$'$ 系と呼ぶ) で行う場合で同じになることを，計算と実験で確認してみよう．

✣応用課題 E–2

10 cm × 10 cm の領域を考える．この領域は 1 cm × 1 cm の 100 個の小領域に分割できる．この 100 個の小領域に対して，rot の測定を (100 回) 行い，それを合計したとする．

その合計と，もとの 10 cm × 10 cm の領域の周囲の周回積分との関係はどうなるか？ (ヒント：ストークスの定理)

✣応用課題 E–3

(E–4) では rot を計算して電流密度と比較した．(E–3) の測定を，rot の測定でなくアンペールの法則の周回積分の測定と考えたとき，アンペールの法則はどのように検証されるか．それとマクスウェルの方程式との関係はどうか．

✣応用課題 E–4

10 mm の正方形でなく，もっと小さい，あるいは大きい正方形で行うと精度が向上するかどうか？

■参考課題 1　仮想的な「磁荷」

磁石が外部につくる磁束密度は，磁極に仮想的な「磁荷」が存在しているとみなして，(あたかも電荷に対する電場のように) 磁荷から放射状に磁場が広がっているとしても計算できる (求まるのは磁束密度 $\boldsymbol{B}$ ではなく磁場の強さ $\boldsymbol{H}$ であるが，磁石の外部 (真空中) では両者は $\boldsymbol{B} = \mu_0 \boldsymbol{H}$ の比例関係があるので，結果的に $\boldsymbol{B}$ が求まる)．棒磁石の磁極付近の磁場は，磁石が十分に長ければ，他方の磁極からの影響を無視することができる．長い棒磁石の磁極付近の磁束密度を測定し，B が距離の 2 乗に反比例することを確かめよ．

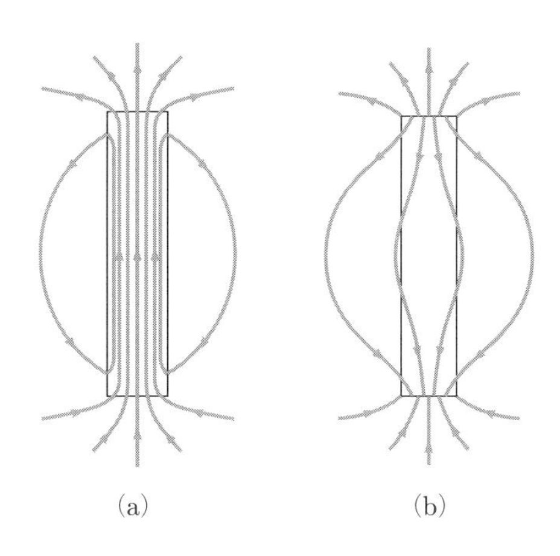

図 16　細長い円柱状の磁石がつくる磁場．(a) は側面を流れる磁化電流がつくる磁束密度 $\boldsymbol{B}$，(b) は磁極がつくる磁場の強さ $\boldsymbol{H}$ を表す．

付録　原子の磁気モーメントの起源

磁石が磁場をつくり出す起源は長い間謎であった．19 世紀に古典電磁気学が確立されるとともに現象論的に磁石がどのような磁場をつくるかを記述できるようになった．その後，19 世紀の終わりに電子が発見され，20 世紀に入って量子力学が発展するとともに，原子の中の電子が極小の磁石として振る舞うことが発見された．とはいえ，強力な磁石をつくることや磁気記録媒体 (ハードディスクなど) を高性能にするために優れた性質をもつ磁石をつくり出すことは，未だに物理学の最先端の研究課題であり続けている．

それでは，まずは原子の古典論的なモデルとして，正の電荷を帯びた原子核のまわりを負の電荷を帯びた電子が回転しているとしよう．回転する電子を円電流として扱うことで，この原子がつくる磁場を計算できる．図 17 のように，$-e$ の電荷を

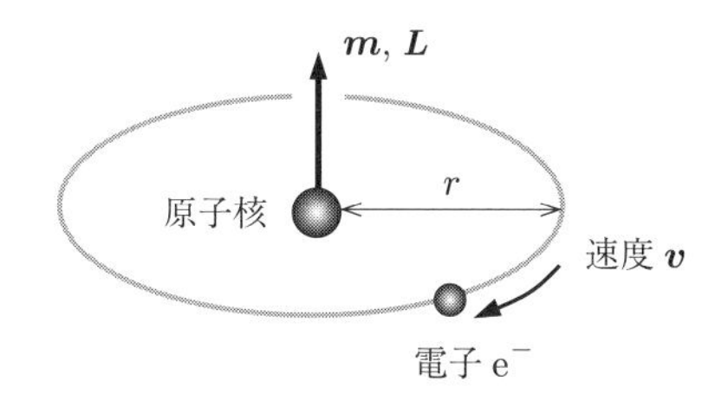

図 17　原子の古典的なモデル

もつ電子が原子核から半径 r の距離にあり，速度 v で回転しているとしよう．すると，円周の長さは $2\pi r$ であり，電子は $2\pi r/v$ 秒に1回転するから，

$$I = \frac{ev}{2\pi r} \tag{5.39}$$

となる．**3.2** で述べたように，円電流が遠方につくる磁束密度は磁気モーメント

$$\boldsymbol{m} = I\pi r^2 \boldsymbol{e}_z = \frac{erv}{2}\,\boldsymbol{e}_z \tag{5.40}$$

によって記述することができる．

さて，回転する電子の運動は角運動量によって記述することができる．原点から位置 $\boldsymbol{r}$ で運動量 $\boldsymbol{p} = m_{\mathrm{e}}\boldsymbol{v}$ で動く粒子の角運動量は

$$\boldsymbol{L} = \boldsymbol{r} \times \boldsymbol{p} = m_{\mathrm{e}}\boldsymbol{r} \times \boldsymbol{v} \tag{5.41}$$

したがって，上の磁気モーメントの式と比較すると，

$$\boldsymbol{m} = \frac{e}{2m_{\mathrm{e}}}\boldsymbol{L} \tag{5.42}$$

の関係がある．さて，電子のように極微の軽い物体では，L もたいへん小さい．そのスケールでは物体の運動の仕方に不連続性が現れることが知られ(量子論)，たとえば L は $\hbar$ を単位として，飛び飛びにしか値を変えられない．最も単純な水素原子のモデルでは，中心に原子核があり，その引力を受けた1つの電子が存在する．このとき，シュレディンガー方程式を解くことで電子の波動関数が得られる．この波動関数は角運動量演算子の固有関数なので，電子は角運動量演算子の固有値として一定の角運動量をもつことが結論できる．原子の中の電子はこの角運動量に対応した磁気モーメントをもつ．また，電子は素粒子として固有の自転角運動量(スピン角運動量)をもち，対応する磁気モーメントをもつ．2つの角運動量を区別するため，原子核のまわりの回転運動に起因する角運動量を軌道角運動量，素粒子としての自転角運動量をスピン角運動量と呼ぶ．水素原子モデルでは電子は主量子数 n，方位量子数(軌道角運動量量子数) l，磁気量子数 m をもち，l が大きいほど大きな軌道角運動量をもつ．軌道角運動量は方位量子数の $\hbar$ 倍なので，単一の原子の磁気モーメントは，$l = 1$ のケースでボーア磁子

$$\mu_{\mathrm{B}} = \frac{e\hbar}{2m_{\mathrm{e}}} = 9.27 \times 10^{-24}\,\mathrm{A\,m^2} \tag{5.43}$$

程度の値をもつ．スピン角運動量も同程度の磁気モーメントをもたらすが，ここでは詳細に立ち入らない．

鉄やコバルト，ニッケルなどの遷移金属元素は 3d 軌道 ($n = 3$, $l = 2$) の電子を最外殻にもつ．また，ネオジムやサマリウム，ジスプロシウムなどの希土類元素は 4f 軌道 ($n = 4$, $l = 3$) の電子を最外殻にもつ．これらの元素は大きな磁気モーメントをもつため，これらの元素を含む物質は強力な磁石になることがある．たとえば，鉄酸化物を主原料とするフェライト磁石や，ネオジム，鉄，ホウ素を主原料とするネオジム磁石など多くの物質が強力な磁石として実用化されている．

実験 6

GM 計数管と霧箱による放射線の測定

1. 目　的

不安定な原子核が単位時間あたり一定の確率で崩壊し，その原子番号や質量数が変化する．このとき原子核から α 線，β 線，γ 線などの放射線が放出される．この実験では，Geiger–Müller (GM) 計数管を用いた ^{40}K 線源の壊変率の測定と，霧箱を用いたウラン鉱石からの α 線および β 線の観察を通して，放射線の遮蔽や放射線と物質の相互作用について学ぶ．

2. 実験概要

実験 A　塩化カリウム KCl に含まれる放射性の ^{40}K からは β 線が放出される．これを GM 管で計数し，線源の壊変率を求める．

(1)　測定の準備と自然計数 (バックグラウンド) の測定を行う．

(2)　放射線源からの β 線を，吸収板 (アルミニウム) の厚さを変えて測定する．

(3)　計測値に以下の補正を行って，壊変率を求める．

①　自然計数の差し引き ［(1) の結果を利用］．

②　幾何学的効率の補正．

③　空気および GM 管の窓による β 線の吸収の補正 ［(2) の結果を利用］．

実験 B　霧箱を用いてウラン鉱石から放出される α 線および β 線の飛跡を観察する．

3. 原　理

3.1　放射線

高エネルギーの粒子線や電磁波が放射線である．その放射線を出す物質のことを放射性物質と呼ぶ．そして，放射線を出す能力を放射能と呼ぶ．歴史的な経緯により，いまでも放射性物質のことを放射能と呼ぶことがあるため注意を要する．その場合でも，放射能と放射線はまったく別ものである．

放射線に特徴的な電離作用は，その高いエネルギーが原因である．エネルギーの単位としては電子ボルト eV がよく使われる．放射線は典型的に MeV(メガ電子ボルト) のエネルギーをもつ．1 eV とは，電気素量 (およそ 1.60×10^{-19} C) の電荷をもつ粒子が電位差 1 V で加速されるときに得るエネルギーであり，およそ 1.60×10^{-19} J である．また電子ボルトを光速度 c の 2 乗で割ったものは粒子の質量の単位としても用いられ，1 eV/c^2 はおよそ 1.78×10^{-36} kg である．

放射線にはさまざまな種類があり，その振る舞いも種類によって異なる．以下に代表的な放射線をあげる．

アルファ線 (α 線)：放射性同位体の α 崩壊によって放出されるヘリウム 4 (^{4}He) の原子核 (α 粒子) の粒子線のこと．α 粒子は電気素量の 2 倍の大きさの正電荷をもち，質量はおよそ 6.64×10^{-27} kg (3.73 GeV/c^2) である．α 線は，それを放出する原子核の種類によって一定のエネルギーをもち，その典型的な値は 5 MeV 程度 (4～9 MeV) である．

ベータ線 (β 線)：放射性同位体の β 崩壊によって放出される電子 (β 粒子) の粒子線のこと．β 崩壊とは，中性子過剰な原子核が電子と反電子ニュートリノを放出して，中性子が 1 個の陽子に変わる現象である．電子 (β 粒子) は電気素量の大きさの負電荷をもち，質量はおよそ 9.11×10^{-31} kg (0.511 MeV/c^2) である．β 線のエネルギーは一定ではなく，放出する原子核の種類によって定まる最大エネルギーから 0 までの連続した広がりをもつ [崩壊に伴うエネルギーを電子とニュートリノ (中性微子ともよぶ) が分け合うため]．典型的な最大エネルギーは 1 MeV 程度である．

陽子線：陽子の粒子線のこと．陽子は電気素量と等しい正電荷をもち，質量はおよそ 1.67×10^{-27} kg (938 MeV/c^2) である．

中性子線：中性子の粒子線のこと．中性子は電荷をもたず，質量はおよそ 1.67×10^{-27} kg (940 MeV/c^2) である．

ガンマ線 (γ 線)：エネルギーが数百 keV から数 MeV である電磁波のこと．原子核内のエネルギー準位の遷移に伴って放射される電磁波がこの程度のエネルギーをもつ．電磁波には波と粒子の二重性があるが，エネルギーが高い γ 線は波としての性質はほとんどなく，むしろ光子と呼ばれる粒子だと捉えたほうがわかりやすい．

エックス線 (X 線)：エネルギーがおよそ 100 eV から数百 keV の電磁波のこと．原子内の軌道電子の遷移に伴って放射される電磁波がこの程度のエネルギーをもつ．

3.2 放射線と物質の相互作用

α 線や β 線のような電荷をもった粒子 (荷電粒子) が物質中に入射すると，そのクーロン力によって物質中の原子や分子を励起またはイオン化 (電離) する一方で，自身は次第にエネルギーを失ってやがて停止する．物質が，入射した荷電粒子にもたらす単位厚さあたりのエネルギー損失を阻止能 (Stopping Power) と呼び，これは物質中の密度におよそ比例することが知られている．ある物質の阻止能 $S(E)$ は，荷電粒子がその物質中を進んだ距離を x とすると

$$S(E) = -\frac{\mathrm{d}E}{\mathrm{d}x} \tag{6.1}$$

と表せる．また，放射線が物質中を停止するまで進む距離を飛程 (Range) と呼ぶ．飛程 R は

$$R(E_0) = \int_0^{E_0} \frac{\mathrm{d}E}{S(E)} \tag{6.2}$$

で求めることができる．図 1 に α 線および β 線，陽子線に対する空気の阻止能を，図 2 に空気中でのそれらの飛程を示す (20 ℃，1 気圧における乾燥空気での値)．物質の阻止能は，荷電粒子の種類や運動エネルギーによって大きく異なることがわかる．特に，粒子の速度 v が小さくなると (ただし，$v/c > 1/40$ 程度)，励起やイオン化によるエネルギー損失は荷電粒子の速度の 2 乗に反比例して大きくなることが知られている．α 線は β 線に比べ質量が 7300 倍も大きいので速度もそれに応じて「遅く」，また阻止能は荷電粒子の電荷の 2 乗に比例するため，α 線は β 線よりも長さあたりのエネルギー損失が圧倒的に大きい．よって飛程は短い．

一般に，飛程は α 線の場合，空気中で数 cm 程度 (5 MeV の α 線だと約 4 cm)，固体であればコピー用紙 1 枚程度で止まるから，遮蔽は容易である．β 線の場合，最大エネルギー 1 MeV から 2 MeV のものを考えると，アルミニウム板で 2 mm から 4 mm，プラスチック板なら 10 mm から 15 mm の厚みですべて止まる．

一方，γ 線や X 線といった電磁波 (光子) と物質の相互作用は，α 線や β 線といった荷電粒子の場合と全く異なる．荷電粒子は次々に電子を散乱して徐々にエネルギーを減衰させていくのに対し，γ 線や X 線はなかなか電子と反応せず，したがって透過力が強い．まれに 1 つの電子を高いエネルギーで弾き出すことで一気にエネルギーを失う (コンプトン散乱) かまたは消滅してしまう (光電効果) が，これらの過程が起こるかどうかはある確率 (それらの反応の断面積とよばれる量) で決まっているため，透過距離に応じて指数関数的に光子の数が減少する．たとえば 1 MeV 程度の γ 線がわれわれの体 (ほとんどが水) を通る場合を考えると，そのうち数割が反応を起こすことなく貫通してしまう一方で，残りのものは体内で高エネルギー電子を生み出し，その電子の飛跡に沿ってイオン化が引き起こされること

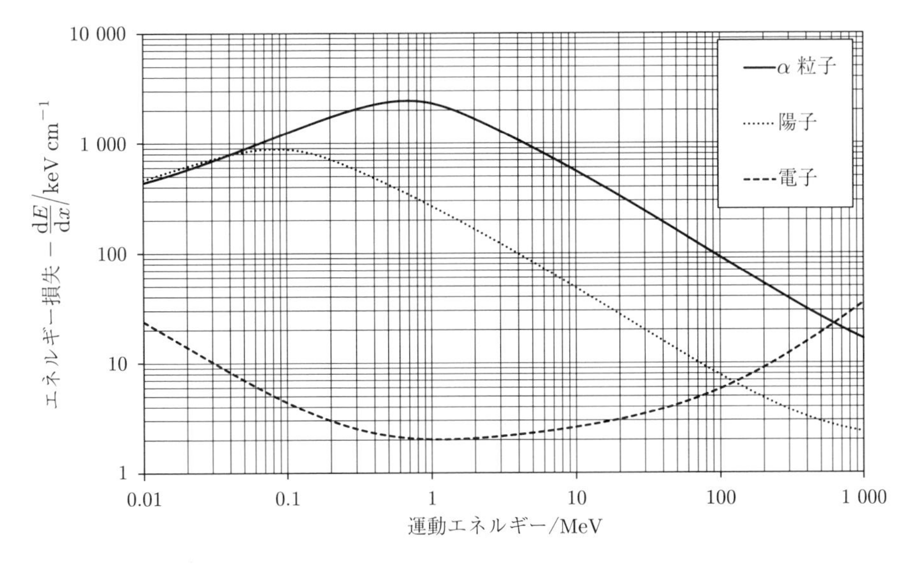

図 1　さまざまな荷電粒子に対する空気の阻止能

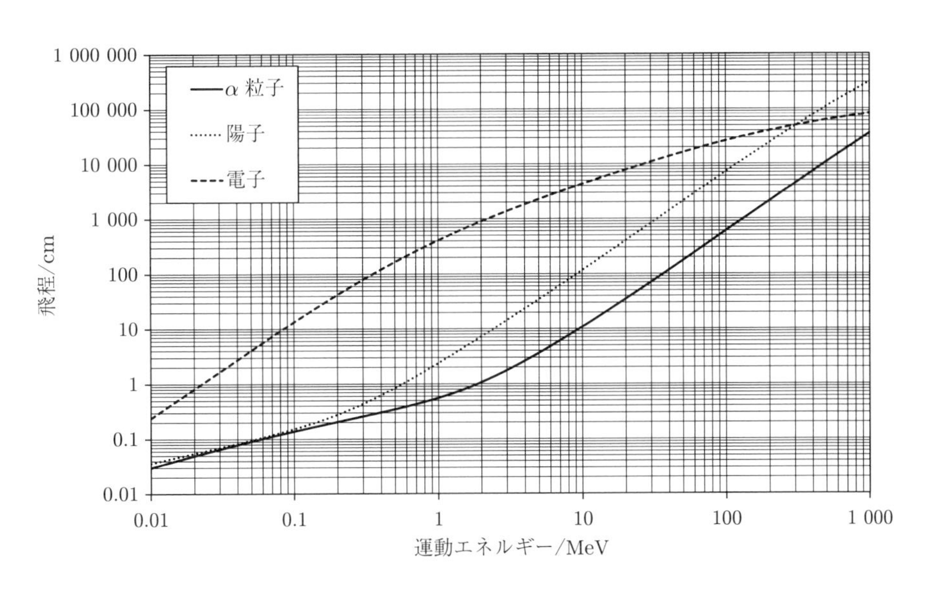

図 2　さまざまな荷電粒子の空気中での飛程

になる．このような透過力の大きい γ 線の遮蔽には数十 cm 厚の鉛ブロックや，数 m 厚のコンクリート壁が必要となることもある．

3.3 原子核の崩壊と壊変率

放射性物質とは，不安定な原子核 (放射性同位体 = ラジオアイソトープ) を含む物質のことである．

原子核は陽子と中性子で構成される．原子核の種類 (核種) を記すときには，元素記号の左上に質量数 (陽子数と中性子数の和) を書き，左下に原子番号 (陽子数) を書く (陽子数は省略可能)．安定な原子核は陽子数が 1 の水素から 82 の鉛まで 300 種類近く存在する．人工的に生成されたものを含めると，これまでに 3000 種類もの原子核が見つかっている．それらのほとんどが不安定な放射性核種であり，α 崩壊や β 崩壊を起こす (崩壊のことを壊変ともいう)．原子核の不安定さの度合いは核種によってさまざまであり，ナノ秒よりずっと短い時間で崩壊を起こすものもあれば，数十億年以上かけて崩壊する核種もある．崩壊が進んで，もとの放射性同位元素の数が半減するまでの時間を，その同位体の半減期という．1 秒あたりの崩壊個数 (壊変率) を Bq (ベクレル) という単位で表す．これは放射能の単位である．

原子力発電はウラン 235 (^{235}U) に中性子を吸収させることで引き起こされる核分裂の膨大なエネルギーを利用しているが，核分裂によって生じる多種多様な原子核の多くは中性子過剰なため，β 崩壊を起こして β 線を放出し，またそれに伴って γ 線を放出するものもある．

天然の岩石や土壌にもウラン (U) やトリウム (Th) などの放射性核種が微量ながら含まれている．これらの重い原子核は一連の崩壊系列をなしている．α 崩壊では原子核の質量数が 4 だけ減り，β 崩壊では変化しないので，結果として系列を通して質量数を 4 で割った余りの数は保存する．余りの数に応じて 4 種類の崩壊系列が存在することになるが，このうち余りが 2 のものをウラン系列とよぶ．図 3 に示すようにウラン 238 (^{238}U) を起点とする系列である．実験 B で観察する放射線は，ウラン系列の元素を含む天然のウラン鉱石から出るものである．^{238}U の半減期が 45 億年と非常に長いため，尽きることなく一連の崩壊が継続し，段階を追って安定核種 ^{206}Pb へと徐々に変化していく．この過程で α 線や β 線，γ 線が放出される．

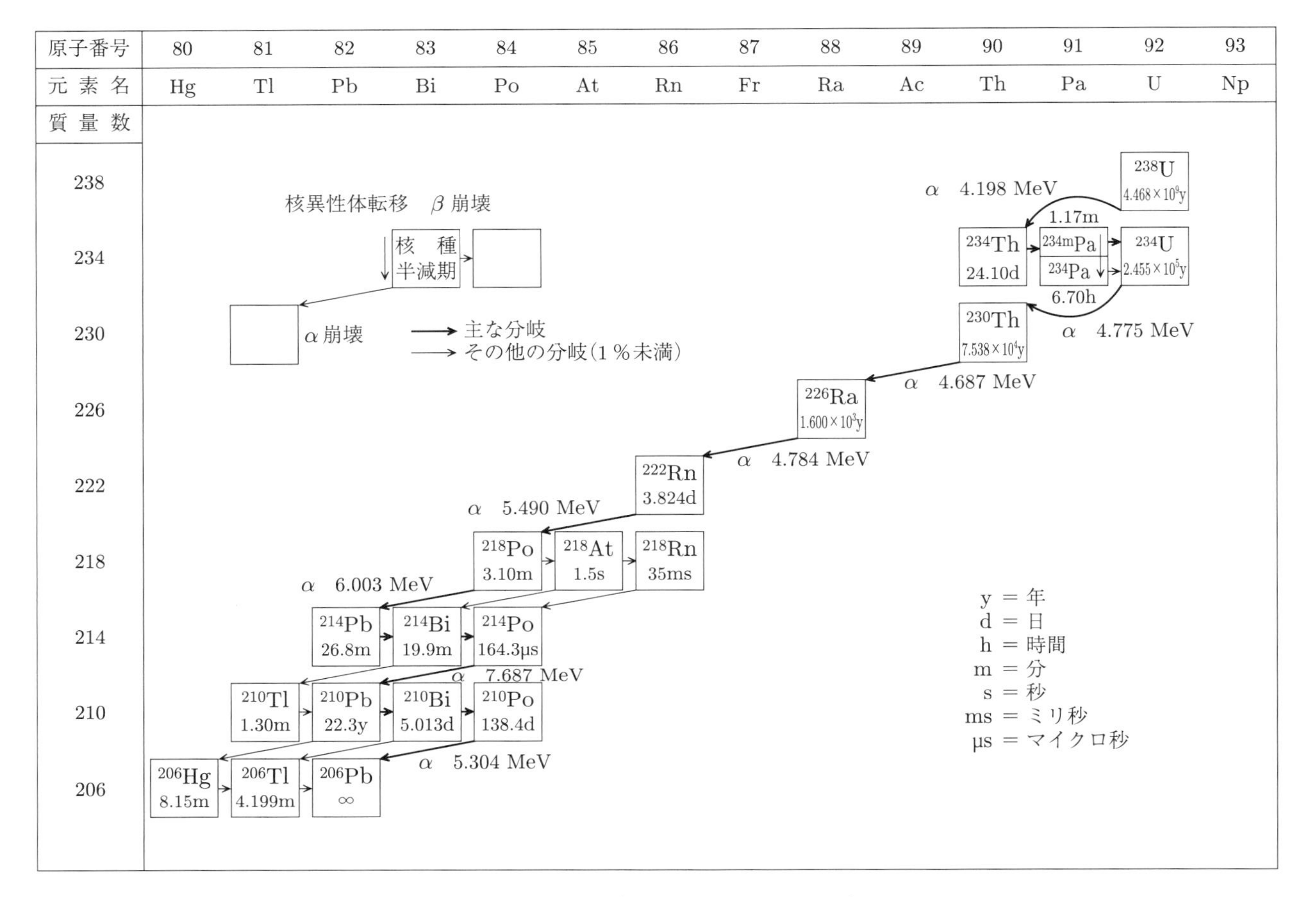

図 3 放射性崩壊系列：ウラン $(4n+2)$ 系列

3.4　計数測定と飛跡測定

原子核の崩壊はミクロ (微視的) な現象である．たとえば β 崩壊では核内の 1 個の中性子が陽子に変わり，電子 (β 粒子) およびニュートリノを各 1 個放出する．この 1 個の電子をマクロ (巨視的) な量である電気信号に拡大して数えるのが GM 管であり，このように粒子を 1 個 1 個数える測定を**計数測定**という．この方法は，崩壊による荷電粒子の飛跡をとらえて分析する**飛跡測定**と並んで，さまざまな放射線を測定する有力な手段となっている．

3.5　壊変率の測定方法

測定する線源には塩化カリウム (KCl) を用いる．人間にとって必須元素であるカリウムには，0.012 % の割合で放射性のカリウム 40 ($^{40}_{19}$K) が含まれている．$^{40}_{19}$K は図 4 の崩壊図式 (壊変図式) に示したように，89 % の分岐比で β 崩壊して $^{40}_{20}$Ca となる一方，残り 11 % の分岐比で電子捕獲 (原子核内の陽子が原子の軌道電子を捕獲して中性子に変わり，結果として原子番号が 1 だけ小さい核種に変わる現象；EC = Electron Capture) によって $^{40}_{18}$Ar になり，同時に γ 線を放出する．

計数の測定では，図 5 および図 7 に示すような端窓型 GM 計数管 (「**4．**実験装置」参照) を用いる．GM 管の中に入った β 線が効率よく検出されるのに対し，γ 線に対する GM 管の検出効率はせいぜい 1 % 程度と低いので，今回の測定では β 線だけを考える．β 崩壊では電子とともに，ニュートリノ (反電子ニュートリノ) も同時に放出され，その二者でエネルギーを分けあうため，電子のエネルギーは最大エネルギー 1.311 MeV から 0 MeV まで連続的に分布する．なお，ニュートリノは地球をもほとんど貫通してしまうため，一般の放射線測定器ではまったく検出で

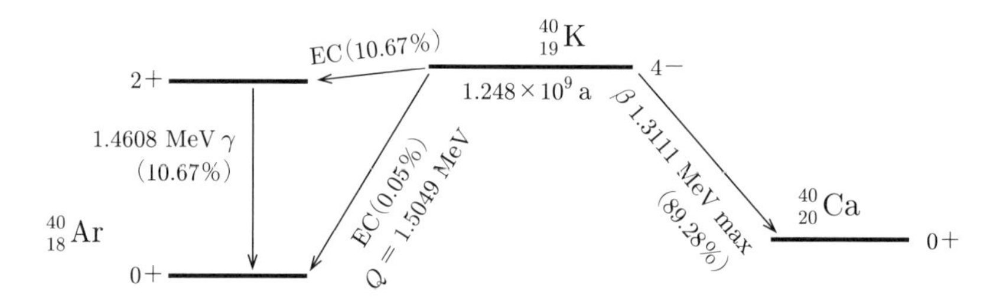

図 4　$^{40}_{19}$K の崩壊図式 (図中 a とあるのは年のことで，y または yr と表記することもある．)

きない．

予習問題 1 1 g あたりの塩化カリウム (KCl) の放射能 (壊変率) を求めよう．

モル数を計算し，それにアボガドロ数を掛けて得られる原子核の総数のうち 0.012 % が，1 g の KCl に含まれる $^{40}_{19}$K 原子核の個数である．半減期が 12.48 億年ということは，1/e になるのはその 1.443 倍の 18.0 億年である．これが平均寿命を与える．つまり，$^{40}_{19}$K の個数を秒に換算した平均寿命で割ることで $^{40}_{19}$K の壊変率を求めることができる．

GM 管を用いて壊変率を求めるためには，一般に次の点に注意が必要である．

① 計数率が高いと，GM 管が数え落としをする．

② 宇宙線やコンクリートあるいは人の体内に存在する ^{40}K の γ 線が GM 管に計数される．

③ GM 管に入る β 線は線源から放射される β 線の一部で，全部を計測することができない．

④ 途中の空気層や GM 管の窓で，一部の β 線が吸収される．

⑤ 線源から GM 管とは異なる方向に放射された β 線の一部は机など周辺の物質，あるいはまわりの空気などに散乱され (後方散乱と呼ばれる)，GM 管に入ることがある．

これらの問題点を解決するために，次に説明する補正を行う．①,② に対する補正は「**4．** 実験装置」および「**5．** 実験」の項で述べる．

③ を解決するために，線源と GM 管の配置による幾何学的効率を考える．

線源に含まれる個々の放射性同位元素からの β 線は等方的に放射される一方，GM 管は線源の上にしかないので，下方に放出された β 線は観測にかからない．線源が平面内に一様に広がる面線源であって，その面積が，すぐ近くまで近づけた GM 管の窓の面積に比べて十分大きいと考えられるときには，幾何学的効率 G は理想的には最大 1/2 となる．

④ を補正するためには，β 線の吸収がどのように起こるかを考える必要がある．放射性同位体から放射される β 線は特有の連続的エネルギー分布をもっている．また，β 線は高速の電子であるため，β 線が物質中を通過するときに 1 回の電離・励起作用によって失うエネルギーはその運動エネルギーに比べてきわめて小さく，ま

た，質量が小さいため，非常に散乱されやすい．これらの理由が複雑に絡まって，β 線の行路に薄い物質層を置くとき，それを通過して出てくる粒子数は層の厚さに対してほぼ指数関数的に減少することが知られている．すなわち，縦軸に透過粒子数と入射粒子数の比 $\left(\frac{I}{I_0}\right)$ の対数をとり，横軸に吸収板の厚さをとるとだいたい直線のグラフが得られる．また，吸収板の厚さを単位面積あたりの質量で表すと，吸収曲線は吸収板の物質によらず，だいたい同じものになることが知られている[注1]．

注1　電子が物質のある厚さの層を進む間に受けるエネルギー損失は，その間に出会う物質中の電子数にほぼ比例し，したがって，「原子番号」×「原子の数密度」に比例する．一方，原子番号は原子の質量数にほぼ比例するから，結局，「質量数」×「原子の数密度」，すなわち質量密度にほぼ比例することになる．したがって，厚さを単純に長さの単位で測るのではなく，それに密度を掛けた次元として，すなわち，単位面積あたりの質量で測れば，吸収は物質やその状態 (気体，液体，固体) にあまりよらない．

ここでは，吸収の補正は，実際にアルミ板の吸収曲線をとってみて，薄膜，空気などの補正すべき吸収層の厚さだけ曲線を左に外挿して，吸収なしの場合の計数を求めるという方法によって行う．

⑤を補正するためには，後方散乱のある場合とない場合との計数の比として定義される後方散乱率を求めればよい．しかし，その値は線源のそばにある物質 (たとえば机や支持台) の原子番号，厚さ，線源と計数管の配置などいろいろの条件により大きく変わる．ここでは後方散乱は無視できるとして，考慮しないことにする．

3.6　過飽和気体を通過する荷電粒子

気体を静かに冷却すると，凝縮点以下になっても液化せず，過飽和状態が出現することがある．過飽和状態の中を荷電粒子が通過すると，上述の荷電粒子と気体の原子・分子の衝突過程によって生成されたイオンを核にして，液滴が荷電粒子の飛跡に沿って生じる．霧箱は，このようにして生成した液滴の連なりを粒子の飛跡として観察できるように工夫された装置である．

4. 実験装置

4.1 端窓型 GM 計数管の構造と動作原理

GM 計数管は図 5 のように，円筒状陰極とその中心軸に沿って張られた細い陽極とからなり，管の中にはアルゴンのような不活性ガスと，エチルアルコールなどの有機多原子分子気体が，約 10 : 1 の割合で 10^4 Pa 程度 (大気圧の 10 分の 1 程度) の圧力に封入されている．また，陽極と陰極の間には 1000 V 程度の高電圧がかかっている．図は特に β 線の計数用につくられた端窓型を示す．この型では一端がごく薄い雲母またはプラスチック薄膜の窓になっていて，ここから β 線が管内に入射する．

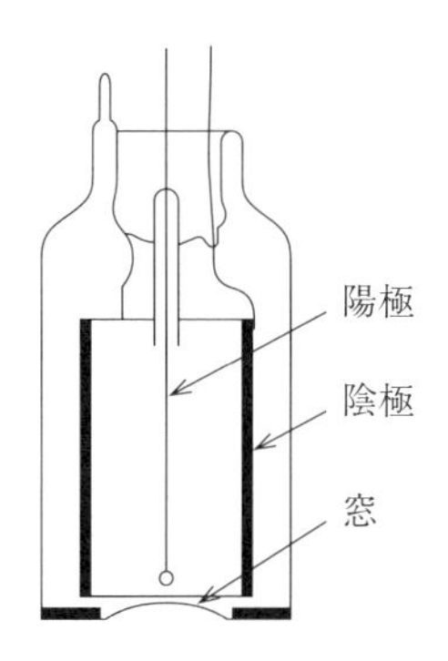

図 5 端窓型 GM 計数管

GM 計数管では，**ガス増幅** (gas multiplication)[注2]によって，1 個の荷電粒子通過を電流パルスとして測定する．管の大きさ，電圧によるが，電流パルスの尖頭値は $10^{-7} \sim 10^{-5}$ A に達する．

注2 高エネルギーの荷電粒子 (たとえば β 線) が計数管のガス中を通ると，ガス分子との衝突によって電離を引き起こし，飛跡に沿って多数の電子–イオン対を生じる．生じたイオンは強い電場の中に置かれているため，陽イオン (原子または分子が 1 個ないし数個の軌道電子を奪われて正に帯電したもの) は陰極に向かい，電子は陽極に向かって運動を起こす．特に電子はすみやかに移動し，陽極 (中心線) の近くの強い電場により加速され，新しくガス分子を電離しうるような大きなエネルギーをもつようになる．新しく生じた電子は，さらにイオンをつくるから，ネズミ算式に非常に多数の電子の群が生じる (電子なだれと呼ばれる)．また，荷電粒子および 2 次電子により励起されたガス分子が，再び基底状態に戻るときに出す短波長の紫外線，および陽イオンと電子の再結合に際して出る短波長の紫外線が，ガス分子や電極に当たってつくり出される電子も，電子なだれの生成に関与している．この電子なだれ

によって，電離電流が増幅される“ガス増幅”が進行する．

予習問題2　1個の原子または分子をイオン化するにの必要なエネルギーはどれほどだろうか．水素原子を例にとり，基底状態 (1s 軌道) の電子の束縛エネルギーは何 eV かを考えよ．他の原子や分子の最外殻電子のイオン化エネルギーは同程度である．

GM 計数管の陽極と陰極の間の電場で加速される電子の得るエネルギーと比べるとどうなっているか．また，GM 計数管に入射する β 線のエネルギーは，それらに比べるとどうか．

ここではエネルギーは J の単位ではなく，eV (または keV，MeV) で考え，桁で比較すれば十分である．

GM 計数管が引き続いて入射する粒子を分別して計数しうるためには，できるだけすみやかに放電を止め，前の状態に戻すことが必要である．GM 計数管の封入ガスには，この放電を止める目的で，有機分子気体が混ぜられている．このようないわゆる**消滅ガス** (quenching gas)[注3]は，その働きを果たすごとにわずかずつ解離していくので，計数管には全体として計数できる限度 (計数寿命) がある．普通はその数は $10^8 \sim 10^{10}$ 個である．

注3　消滅ガスは陽イオンとの衝突や先に述べた過程で放出された紫外線を吸収した際，自ら分解して，光や電子を放出することが少ない．このため陽イオンの移動および陰極への紫外線の到達による第二次の電子なだれを抑制できる．

このように，放射線は MeV という，膨大なエネルギーを担っており，ガス中でイオン化によって生じた多数の電子を増幅する手法により，高い効率で検出することができる (GM 管は一般に β 線源に対して 50％近い検出効率がある)．一般に放射線は目に見えないが，放射線の種類に応じた適切な検出器を使うことで，非常によい感度で検出することが可能である．つまり，適切な測定により放射線防護に役立てることができる．

4.2　計数回路

GM 計数管より生じる電流パルスは，図6の回路で電圧パルスに変換され増幅される．波高選別器は，ある電圧以上のパルスが入ってきたときだけ計数回路に一

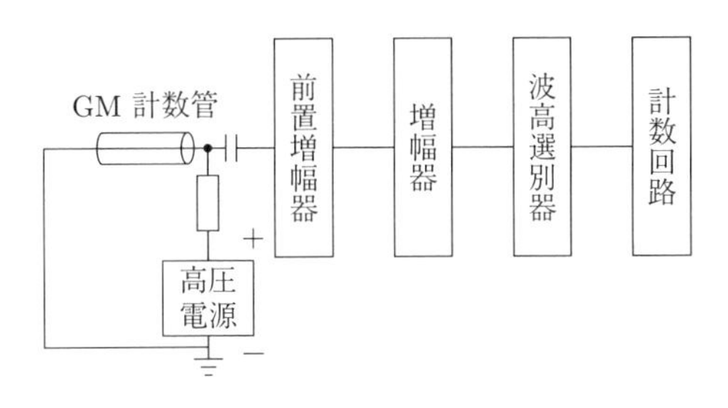

図 6　計数回路のブロックダイヤグラム

定の波形のパルスを送る．これはノイズを誤って数えるのを防ぐためのものである．計数回路は，パルス数を記録表示する．計数は，電子なだれがはじまってから終わるまでを 1 区切りとして，1 回と数える．そのために，荷電粒子通過によって電子なだれが起こっている最中に次の荷電粒子が通過しても，電子なだれが継続するだけで後の荷電粒子は計数されない．この計測できない時間は，**不感時間** (dead time) と呼ばれる．

GM 管の場合，不感時間 T は 10^{-4} s (100 μs) 程度である．このとき，真の計数率 n' (単位時間あたりの計数．単位は s^{-1}，cps (count per second) などが用いられる) は実測計数率 n から，次の関係によって求められる．

$$n' = \frac{n}{1 - nT} \tag{6.3}$$

計数率の単位として，min^{-1} や cpm (count per minute) も用いられる．

4.3　霧箱

この実験で使う霧箱は，エタノール蒸気で満たされており，底部が液体窒素によって冷やされ，上部はほぼ室温になっている．霧箱内部の対流によって運ばれるエタノール蒸気が霧箱内部の温度勾配によって急激に冷やされ，中間で過飽和の状態となる．この過飽和領域を荷電粒子線が通過すると，その飛跡を示すエタノールの液滴の列が観察される．

5.　実　験

実験をはじめる前に教科書と実験室内に掲示してある注意書きをよく読み，測定器の操作を誤らないように注意する．理解できない点があれば，担当教員の指示を求めよ．

実験中は次の点に注意せよ．

注意　計数管の窓は非常に薄く，ちょっとさわっても破れるおそれがあるので注意せよ．

GM 計数管の電極には高電圧がかかるので，窓の近くには触れないように注意せよ．

測定の準備

実験 A

(1)　本実験では，市販の GM サーベイメーター (図 7) のスケーラ機能を用いて，放射線の計測を行う．①電源スイッチを 2 秒以上押して電源を入れる．数秒間の自己診断後，もし，バッテリー不足を知らせる表示が出た場合は教員に知らせること．特に問題の表示がない場合には，②液晶表示器が測定状態表示になったら③ FUNCTION スイッチを押す．④▲スイッチまたは⑤▼スイッチを何回か押して “SCALER” という文字が表示されたら，⑥ MEMORY スイッチを押す．

(2)　プリセットタイム (P. T) の単位の表示部分 (sec もしくは min) が点滅するので，これを④▲スイッチまたは⑤▼スイッチを押して min (分) ［実験 7 の種目では sec (秒)］にした後，⑥ MEMORY スイッチを押す．

(3)　プリセットタイムの数字の表示部分が点滅するので，これを④▲スイッチまた

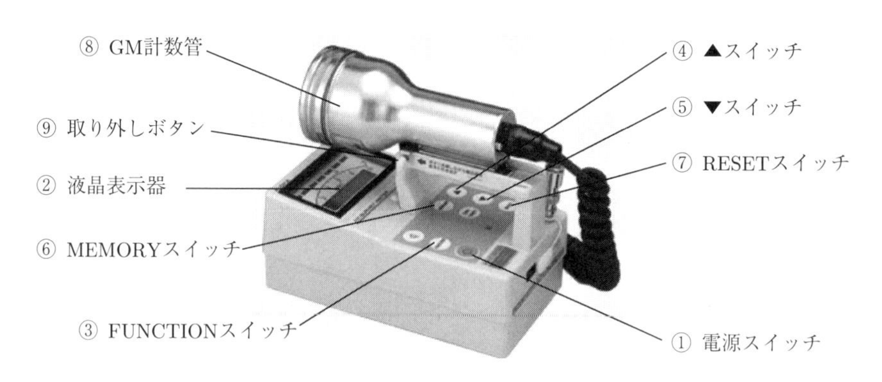

図 7　GM サーベイメーター (日立アロカメディカル製 TGS–146 型)

は⑤▼スイッチを押して，5分(実験7の種目では5秒)に設定し，⑥ MENORY スイッチを押す．以降，⑦ RESET スイッチを押すたびに計測が開始され，設定したプリセットタイムが経過すると停止する．測定者は，停止後の液晶表示(カウント数)を読み取ればいい．

(4) 机の上に，透明なアクリル製の支持台を置いて，GM 管を載せる．⑧ GM 計数管を本体から取り外し(⑨取り外しボタンを押しながら前方に引き出す)，窓を下にしてそっと設置する．なお，窓は薄い膜でできているので，取り扱いを誤ると破れる危険性がある．窓に指先やもの，特に鋭利なものが触れないように注意すること．この状態で，自然計数(バックグラウンド)を 300 s 間測定する．この測定を 3 回繰り返し，合計の計数を N_{b}，合計測定時間を t_{b} とし，計数率 $N_{\mathrm{b}}/t_{\mathrm{b}}$ を n_{b} と記す．N_{b} の値が 200 ～ 500 の範囲から著しくずれたら，教員に申し出よ．

$^{40}_{19}\mathrm{K}$ β 線の壊変率の測定

台紙を円形にくりぬいた領域に塩化カリウム(KCl)を一様に敷き詰めた試料を面線源として用いる．カリウム元素の原子核のうち 0.012 % は放射性同位体 $^{40}_{19}\mathrm{K}$ である．KCl は市販の減塩しおにも NaCl の代わりとして 50 % ほどの濃度で含まれている．

(1) 机の上に試料(線源)を置き，その上に覆い被さるように支持台を設置する．支持台に GM 管を窓が下向きになるようにそっと載せ，5 分間計測する．このとき，GM 管と KCl を敷き詰めた領域が同心円上になるように配置すること．次にアルミニウム吸収板を順次(必要なら重ねて)試料と GM 管の間に挿入し(板が GM 管の薄い窓に触れないように十分注意する)，各場合についてそれぞれ $t = 300\,\mathrm{s}$ ずつ計測する．以下，その計数値を N，計数率を n と記す．各々のアルミニウムの厚さはマイクロメーターで 1 枚ずつ測る．測り方は付録 B の「**3.2 マイクロメーター**」を参照せよ．厚さを測る場所を変えて 5 回程度測定し平均をとる．アルミニウムの密度 $\rho = 2.7\,\mathrm{g\,cm^{-3}}$ を用いて，吸収板の単位面積あたり質量(単位は $\mathrm{mg\,cm^{-2}}$)を求めよ．

アルミニウムの板は厚さがほぼ 0.1 mm，0.2 mm，0.4 mm の 3 枚が用意されている．測定は 0.1 mm，0.2 mm，0.3 mm の厚さについて行う(正確な厚さはマイクロメーターで測る)．時間に余裕があればそれ以外の厚さでも計測してみるとよい．

(2)　上記 (1) の測定結果から $\dfrac{N}{t^2}$，測定の準備 (4) から $\dfrac{N_\mathrm{b}}{{t_\mathrm{b}}^2}$ を求め，もし後者が大きければ，少なくとも両者が同程度となるまで自然計数の追加計測を行う．これは自然計数の粗雑な評価によりデータの統計精度が無用に下がるのを防ぐためである．

(3)　データはたとえば次の記録様式の一例にならってまとめるとよい．ここで単位面積あたりの質量で表した GM 管の窓厚 $a_1 = 2.5\,\mathrm{mg\,cm^{-2}}$，室温の空気の密度を $1.2\,\mathrm{mg\,cm^{-3}}$，試料と GM 管の窓とのわずかな距離 $h = 0.5\,\mathrm{cm}$，GM 管の窓の有効直径 $R = 5\,\mathrm{cm}$ とせよ．

記録様式の一例

装置番号 No.
GM 計数管の窓厚 $a_1 = \qquad \mathrm{mg\,cm^{-2}}$
試料と計数管の窓との距離 $h = \qquad \mathrm{cm}$　GM 計数管の窓の直径 $R = \qquad \mathrm{cm}$
試料と計数管の窓との間の空気層の厚さ $1.2\,\mathrm{mg\,cm^{-3}} \times h = \qquad \mathrm{mg\,cm^{-2}}$
バックグラウンド　$t_\mathrm{b} = \qquad,\ N_\mathrm{b} =$
$n_\mathrm{b} = \dfrac{N_\mathrm{b}}{t_\mathrm{b}} = \quad$，不確かさ $\sigma_\mathrm{b} = \dfrac{\sqrt{N_\mathrm{b}}}{t_\mathrm{b}} =$

注4　不確かさの導出は，●**参考**「計数の統計的取り扱いに関する補足」(6.11) 式および実験 7 の **3.2** を参照せよ．

(4)　片対数グラフ用紙を使い，縦軸に $n - n_\mathrm{b}$ を，横軸に吸収板の厚さを $\mathrm{mg\,cm^{-2}}$ の単位でとり，図 8 に示すような吸収曲線を描く．各測定に標準偏差 σ を付記しておく．$(a_1 + 1.2h)$ だけこれを左方に外挿し，外挿計数率 n_0 を求めよ．計算には単位に注意．

n_0 は，計数管の窓および試料と計数管の間の空気層による吸収がない場合の計数率と考えられる．

(5)　次式より試料の壊変率 A を求め，ノートに記せ．

$$A = \frac{n_0}{GB} \tag{6.4}$$

幾何学的効率は $G = 1/2$ とする．B は β 線放出割合といって，1 個の原子核が崩壊したときに β 線が放出される確率を表す．図 4 に示した ${}^{40}_{19}\mathrm{K}$ の崩壊図式に書

吸収板の厚さ d/m	0			
同 $\rho d/(\mathrm{mg\,cm^{-2}})$				
5 分間の計数 N				
計数率 n/s^{-1}				
$(n - n_\mathrm{b})/\mathrm{s}^{-1}$				
$\sigma = \sqrt{\dfrac{N}{t^2} + \dfrac{N_\mathrm{b}}{{t_\mathrm{b}}^2}} \Big/ \mathrm{s}^{-1}$				

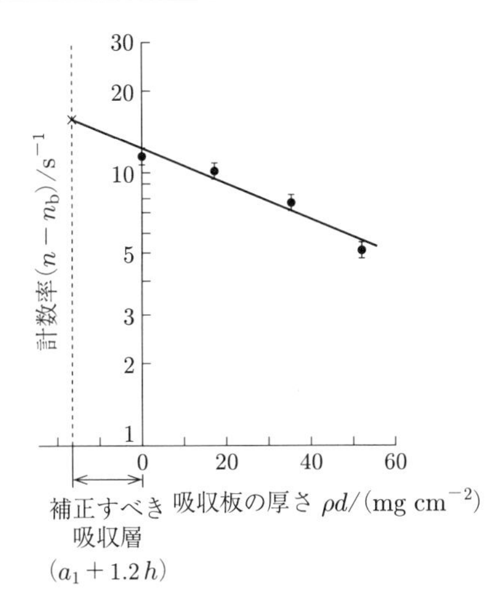

図 8　吸収板の厚さに対する計数率の変化

かれた分岐比に従って，$B = 0.89$ である．壊変率の SI 単位は Bq (ベクレル) である．

注 5　ここでは基本の技術，それに伴う基本の概念に関する初歩的な練習を目的とするので，試料の自己吸収，試料の広がりの補正など，正確を期するために必要な種々の考慮は割愛した．精度高く壊変率を求めるために広く採用されているのは標準試料と比較する方法である．

(6)　計測した壊変率 A は，試料線源のうち有効窓面積 $\pi R^2/4$ の範囲に対応する値である．試料を一様面密度の面線源とみなすと，単位面積あたりの壊変率は $4A/\pi R^2$ となる．その値を $\mathrm{Bq\,cm^{-2}}$ の単位で求めよ．

(7)　予習問題 1 の結果と合わせて考えると，KCl は何 $\mathrm{g\,cm^{-2}}$ の面密度で敷き詰められていることになるか．試料に記してある KCl の質量から求まる実際の面密度で割ると検出効率が計算できる．それらをノートに記すこと．

検出効率が 100 % から有意にずれるとすると，GM 管の窓の開口率 (85 %) や GM 管の β 線検出効率 (β 線のエネルギー分布も込みで)，後方散乱の寄与，幾何学的効率の実際などを考え直す必要があるだろう．余力があれば考察せよ．

質問 1　この実験では 5 分間計数したが，不確かさを 1 桁下げるには何分間の計数が必要か (実験 7 の **3.2** の統計的不確かさに関する記述を参照すること)．

質問 2　今回使用した GM 管の不感時間を $T = 10^{-4}\,\mathrm{s}$ とする．数え落としが 10 % を超え始める計数率はいくらか．

実験 B

霧箱での α 線と β 線の飛跡の観察

ここでは，2 つの霧箱が用意される．霧箱 1 は，天然のウラン鉱石をそのまま入れたもの，霧箱 2 はそれを食品用のラップで覆ったものである．ウラン鉱石内に含まれる放射性同位元素からは α 線や β 線，γ 線が放出されている．γ 線は，霧箱では直接観察することはできない．ただし，γ 線によってたたき出された二次電子の飛跡という形で観察されることはあり得る．

(1)　霧箱 1 で α 線および β 線とみられる飛跡をスケッチせよ．線源の位置に対して，飛跡のおよその方向や長さがわかるようにスケッチすること．α 線や β 線は飛跡の濃さや長さから判別する．それらで判別する理由をエネルギー損失の違いから考察してみよ．

(2)　霧箱 2 に入っているウラン鉱石は合計で 200 μm 程度の厚みになる食品用ラップで覆われている．α 線および β 線とみられる飛跡は観察されるか？ 霧箱 1 と見え方の違いがあるとすれば，その理由を考察せよ．

(3)　実験 A で使った端窓型 GM 計数管で α 線を検出できるだろうか？ GM 管の仕組みや α 線と β 線のエネルギー損失の違いを考慮してみよ．

●参考　計数の統計的取り扱いに関する補足　序章「測定量の扱い方」の6.5節で議論したように，計数値 $A, B, C, \cdots$ の標準偏差をそれぞれ $a, b, c, \cdots$ とするとき，関数 $f(A,\ B,\ C, \cdots)$ の標準偏差 σ は，次の式で与えられる．

$$\sigma = \sqrt{\left(\frac{\partial f}{\partial A}\right)^2 a^2 + \left(\frac{\partial f}{\partial B}\right)^2 b^2 + \left(\frac{\partial f}{\partial C}\right)^2 c^2 + \cdots} \tag{6.5}$$

特に，2つの計数 A, B の和 $A+B$ と差 $A-B$ それぞれの標準偏差 σ_{A+B} と σ_{A-B} は，(0.18) 式より，

$$\sigma_{A+B} = \sqrt{a^2 + b^2} \tag{6.6}$$

$$\sigma_{A-B} = \sqrt{a^2 + b^2} \tag{6.7}$$

と書ける．積 AB および商 A/B それぞれの標準偏差 σ_{AB}，$\sigma_{A/B}$ については，(0.21) 式より，以下のように書ける．

$$\sigma_{AB} = AB\sqrt{\left(\frac{a}{A}\right)^2 + \left(\frac{b}{B}\right)^2} \tag{6.8}$$

$$\sigma_{A/B} = \left(\frac{A}{B}\right)\sqrt{\left(\frac{a}{A}\right)^2 + \left(\frac{b}{B}\right)^2} \tag{6.9}$$

たとえば，t_{b} 秒間の自然計数が N_{b}，試料を入れて t_{a} 秒間測ったときの計数が N_{a} であったとすれば，2つの計数率の差

$$\left(\frac{N_{\mathrm{a}}}{t_{\mathrm{a}}}\right) - \left(\frac{N_{\mathrm{b}}}{t_{\mathrm{b}}}\right) \tag{6.10}$$

の不確かさは

$$\sqrt{\frac{N_{\mathrm{a}}}{{t_{\mathrm{a}}}^2} + \frac{N_{\mathrm{b}}}{{t_{\mathrm{b}}}^2}} \tag{6.11}$$

で与えられる．したがって，長時間測るほど精度は高められるが，一定の時間内になるべく高い精度を得るためには，測定時間を次式のように配分すればよいことも容易に証明できる．

$$\frac{t_{\mathrm{a}}}{t_{\mathrm{b}}} = \sqrt{\frac{N_{\mathrm{a}}}{t_{\mathrm{a}}} \bigg/ \frac{N_{\mathrm{b}}}{t_{\mathrm{b}}}} \tag{6.12}$$

すなわち測定時間をそれぞれの計数率の平方根に比例してわりふればよい．

◈コラム：放射能，放射線の単位

本実験で求めたBqであらわす壊変率，つまり1秒あたりの原子核の崩壊が起こる頻度は放射能の単位である．平均して1秒間に1個の崩壊が起これば，その放射性物質の放射能の強さは1Bqということになる．同じ核種を同じ比率(同位体比)で含む物質であれば，当然，物質量(モル数または質量)に比例して放射能も強くなる．一方，種類の違う放射性同位体が同じ個数(同じモル数)だけ存在する場合，放射能の強さは，その半減期に反比例する．長年かけて徐々に崩壊するならば，その分だけ単位時間あたりの崩壊数(壊変率)は小さくなるからである．たとえばヨウ素131は半減期が8日で，セシウム137は30年である．ある時点で同じモル数が環境中に存在したとすると，当初はヨウ素131のほうが1400倍大きな壊変率を示す．しかし3ヶ月以上経つと，前者はほとんどが壊変し終えてなくなり，その後は，当初とほとんど同じ壊変率を保って長年放射線を出し続けるセシウム137(および半減期2年のセシウム134)のほうが問題になってくる．

一方，放射線の照射の強さについては，何種類かの異なる単位が定義されている．単位時間に単位面積を横切る放射線の粒子数やエネルギー量を示す単位もあるが，放射線の種類によって物質や人体を透過する割合が異なるので，放射線から受ける作用や影響を議論するためには，物質や人体が単位質量あたりに吸収したエネルギーを考えることに意味がある．すなわちJ/kgであるが，特別な単位としてGy(グレイ)という記号と名称が与えられている．放射線が物質に与えるエネルギーは，そのほとんどが原子中の電子をイオン化したり励起するのに費やされ，荷電放射線の飛跡に沿って生じるイオン・電子対の数は放射線のエネルギー損失に比例する．

放射線が人体に影響を与えるのは，放射線による電離作用により直接，あるいは細胞中の水分子を電離してできる水素ラジカル，ヒドロキシルラジカルなどの活性の高い化学種を通じて間接的に，遺伝情報を担うDNAに損傷を与えたり，鎖を切ってしまったりすることに起因すると考えられる．損傷はほとんど細胞内の修復酵素によって修復されるが，修復しきれなかったりミスが残ったりすると，そののち生物学的影響を引き起こす可能性がある．α線は阻止能，すなわち単位距離あたりのエネルギー損失が大きいので，生じるイオン・電子対の密度も高くなる．このため，X線などに比べてDNAの二本鎖を同時に切断してしまう確率もずっと大きくなり，細胞に与える影響が特に大きい．中性子も，それ自身はなかなか物質と相互作用しないが，たまに水素などの軽い原子核と衝突すると(ちょうどビリヤードのように)それを勢いよく弾き出し，この反跳を受けた原子核がα線と同様の影響を与える．

こうした生物学的影響 (生物学的効果比) を考慮し，吸収線量 Gy に放射線の種類ごとに決められた加重係数を掛けたものが，等価線量 Sv (シーベルト) という単位である．放射線加重係数は，これまでの研究をもとに α 線が 20，中性子線はエネルギーによって 2.5 ～約 20，β 線や γ 線は 1，などと定められている．つまり β 線や γ 線による被曝の場合は Gy と Sv は同じ値になる．さらに，体の一部分だけに被曝した場合には，組織 (臓器) ごとに等価線量に組織加重係数を掛けて足し合わせ，全身被曝の場合に焼き直して影響を評価することが行われる．これを実効線量と呼ぶが，単位としては同じ Sv を用いる．どちらについて述べているかは，記事や文献によっては明記されていないことがあるので注意を要する．定義から，全身への一様被曝を考える場合には等価線量と実効線量は等しくなる．自然放射線による被曝量は，日本においては通常年間 2.1 mSv 程度である．こうした自然放射線のレベルを参照しつつ，できるだけ被曝線量を低く保つ (As Low As Reasonably Achievable) という ALARA の原則に則って，医療以外の人工的な要因による追加線量に関して線量限度が法令で定められている．なお，Sv は放射線防護の観点から低線量被曝を評価するために定められた単位である．短期における多量の放射線被曝においては生物学的効果比が異なってくることから，被曝事故などに関して急性被曝の影響を論じる際に Sv の単位を使うことは適切でない．

実験 7

計数の統計分布

1. 目　的

天然に存在する放射性同位体カリウム 40 の β 崩壊に伴う放射線 (β 線) の計数を取り上げ，事象自体の統計的揺らぎに起因する不確かさの取り扱いについて理解を深める．

不安定な原子核の崩壊は，単位時間あたり一定の確率のもとで起きるランダムな事象であり，実際に観測される放射線の計数値には，ポアソン分布で表される統計的な変動が伴う．ここでは，計数を繰り返し行い，その有限回のデータや測定精度に基づいて結果を推定するとともに，その計数の分布や平均値の分布をヒストグラムに描いて統計学的な見積もりと比較する．

2. 実験概要

計数の統計的変動と分布の様子を調べる．

(1)　一定時間の計数を 1 回行い，他の測定ペアと測定値のばらつきを比較する．

(2)　合計 10 回分の測定から，平均値とその不確かさを求める．他の測定ペアと結果を比較する．

(3)　合計 200 回分の測定値から，平均値とその不確かさ，計数率を求める．(1)，(2) の結果や，他の測定ペアの結果などと比較する．

(4)　全測定値の頻度分布 (ヒストグラム) とその標準偏差の範囲を求める．

(5)　10 回を 1 組とした場合の平均値の頻度分布を求める．

(6)　理論的な標準偏差の近似値と実測値に基づく頻度分布の幅を比較する．

3. 原　理

原子核 1 個 1 個の崩壊は独立な確率事象である．多数個の原子核を含む線源からの β 線放出は，ばらばら (at random) に起こり，同じ条件で測っても計数値はばらつく．この計数値の分布は，理論的には以下に説明する**ポアソン分布**となる．

3.1　二項分布

まず，二項分布を考える．これは，1 回の試行で，ある事象が起こる確率を p，起こらない確率を $1-p$ として，独立な A 回の試行のうちその事象が N 回だけ起こる確率分布のことで，

$$P(N) = \frac{A!}{(A-N)!\,N!}\,p^N(1-p)^{A-N} \tag{7.1}$$

により与えられる．

いま同種の放射性同位体の原子が A 個あるとする．この原子核が半減期より十分短い間 t のうちに崩壊する確率を p とする．「時間 t の間観測する」ことをひとつの試行と考えると，A 個の原子を同時に観測することは，A 回の試行を行うことに対応する．したがって，時間 t の間に A 個の原子核のうち N 個が崩壊する確率は，二項分布 (7.1) 式で表される．

3.2　ポアソン分布

ところで，通常の原子核崩壊の計数実験では，原子の数は非常に多く ($A \sim 10^{20}$)，一方，時間 t は，そのあいだの崩壊数 N が A より十分小さいように選ばれる．つまり，1 個の原子核が t の間に崩壊する確率はきわめて小さく ($p \ll 1$)，したがって A 個まとめてみたときの崩壊の期待値 $N_0 = Ap$ も A より十分小さい．そこで，N_0 をパラメータに選ぶと，(7.1) 式は

$$P(N) = \frac{A!}{(A-N)!\,N!}\left(\frac{N_0}{A}\right)^N \left(1-\frac{N_0}{A}\right)^{A-N} \tag{7.2}$$

と変形される．さらに，$N \ll A$ が成り立つので，(7.2) 式は，

$$\begin{aligned} P(N) &= \frac{A(A-1)\cdots(A-N+1)}{N!}\left(\frac{N_0}{A}\right)^N \left(1-\frac{N_0}{A}\right)^{A-N} \\ &\approx \frac{{N_0}^N}{N!}\left(1-\frac{N_0}{A}\right)^A \approx \frac{{N_0}^N}{N!}\,\mathrm{e}^{-N_0} \end{aligned} \tag{7.3}$$

と，A に依存しない形の式で近似される．最後の変形で $\displaystyle\lim_{A\to\infty}\left(1-\frac{N_0}{A}\right)^A = \mathrm{e}^{-N_0}$ を使った．

$$P(N) = \frac{{N_0}^N}{N!}\,\mathrm{e}^{-N_0} \tag{7.4}$$

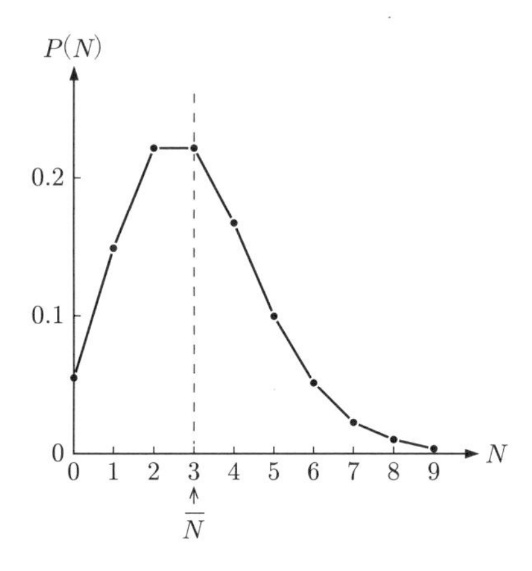

図 1　ポアソン分布 ($N_0 = 3$ の場合)

で与えられる分布を**ポアソン分布**という．

ポアソン分布の平均値 (期待値) $E(N)$ は

$$E(N) = \sum_{N=0}^{\infty} NP(N) = N_0 \tag{7.5}$$

で与えられる．一例として図 1 に $N_0 = 3$ の場合のポアソン分布のグラフをあげておく．また，測定値の N_0 からの偏差の 2 乗平均 σ^2 は

$$\sigma^2 = \overline{(N - N_0)^2} = \sum_{N=0}^{\infty} (N - N_0)^2 P(N) = N_0 \tag{7.6}$$

となる．σ を**標準偏差**という．計数の平均値が大きい場合，すなわち $N_0 > 10$ であるときには，ポアソン分布は**ガウス分布** (**正規分布**)

$$P(N) = \frac{1}{\sigma\sqrt{2\pi}} \exp\left(-\frac{(N - N_0)^2}{2\sigma^2}\right) \tag{7.7}$$

で近似される．このとき，測定値の約 68 % が $N_0 - \sigma < N < N_0 + \sigma$ の中に収まる．

一般の場合，1 回だけの測定では測定値のもつ統計的不確かさを評価できない．しかし，今回の放射線計測のように，計数がポアソン分布に従うことがわかっている場合には，次のように考えることができる．平均値 N_0 が十分に大きく $N_0 \gg \sqrt{N_0}$ の場合，1 回の測定値 N が平均値 N_0 から標準偏差 $\sigma = N_0$ を大きく超えて外れ

ることは稀である．このような場合においては，特に1回の測定値から不確かさを $\sqrt{N}$ と推定できる．

n 回分の測定値から求められる平均値 $M = \dfrac{1}{n}\sum_{i=1}^{n} N_i$ に対する統計的不確かさは，n 回を1回にまとめて測定した場合と同等に考えられる．すなわち，n 回の測定値の和 $S = \sum_{i=1}^{n} N_i$ はポアソン分布に従い，その不確かさは $\sqrt{S}$ で推定される．ここで知りたい平均値 $M = \dfrac{S}{n}$ の不確かさは $\dfrac{\sqrt{S}}{n} = \sqrt{\dfrac{M}{n}}$ と評価できる．

1回の測定時間 t に対して単位時間あたりの計数値 (計数率) $\dfrac{N}{t}$ の不確かさは $\dfrac{\sqrt{N}}{t}$ と書かれる．計数時間 t をのばして計数値 N を大きくすると不確かさ $\sqrt{N}$ も大きくなるが，その N に対する $\sqrt{N}$ の相対的な大きさ $\dfrac{\sqrt{N}}{N} = \dfrac{1}{\sqrt{N}}$ は N の平方根に反比例して小さくなるから，測定値の信頼度は $\sqrt{N}$ に比例して大きくなる．したがって，$\sqrt{t}$ に比例して測定精度が上がることになる．実験ではこれらのことを確かめる．

予習問題

一般には，1回の測定値 x について，統計的不確かさを知ることはできない．n 回の測定を行って初めて，実験標準偏差［序章の (0.9) 式］を用いて測定値のばらつきを推定できる．このとき n 回分の測定値の平均値がもつ不確かさ (平均値の実験標準偏差) は，序章の (0.10) 式で与えられる．この式の意味するところは，測定回数 n を増やしていくと $\dfrac{1}{\sqrt{n}}$ ずつ不確かさが小さくなるということである．これは測定値の和 $\sum_{i}^{n} x_i$ の不確かさが $\sqrt{n}$ 程度で増大するからである．

上に述べた特徴がポアソン分布でも成り立つことを確認し，個々の測定 x_i の間に何が仮定されているかを述べよ．

4. 実験装置

β 線の計数に使うGM管については，前章の実験6「GM計数管と霧箱による放射線の測定」を参照のこと．GM計数管の電極にかかる高電圧と計数管の薄い窓に改めて注意すること．

放射線源には，塩化カリウム (KCl) を敷いた試料を用いる．2 種類の試料が用意されているので，指示されたほうの試料を選んで測定を行うこと．

5. 実　験

計数値と統計的不確かさ

この実験では，不確かさの指標として標準偏差を採用する．

(1–1) 指示された試料を机の上に置き，その上に覆い被さるように支持台を設置する．支持台に GM 管を窓が下向きになるようにそっと載せ，一定時間 t の計数を行う．以降，途中で条件を変えないようにする．

まず，1 回測定を行う．

ここでは計数はポアソン分布に従っていると考えられる．**3.2** 節で述べたように，計数が平均値 N_0 のポアソン分布に従うときその標準偏差は $\sqrt{N_0}$ となる．計数 N は，N_0 とは一般に異なる値をとるが，N が十分に大きいとき 1 回の測定値の不確かさは $\sqrt{N}$ と推定できる．

(1–2) 測定した計数値を記録し，報告せよ．同じ種類の試料を測定した他のペアの結果や別の種類の試料を測定した他のペアの結果と比較し，考察したことを記せ．

たとえば，以下に留意してみよ．不確かさを考慮した測定値は互いに一致しているといえるか．1 回の測定値に対して，$\sqrt{N}$ で不確かさを評価したことは妥当だったと判断できるか．

(2–1) 9 回測定を繰り返す．得られた合計 10 回分の測定値の平均値 M_1 と，それに対して期待される不確かさを求めよ．

平均値の不確かさは次のように考えればよい．10 回の測定値の合計 S_1 は，合計時間 $10t$ の測定をまとめて 1 回行った場合と同等と考えられるので，S_1 もポアソン分布に従い，計数の分布の理論的な標準偏差の近似値 (S_1 の不確かさ) は $\sqrt{S_1}$ となる．したがって，平均計数 $M_1 = \dfrac{S_1}{10}$ の不確かさは $\dfrac{\sqrt{S_1}}{10} = \dfrac{\sqrt{M_1}}{\sqrt{10}}$ で与えられる．

(2–2) 上で求めた 10 回分の測定値の平均値とその不確かさを報告せよ．同じ種類の試料を測定した各ペアの結果や別の種類の試料を測定した各ペアの結果と比較し，考察したことを記せ．

たとえば，以下に留意してみよ．報告された結果のばらつき具合と，各自で見積もった不確かさの大きさを比較してみると何がいえるか．(1–2) の結果と比べてどうなったか．

(3–1)　さらに 190 回測定を繰り返し，合計 200 回分の測定値を得る．データは，表 1 のように 10 回を 1 組としてまとめればよい．測定が終了したら，電源スイッチを 2 秒以上押して電源を切り，GM 計数管を本体に戻しておく．

表 1　計数の実測値 (例)

計測装置 No. 2　　線源 No. 2　　測定時間単位 $t = 5$ 秒

回 (j) / 組 (i)	1	2	3	4	5	6	7	8	9	10	$S_i = \sum_j^{10} N_{ij}$	$M_i = \dfrac{S_i}{10}$
1	23	25	15	24	27	15	31	19	30	32	241	24.1
2	19	26	27	34	24	36	21	18	28	24	257	25.7
⋮											⋮	⋮
20	33	28	25	32	21	31	16	23	27	28	264	26.4

(3–2)　上で得られた表の各組の測定値の和 $S_i = \sum_i^{10} N_{ij}$ と平均値 $M_i = \dfrac{S_i}{10}$ を求めよ．

(3–3)　全 200 回の測定から，時間 t あたりの計数の平均値 $\overline{N}$ および計数の分布 (ポアソン分布に従う) の標準偏差 σ の近似値 $\sqrt{\overline{N}}$ を求めよ．

(3–4)　計数の平均値 $\overline{N}$ の不確かさを (2–1) にならって見積もれ．それらを序章 **7.1** 節にある表記法を参考にしてノートに記せ．また，計数率 (1 秒あたりの計数) に直した結果も記せ．

(3–5)　結果を報告しあい，他のペアと比較してみよ．(1) での 1 回分の測定結果や (2) での 10 回分の測定結果も合わせて考察したことを記せ．

たとえば，以下に留意してみればよい．測定回数と不確かさにはどのような関係が認められるか．計数と試料に敷き詰められた KCl の質量の関係はどうなっていると推測できるか．

(4–1)　以下の手順に従って図 2 のような頻度分布図 (ヒストグラム) を描け．

表 2 にならって集計を行い，$\overline{N}$ をほぼ中心として，適当な間隔 (ビン幅) a ごとに分類する．a の値としては，$\dfrac{\sqrt{\overline{N}}}{2}$ を超えない程度の適当な値を各自で選ぶこと．

表 2　計数の実測値 (例)

測定回数 $n = \underline{200}$　　平均 $\overline{N} = \underline{25.2}$　　$\sigma = \sqrt{\overline{N}} = \underline{5.0}$

計数 頻度	14	15	16	17	18	19	20	21	22	23	24	25	……
頻度 $(a = 1)$	下	一	丅	正 丅	正 丅	正 正 一	正 正 丅	正 正 正	正 正 一	正 下	正 正 丅	正 正 下	
	3	1	2	7	7	11	12	15	11	8	12	13	……
頻　度 $(a = 2)$	⟷ 4		⟷ 9		⟷ 18		⟷ 27		⟷ 19		⟷ 25		

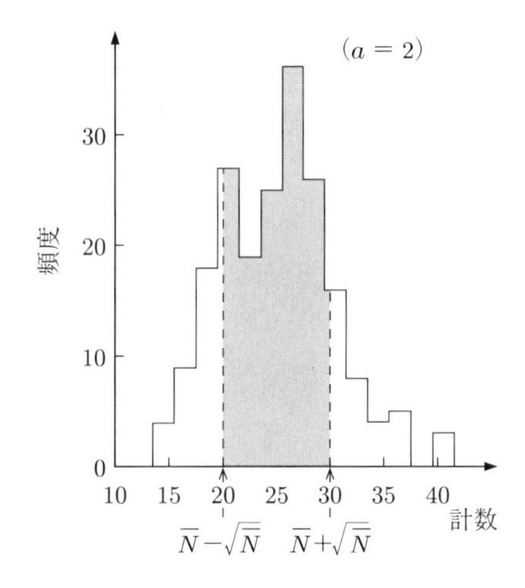

図 2　計数の頻度分布 (例)

各分類に入る頻度を求めて，横軸に計数を，縦軸に頻度をとる．

(4–2)　計数 N_{ij} はポアソン分布に従うが，**3.2** 節に示したように，計数が大きい場合 ($\overline{N} > 10$) には，$\sigma = \sqrt{\overline{N}}$ のガウス分布 (正規分布) で近似できる．得られたヒストグラム上で計数が $\overline{N} \pm \sigma$ 以内に入る面積は全体の何 % なのかを求めよ．標準偏差を $\sqrt{\overline{N}}$ としたことの妥当性を考察せよ．

(5)　表 1 の 10 回ごとの計数の平均値 M_i を (4) と同様の方法で集計し，また適当なビン幅 a' を決めて，その頻度分布図を (4) と同じグラフ上に描け．

(6–1)　重ねて描いた 2 つの頻度分布の幅の比を求めよ．幅は，それぞれの頻度分布図において，最大頻度の半分の頻度 (ヒストグラム上で半分の高さ) での幅 (半値全幅) で見積もるとよい．ただし，ヒストグラムが極端にがたついている場合は，データに適合するガウス分布を想定してなめらかな曲線を描き，その幅を見積もってもよい．

(6–2)　表 1 の各組の平均計数 (10 回ごとの計数の平均値) M_i の不確かさを $\overline{N}$ を用いて表せ．ポアソン分布に従うと予想されるのは S_i の分布であり，M_i の分布はポアソン分布とはならないことに注意せよ．

(3–3) で推測した σ は，計数の不確かさ，つまり 200 個の計数のばらつきに相当するものである．この (3–3) で推測した σ とここで求めた 10 回ごとの計数の平均値の不確かさの比はいくらになると期待されるか．その比と (6–1) で読み取った頻度分布の幅の比はどう対応するか説明せよ．

また，(3–3) で推測した σ と (3–4) で求めた 200 回分の計数の平均値の不確かさの比はどうなっているか．

参考課題

$n = 200$ 個のデータについての実験標準偏差

$$s = \sqrt{\frac{1}{n-1}\sum_{i,j}(N_{ij} - \overline{N})^2} = \sqrt{\frac{1}{n-1}\left(\sum_{i,j} {N_{ij}}^2 - n\overline{N}^2\right)} \qquad (7.8)$$

を計算し，$s \approx \sigma \ (= \sqrt{\overline{N}})$ を確認せよ．

s と σ が著しく異なるときは，計数ごとのばらつきの原因が，崩壊の統計的変動以外にもあることを示している．

実験 8

剛体の力学

1. 目　　的

われわれの身のまわりにある多くの物体の運動は，その変形がごく小さければ剛体の運動として近似できる．本実験では，剛体とみなせるさまざまな回転体を実際に斜面上で転がし，その運動が剛体の運動方程式に従うことを確認する．同時に，慣性モーメント，回転半径といった剛体に関する物理量の意味を理解する．

2. 実験の概要

実験 A　さまざまな形状 (円柱，パイプ，球) および材質 (アルミ，銅，真鍮) の回転体を斜面上で転がし，その加速度を比較することにより剛体の運動方程式を定性的に検証する．

実験 B　円柱，パイプ，球，軸付き円盤を斜面上で転がし，斜面上の 2 点を通過する際の時間差を光電スイッチ付きタイマーで測定する．得られたデータより各回転体の重心運動の加速度を求め，剛体の運動方程式を定量的に検証する．

3. 原　　理

3.1　剛体の平面運動

剛体内のすべての点がある平面に平行にのみ動くような運動を剛体の**平面運動**という．この場合，図 1 のように剛体の重心 G は常にある平面 P 内にあり，重心のまわりの回転運動の回転軸は常にこの平面 P に垂直である．剛体の重心から見た位置ベクトルを $\boldsymbol{r}$，剛体の密度分布を $\rho(\boldsymbol{r})$ とすると，剛体の重心のまわりの角運動量は

$$\boldsymbol{L} = \int \boldsymbol{r} \times \rho(\boldsymbol{r})\dot{\boldsymbol{r}}\,\mathrm{d}V \tag{8.1}$$

と表される．ここで $\dot{\boldsymbol{r}}$ は位置 $\boldsymbol{r}$ にある剛体の微小部分 $\mathrm{d}V$ がもつ速度ベクトルである (図 2)．本稿では体積積分はすべて剛体全体にわたって行うものとする．回転の角速度ベクトル $\boldsymbol{\omega}$ の方向に z 軸を選ぶと，角運動量の z 成分 L_z は

$$L_z = I\omega \tag{8.2}$$

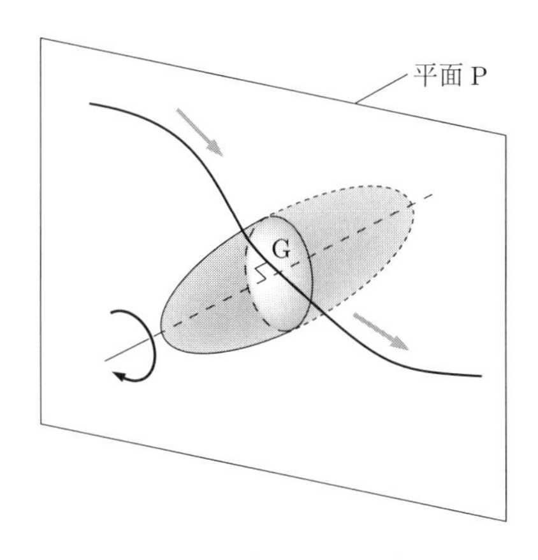

図 1　剛体の平面運動

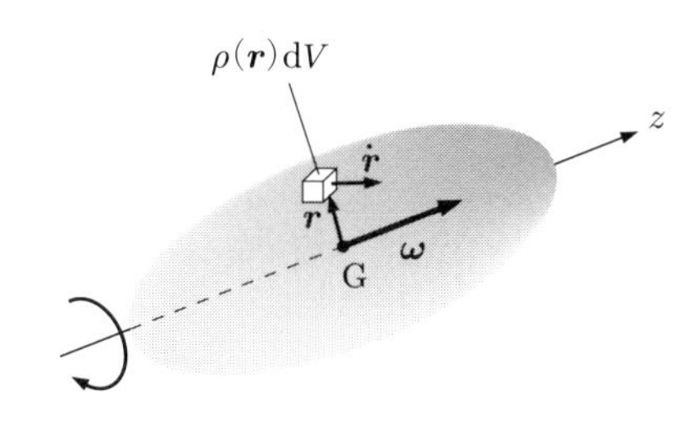

図 2　剛体の重心のまわりの角運動量

$$I = \int (x^2 + y^2)\rho(\boldsymbol{r})\,\mathrm{d}V \tag{8.3}$$

と表される．ここで I は z 軸 (回転軸) のまわりの**慣性モーメント**と呼ばれる．回転の運動方程式は

$$\frac{\mathrm{d}L_z}{\mathrm{d}t} = I\,\frac{\mathrm{d}\omega}{\mathrm{d}t} = N_z \tag{8.4}$$

で与えられる．ここで N_z は剛体に働いている外力の重心のまわりのモーメント (トルク) の z 成分である．さらに回転の角速度 ω と回転角 ϕ との間の関係式 $\omega = \dfrac{\mathrm{d}\phi}{\mathrm{d}t}$ を用いると，(8.4) 式は

$$I\,\frac{\mathrm{d}^2\phi}{\mathrm{d}t^2} = N_z \tag{8.5}$$

とも表現できる．ちなみに，位置 $\boldsymbol{r}$ にある剛体の微小部分 $\mathrm{d}V$ の回転する速さは $|\dot{\boldsymbol{r}}| = |\boldsymbol{\omega} \times \boldsymbol{r}| = \sqrt{x^2 + y^2}\,\omega$，質量は $\rho(\boldsymbol{r})\,\mathrm{d}V$ であるので，回転運動による剛体の運動エネルギー T は

$$T = \int \frac{1}{2}(x^2 + y^2)\omega^2\rho(\boldsymbol{r})\,\mathrm{d}V = \frac{1}{2}\,I\omega^2 \tag{8.6}$$

と表される．これまでの結果を質点の並進運動との関連でまとめたものが表 1 である．慣性モーメントとは，質点の並進運動における質量に対応するものであることがわかる．

表 1　剛体の回転運動と質点の並進運動に関する諸物理量の対応関係

剛体の回転運動 (回転軸方向が不変な場合)	質点の並進運動
力のモーメント　N_z	力　F
慣性モーメント　I	質量　m
回転角　ϕ	位置　x
角速度　$\omega = \dfrac{\mathrm{d}\phi}{\mathrm{d}t}$	速度　$v = \dfrac{\mathrm{d}x}{\mathrm{d}t}$
角運動量　$I\omega$	運動量　mv
運動方程式　$I\dfrac{\mathrm{d}\omega}{\mathrm{d}t} = N_z$ $I\dfrac{\mathrm{d}^2\phi}{\mathrm{d}t^2} = N_z$	運動方程式　$m\dfrac{\mathrm{d}v}{\mathrm{d}t} = F$ $m\dfrac{\mathrm{d}^2 x}{\mathrm{d}t^2} = F$
運動エネルギー　$\dfrac{1}{2}I\omega^2$	運動エネルギー　$\dfrac{1}{2}mv^2$

3.2　回転体の慣性モーメントと回転半径

密度が一定で回転対称性をもつ剛体の対称軸 (回転軸) まわりの慣性モーメントは，対称軸を z 軸とする円筒 (円柱) 座標を用いると容易に計算できる．例として，図 3 のような半径 a，長さ l，密度 ρ の円柱の慣性モーメントを計算しよう．$\xi = \sqrt{x^2 + y^2}$ とすると，(8.3) 式より

$$I = \int (x^2 + y^2)\rho(\boldsymbol{r})\,\mathrm{d}V = \rho \iiint \xi^2 \xi \,\mathrm{d}\xi\,\mathrm{d}\varphi\,\mathrm{d}z = \rho \int_0^a \xi^3\,\mathrm{d}\xi \int_0^{2\pi} \mathrm{d}\varphi \int_0^l \mathrm{d}z$$
$$= 2\pi l\rho \left[\frac{1}{4}\xi^4\right]_0^a = \frac{\pi a^4 l\rho}{2} = M\frac{a^2}{2} \tag{8.7}$$

となる．ここで $M = \pi a^2 l\rho$ は円柱の質量である．表 2 に，本実験で用いる回転体の慣性モーメントをまとめた (M は各々の回転体の質量を表す)．

慣性モーメント I を，その剛体の質量 M を用いて

$$I = Mk^2 \tag{8.8}$$

と表したときの k (> 0) を**回転半径**と呼ぶ．回転半径は，剛体の各部分の回転軸からの距離の実効的な平均値 (質量の重みをつけた 2 乗平均) を与える便利な量であ

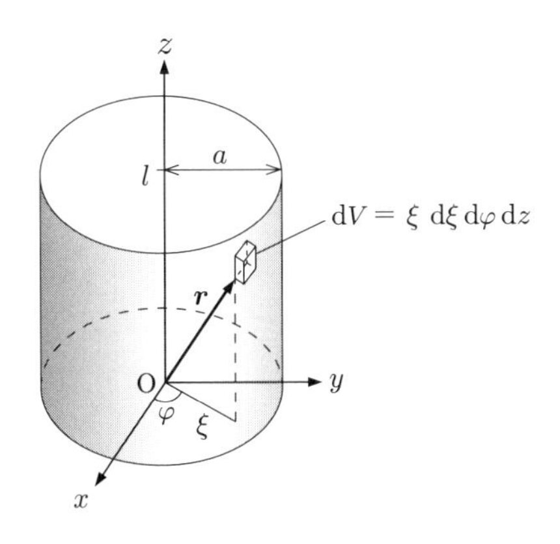

図 3　円柱と円筒 (円柱) 座標

表 2　回転対称性をもつ剛体の慣性モーメント

形状	円柱 (円盤)	パイプ	球	軸付き円盤
大きさのパラメータ	直径 $2a$	外径 $2a$ 内径 $2b$	直径 $2a$	$2b$, $2a$, l_1, l_2
慣性モーメント $(I = Mk^2)$	$M\dfrac{a^2}{2}$	$M\dfrac{a^2+b^2}{2}$	$M\dfrac{2a^2}{5}$	$M\dfrac{b^2}{2}\dfrac{l_1+(l_2-l_1)\varepsilon^4}{l_1+(l_2-l_1)\varepsilon^2}\left(\varepsilon\equiv\dfrac{a}{b}\right)$

る．回転半径が k の剛体の慣性モーメントは，剛体の全質量 M が回転軸から k だけ離れた位置に集中していると考えた場合の慣性モーメントに等しい．

3.3　斜面上を滑らずに転がり落ちる回転体の運動方程式

図 4 のように，回転対称性をもつ剛体 (回転体) が斜面上を滑らずに転がり落ちる状況を考える．斜面の傾斜角度を θ，剛体の質量を M，斜面と接する部分の回転体の半径を a，剛体の慣性モーメントを $I = Mk^2$ とする．斜面に沿って回転体が移動する向きを x 軸正方向，斜面に垂直で上向きの方向を y 軸正方向，回転体の回転角を ϕ とする．回転体には，鉛直下向きに重力 $M\boldsymbol{g}$，$+y$ 方向に垂直抗力 $\boldsymbol{N}$ (こ

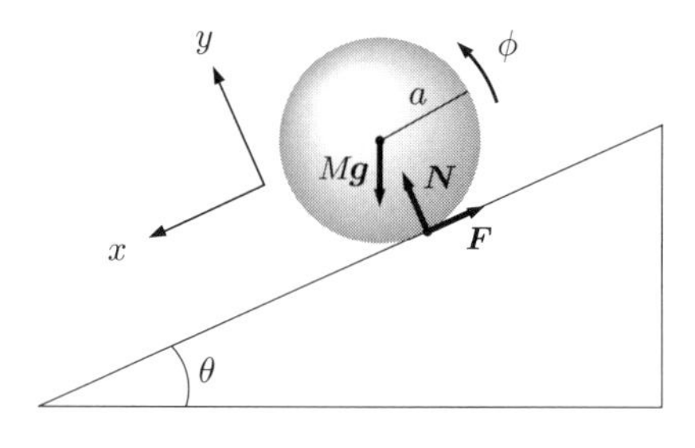

図 4　斜面上を転がる回転体に働く力

こでは記号 $\boldsymbol{N}$ は力のモーメントではないので注意)，$-x$ 方向に静止摩擦力 $\boldsymbol{F}$ が働いている．回転体の重心 $\boldsymbol{R} = (x, y)$ の運動方程式は

$$M \frac{\mathrm{d}^2 \boldsymbol{R}}{\mathrm{d}t^2} = M\boldsymbol{g} + \boldsymbol{N} + \boldsymbol{F} \tag{8.9}$$

であり，これを成分に分けて考えると

$$M \frac{\mathrm{d}^2 x}{\mathrm{d}t^2} = Mg \sin\theta - F \tag{8.10}$$

$$M \frac{\mathrm{d}^2 y}{\mathrm{d}t^2} = -Mg \cos\theta + N \tag{8.11}$$

となる．ここで N, F はそれぞれ垂直抗力と静止摩擦力の大きさ，g は重力加速度を表す．(8.10) 式は回転体の重心の x 軸方向の運動を記述する運動方程式である．一方，(8.11) 式は $y =$ 一定という束縛条件を満たすために必要な垂直抗力の大きさ $N = Mg\cos\theta$ を与える式であり，以下では用いない．次に，剛体の回転運動を考えよう．斜面から受ける静止摩擦力 $\boldsymbol{F}$ のみが剛体の重心まわりの力のモーメントに寄与し，その大きさ (回転軸方向の成分) は $N_z = aF$ である．よって (8.5) 式より

$$Mk^2 \frac{\mathrm{d}^2 \phi}{\mathrm{d}t^2} = aF \tag{8.12}$$

が成立する．(8.10)，(8.12)，および回転体が斜面上を滑らずに回転していることを表す条件式

$$x = a\phi \tag{8.13}$$

より，最終的に

$$\frac{\mathrm{d}^2x}{\mathrm{d}t^2} = \frac{1}{1+(k/a)^2}\, g\sin\theta \equiv g' \tag{8.14}$$

が得られる．これが斜面上を滑らずに転がる回転体の重心運動を表す運動方程式である．この式より，回転体が斜面上を滑らずに転がる際の加速度は，物体が斜面上を摩擦なく滑り落ちる場合の加速度の $\dfrac{1}{1+(k/a)^2}$ (<1) 倍になり，回転半径が大きいほど (質量が回転軸より遠方に分散しているほど)，加速度は小さくなることがわかる．

予習問題 1 ①円柱，②肉厚が無限小のパイプ，③球 について，斜面上を滑らずに転がる場合の加速度は摩擦なく滑り落ちる場合の加速度の何倍になるか計算せよ．

3.4 斜面上を転がる回転体の加速度の測定

回転体の重心が (8.14) 式に従って加速度 g' で斜面上を移動しているとする．斜面上のある点を $x=0$ とし，この点を通過した時刻を $t=0$，このときの速度を v_0 とする (図 5)．後の時刻 t におけるこの回転体の重心の速さ $v(t)$ および位置 $x(t)$ は

$$v(t) = v_0 + g't \tag{8.15}$$

$$x(t) = v_0 t + \frac{1}{2}\, g't^2 \tag{8.16}$$

で与えられる．回転体の重心がさまざまな位置 x_i $(i=1,2,\cdots)$ を通過する時刻 t_i を測定し

$$\frac{\Delta x_i}{\Delta t_i} \equiv \frac{x_i - x_{i-1}}{t_i - t_{i-1}} \tag{8.17}$$

と定義される量を (8.16) 式より計算すると

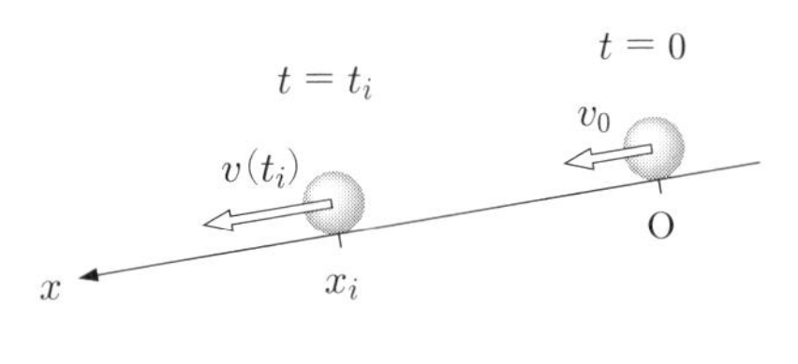

図 5

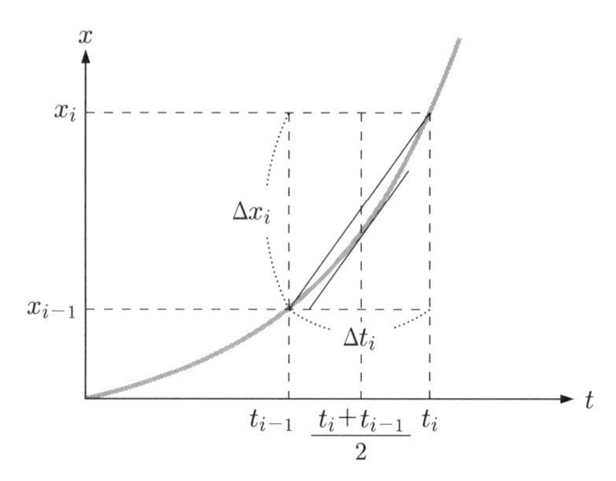

図 6　位置 x_{i-1}，x_i をそれぞれ時刻 t_{i-1}，t_i に通過した場合に定義される速さ $\dfrac{\Delta x_i}{\Delta t_i}$

$$\frac{\Delta x_i}{\Delta t_i} = \frac{x(t_i) - x(t_{i-1})}{t_i - t_{i-1}} = v_0 + g' \frac{t_i + t_{i-1}}{2} = v\left(\frac{t_i + t_{i-1}}{2}\right) \quad (8.18)$$

となる．このように，$\dfrac{\Delta x_i}{\Delta t_i}$ は時刻 $t = \dfrac{t_i + t_{i-1}}{2}$ における回転体の重心の速さを与える (図 6)．したがって，横軸に $\dfrac{t_i + t_{i-1}}{2}$，縦軸に $\dfrac{\Delta x_i}{\Delta t_i}$ をプロットすれば，その傾きから回転体の重心の加速度 g' が求められる．

4.　実験装置

図 7 に実験装置の全体図を示す．回転体を転がす斜面はアルミフレームでできており，2 つの回転体が転がり落ちる様子を比較できるよう，幅 6 cm の斜面が 2 列

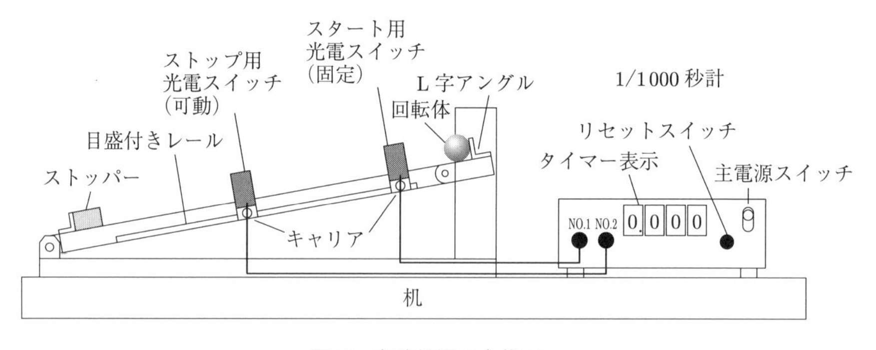

図 7　実験装置の全体図

並んでいる (それぞれ斜面 A，斜面 B とする)．また，軸付き円盤も転がせるように，2 つの斜面の間には幅 3 cm の隙間を空けてある．斜面の上方にある L 字アングルは回転体を毎回同じ位置から転がすための基準として用いる．

斜面の横に付けられた目盛付きレール上の 2 個のキャリアにはそれぞれ光電スイッチが乗っている．光電スイッチには発光素子 (発光ダイオード) と受光素子 (フォトトランジスタ) が組み込まれており，発光素子より発せられた光が受光素子に戻るように反射板が置かれている (図 7 には描かれていない)．この光路を物体が横切ると，受光素子に入っていた光が遮断されて電気信号が 1/1000 秒計 (以下「タイマー」と呼ぶ) に送られる．スタート用光電スイッチの前を回転体が通過するとタイマーがスタートし，ストップ用光電スイッチの前を回転体が通過するとタイマーはストップする．計測された時間は 1/1000 秒 (1 ms) の桁まで表示される．リセットボタンを押すとタイマーの表示はリセットされる．タイマーは 100 ppm (10^{-4}) 以下の周波数偏差 (公称周波数からの差) をもつ 10 MHz の水晶振動子を基準にしており，10 秒以内の測定なら 1 ms の桁まで信頼できる．

5. 実　験

実験 A　回転体の運動方程式の定性的な検証

(8.14) 式によると，斜面上を滑らずに転がる回転体の重心運動の加速度は回転半径 k と斜面と接する部分の回転体の半径 a の比のみで決まり，形状が同じであれば回転体の材質 (密度) によらない．特に円柱や球の場合，回転半径と回転体の半径は常に比例関係にあるので，加速度は回転体の半径にもよらない．このことを，半径または材質の異なる 2 種類の円柱をそれぞれ斜面 A および斜面 B 上で同時に転がすことによって確認せよ．また，2 つの斜面 A, B を利用して，① 円柱，② (有限の肉厚の) パイプ，③ 球の加速度 の大小関係を実験的に求め，予習問題 1 の解答と矛盾しない結果が得られたか確認せよ．実際に転がした回転体の種類，得られた結果などは逐一ノートに記録すること．

実験 B　斜面を転がる回転体の加速度の測定

(ア) 円柱，(イ) パイプ，(ウ) 球，(エ) 軸付き円盤 の 4 種類の回転体について，斜面上の重心運動の加速度を求めることにより (8.14) 式を定量的に検証する．観測位置 x_i ($i = 1, \cdots, 5$) は 0.1 m から 0.5 m まで 0.1 m 刻みでとり，各位置での回転体の通過時刻 t_i を光電スイッチ付きタイマーを用いて 1 ms の精度で測定する．具体的な実験手順は以下のとおりである．

(1)　タイマーの主電源スイッチを on にする．

(2)　スタート用光電スイッチを乗せたキャリアの左端をレール上の目盛の右端(0 mm の線) に合わせる．このキャリアは今後動かさない．

次の (3)～(6) を (ア)～(エ) の各回転体について $x_1 = 0.1\,\mathrm{m}$ から $x_5 = 0.5\,\mathrm{m}$ まで繰り返す．

(3)　タイマーのリセットスイッチを押す．

(4)　ストップ用光電スイッチのキャリア左端をレール上の目盛位置 x_i に合わせる．

(5)　図 7 に描かれているように回転体を L 字アングルに押し当て，すばやく手を離す．このとき回転体に初速度を与えないように注意する．回転体が 2 つの光電スイッチの前を通過するとタイマーに t_i が表示される．

(6)　(5) を同じ回転体，同じ x_i で最低 3 回以上繰り返し，すべての測定結果をノートに記録せよ．

(7)　(ア)～(エ) の各種回転体における測定結果を表 3 のようにまとめよ．t_i の欄には (6) で得られた t_i の複数の測定結果の最頻値 (最も出現の頻度の高い値) または平均値を記入せよ．

(8)　(ア)～(エ) の各回転体について，横軸に $\dfrac{t_i + t_{i-1}}{2}$，縦軸に $\dfrac{\Delta x_i}{\Delta t_i}$ をプロットし，それぞれの傾きから各回転体の重心運動の加速度 g' を求めよ．プロットは回転体ごとに異なるマーカーを使い，同一のグラフ上で行え．凡例を付けること．

表 3　測定結果をもとめる表の形式

回転体の種類＿＿＿＿＿＿＿＿　回転体の材質＿＿＿＿＿＿＿＿　回転体の寸法＿＿＿＿＿＿＿＿

i	x_i/m	$(x_i - x_{i-1})/\mathrm{m}$	t_i/s	$(t_i - t_{i-1})/\mathrm{s}$	$\dfrac{t_i + t_{i-1}}{2}\Big/\mathrm{s}$	$\dfrac{\Delta x_i}{\Delta t_i}\Big/(\mathrm{m\,s^{-1}})$
0	0	＼	0	＼	＼	＼
1	0.1	0.1				
2	0.2	0.1				
⋮	⋮	⋮				

(9)　各回転体の寸法をノギスで測定し，それぞれの $\dfrac{1}{1+(k/a)^2}$ の値を求めよ．ノギスの使用方法は付録 B を参照せよ．

(10)　横軸に各回転体における $\dfrac{1}{1+(k/a)^2}$ の値，縦軸に各回転体の加速度 g' をプロットせよ．各プロット点がどの回転体に対応するのか明示すること．

(11)‡　(10) で作成したグラフ上に (8.14) 式の理論線を引いて比較せよ．

参考および考察のためのヒント

1　球よりも速く斜面上を転がる回転体の形状を，その具体的な寸法も含めて考案せよ．考案した回転体の $\dfrac{1}{1+(k/a)^2}$ の値を計算し，球よりも速く転がることを確認せよ．

2　中身が液体で満たされた円筒と，その中身を凍らせた円筒とでは，どちらが速く斜面上を転がるか，理由もつけて答えよ．興味がある者は，実際に実験で確認してみよ．円筒は教員に申し出て借り受けること．

実験 9

ケーターの可逆振り子

1. 目　　的

ケーターの可逆振り子を使って実験室における重力加速度を求める．また，物理量 (ここでは重力加速度) を正確に求めるための実験的な工夫について考える．

2. 実験の概要

1583 年にガリレオは教会の天井から吊されたランプの揺れを見て，振り子の等時性という性質を発見した．振り子の運動は，力学で運動方程式を学ぶときに典型的な問題の例として必ず紹介される．振り子の運動方程式を解くことにより，振り子の等時性を証明することができる．また，振り子の周期と重力加速度との関係を導くことができる．

この実験では，ケーターの可逆振り子と呼ばれる，重力加速度を比較的正確に求めることができるように工夫された振り子を用いて，実験している場所における重力加速度の大きさを求める．

3. 原　　理

3.1 実体振り子

実体振り子とは，水平な固定軸で吊されて，重力だけで自由に振動する剛体である．図 1 のように，点 O を通る水平な固定軸を z 軸にとり，鉛直面内を 2 次元極座標で考える．鉛直方向下向き (重力加速度方向) から測った振り子の重心 G の方位角を ϕ とすると，運動方程式は，

$$I \frac{\mathrm{d}^2\phi}{\mathrm{d}t^2} = -Mgh\sin\phi \tag{9.1}$$

となる．ここで，I は固定軸 (z 軸) のまわりの剛体の慣性モーメント，M は剛体全体の質量，g は重力加速度の大きさ，h は z 軸から重心 G までの距離である．

振幅が小さく $|\phi| \ll 1$ のときは，近似的に $\sin\phi \approx \phi$ が成り立つので

$$I \frac{\mathrm{d}^2\phi}{\mathrm{d}t^2} = -Mgh\phi \tag{9.2}$$

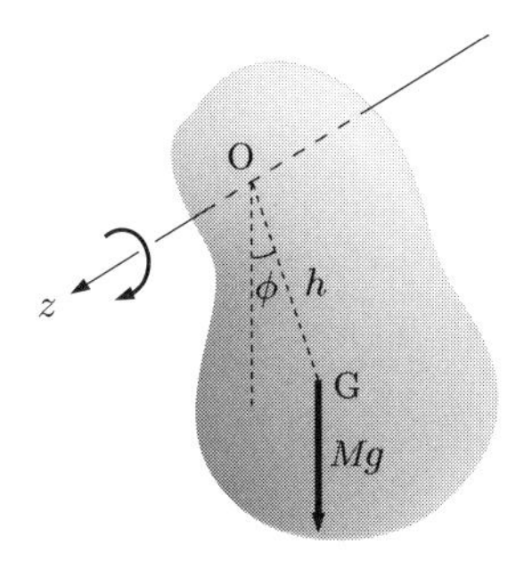

図 1　実体振り子

となり，これは単振動の解

$$\phi(t) = A\cos(\omega t + \alpha) \tag{9.3}$$

をもつ．ただし，

$$\omega = \sqrt{\frac{Mgh}{I}} \tag{9.4}$$

で，振幅 A と初期位相 α は初期条件から決まる定数である．

このように，実体振り子は角振動数 ω，つまり周期

$$T = \frac{2\pi}{\omega} = 2\pi\sqrt{\frac{I}{Mgh}} \tag{9.5}$$

の単振動をする．いま，重心 G を通り z 軸に平行な軸のまわりの剛体の慣性モーメントを I_{G} とすると，

$$I = I_{\mathrm{G}} + Mh^2 \tag{9.6}$$

なる関係がある (平行軸の定理) ので，この実体振り子の周期は，

$$T = 2\pi\sqrt{\frac{\dfrac{I_{\mathrm{G}}}{M} + h^2}{gh}} \tag{9.7}$$

と書くことができる．

3.2　ケーターの可逆振り子

実体振り子の慣性モーメント (I あるいは I_G)，全質量 M，z 軸から重心までの距離 h，そして単振動の周期 T を測定すれば，(9.5) 式あるいは (9.7) 式から実験室における重力加速度を見積もることができる．しかし，通常，慣性モーメントの値 (I あるいは I_G) や z 軸から重心までの距離 h を正確に求めることは非常に難しい．

1817 年，英国の物理学者 H. ケーターは図 2 のような実体振り子 (ケーターの可逆振り子) を使い，慣性モーメントの値や重心の位置を調べなくても重力加速度を正確に見積もることのできる方法を考案した．

図 2 はケーターの可逆振り子を模式的に描いたものであり，細長い丈夫な棒に 2 つのおもり (W_1, W_2) を取り付けた構造をしている．また，棒は 2 か所 (A, B) に回転軸を取り付けられるようになっている．つまり，図 2 の向きでは，点 A を通る水平軸のまわりで振動する実体振り子となっており，振り子全体の上下をひっくり返せば，点 B を通る水平軸のまわりで振動する実体振り子にもなる．

振り子全体の質量を M，重心 G を通る水平軸のまわりの慣性モーメントを I_G，重心から A および B までの距離を h_A および h_B とすると，点 A, B を通る水平軸で吊したときの単振動の周期 T_A, T_B は (9.7) 式よりそれぞれ，

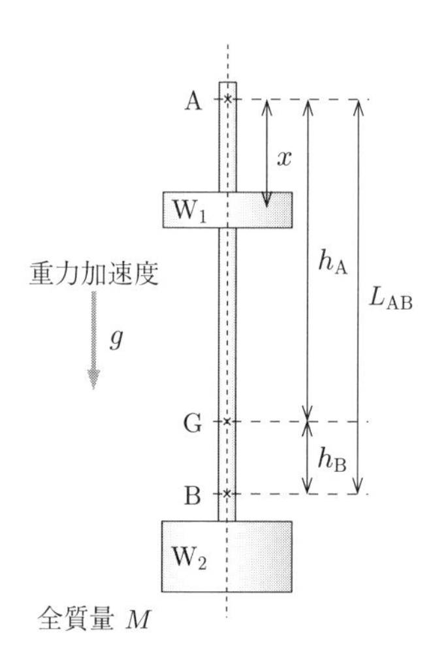

図 2　ケーターの可逆振り子

$$T_{\mathrm{A}} = 2\pi\sqrt{\frac{\dfrac{I_{\mathrm{G}}}{M} + {h_{\mathrm{A}}}^2}{g h_{\mathrm{A}}}} \tag{9.8}$$

$$T_{\mathrm{B}} = 2\pi\sqrt{\frac{\dfrac{I_{\mathrm{G}}}{M} + {h_{\mathrm{B}}}^2}{g h_{\mathrm{B}}}} \tag{9.9}$$

となる．

ここで，おもり W_1 の位置 x を動かすと，慣性モーメントや重心の位置が変化する．すなわち，$I_{\mathrm{G}}, h_{\mathrm{A}}, h_{\mathrm{B}}$ が変化し，その結果，振動の周期 $T_{\mathrm{A}}, T_{\mathrm{B}}$ が変化する．図 3 は，図 2 の可逆振り子について計算機でおもりの位置と実体振り子の周期の関係をシミュレーションした結果である．図 3 からもわかるように，ある位置で T_{A} と T_{B} とを等しくすることができる．そのときの振動周期を T_0 とすると，

$$T_0 = 2\pi\sqrt{\frac{h_{\mathrm{A}} + h_{\mathrm{B}}}{g}} = 2\pi\sqrt{\frac{L_{\mathrm{AB}}}{g}} \tag{9.10}$$

となる．ここで L_{AB} は AB 間の長さ，$L_{\mathrm{AB}} = h_{\mathrm{A}} + h_{\mathrm{B}}$ である．

(9.10) 式に現れる物理量は，振動の周期 T_0，AB 間の長さ L_{AB}，そして重力加速度 g だけである．つまり，A で吊したときと B で吊したときの振り子の振動周期を一致させることにより，測定の難しい慣性モーメントや重心の位置がわからなくても，重力加速度を比較的正確に求めることができる．結局，重力加速度は，

$$g = \frac{4\pi^2 L_{\mathrm{AB}}}{{T_0}^2} \tag{9.11}$$

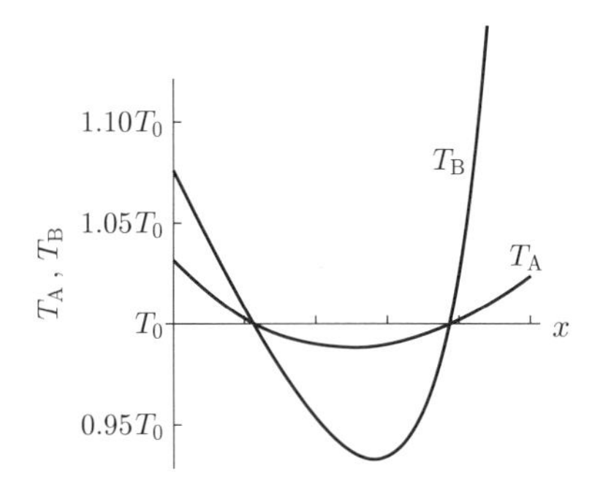

図 3　おもりの位置とケーターの可逆振り子の周期の関係

として見積もることができる.

予習問題 1　(9.6) 式の関係を導け.

予習問題 2　(9.10) 式を導け.

4.　実験装置

図 4 に実験装置の全体像を示す. 実験装置はケーターの可逆振り子本体, 振り子保持台, 支柱, 作業机, 照準目盛板, ストップウォッチからなる.

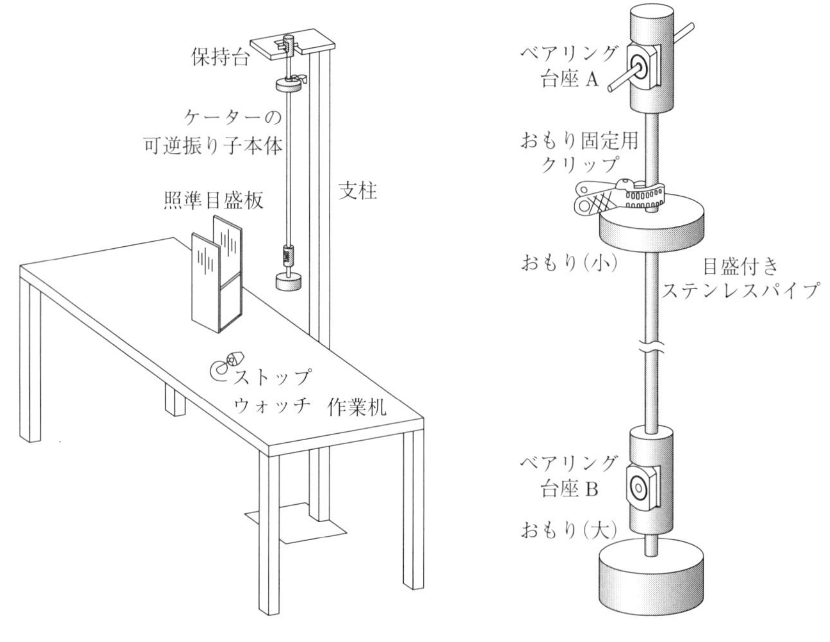

図 4　実験装置全体　　**図 5**　ケーターの可逆振り子本体

4.1　ケーターの可逆振り子本体 (図 5)

ケーターの可逆振り子は, 模式的には図 2 に示されるような, 2 か所に回転軸をもつことのできる実体振り子である. この実験で実際に用いるケーターの可逆振り子の本体は, 図 5 に示すように, 直径 12 mm の目盛付きステンレスパイプに, ベアリング台座 A および B, おもり (大), おもり (小) を取り付けた構造をしている. 全長約 1.1 m, 全重量は 6 kg 程度であるので, 取り扱いは慎重に行うこと.

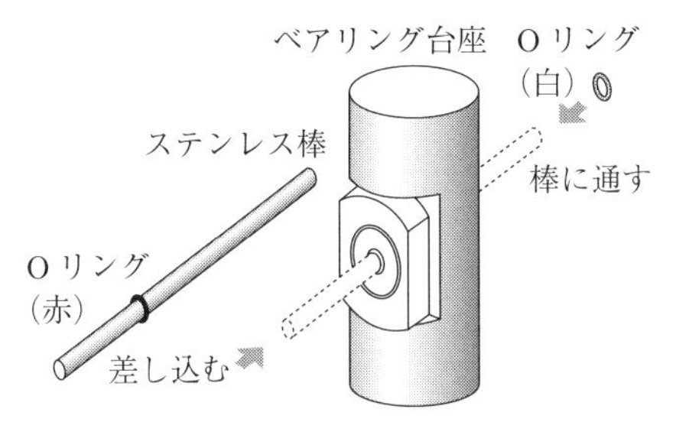

図 6　ベアリング台座とステンレス棒

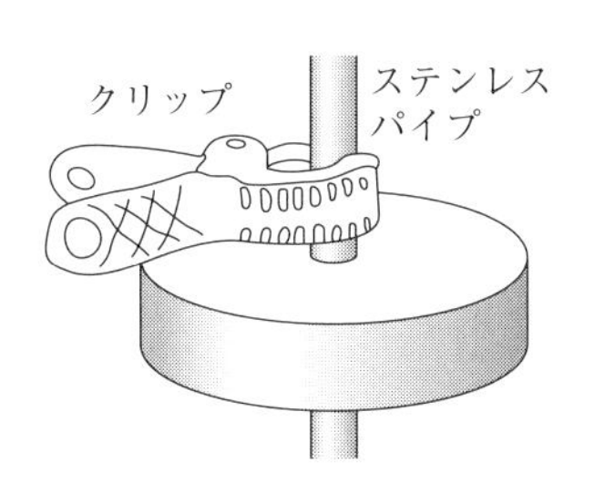

図 7　おもり (小)

(a)　目盛付きステンレスパイプ

直径 12 mm，長さ約 1.1 m のステンレスパイプであり，実験に使用する部分には等間隔 (約 5 cm 間隔) で 4 か所に目盛が刻んである．この**目盛の位置**を，**ベアリング台座 A に近い側から** x_1, x_2, x_3, x_4 **と呼ぶことにする**．周期測定はこの目盛のどれか 1 つに，おもり (小) のクリップが付いていない側の面を一致させて行う．

(b)　ベアリング台座とステンレス棒 (図 6)

実体振り子の回転軸になる部分である．振動面に垂直な方向の振り子の揺れを抑えつつ，振り子がなめらかに振動できるように，1 つの台座につき 2 つの高性能ベアリングが同軸上に取り付けてある．その軸に合わせて直径 6 mm，長さ約 10 cm のステンレス棒を差し込むことで実体振り子の回転軸とする．

また，ステンレス棒には抜け落ちを防止するための O リング (赤) が取り付けてある．図 6 にあるように，台座の片側からステンレス棒を O リング (赤) がベアリングに軽くあたるところまで差し込み，逆側から O リング (白) をステンレス棒に通してステンレス棒が抜け落ちないように軽く止める．強く止めすぎると，ベアリングの働きを妨げて摩擦が大きくなり振り子の振動の減衰が速くなるので，O リング (白) とベアリングの間には 1 mm 程度の隙間があるくらいでよい．ステンレス棒を外すときはこの手順を遡る．つまり，O リング (白) を取り外し，O リング (赤) の側からステンレス棒を抜き取る．

(c)　おもり (小)(図 7)

直径約 10 cm，厚さ約 2 cm の真鍮製の円盤で，中央に直径約 12 mm の穴が開いている．重さは約 1.2 kg 程度である．中央の穴にステンレスパイプを通して自由に動かすことができる．円盤のベアリング台座 A 側には，ステンレスパイプに固定するための強力クリップが取り付けてある．クリップのステンレスパイプを挟

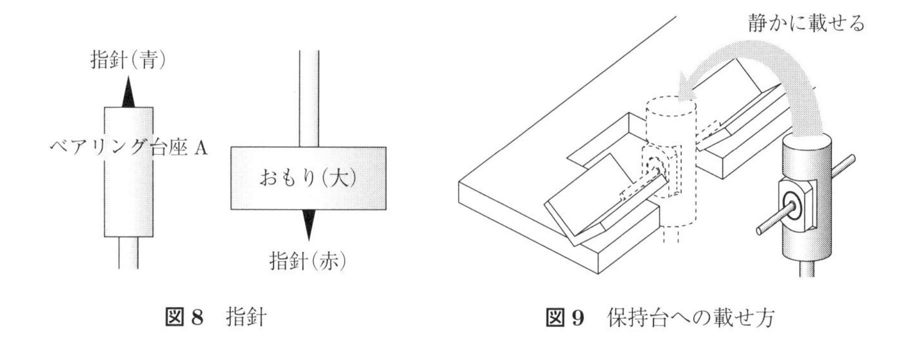

図 8　指針

図 9　保持台への載せ方

む部分の両側に，滑り止め用のゴムが装着されていることを確認する．ゴムが正しい位置にないと測定中におもりが動いてしまう．測定する際のおもりの位置は，クリップが取り付けてない面 (ベアリング台座 B 側の面) と，ステンレスパイプに刻んである目盛 (x_1, x_2, x_3, x_4) が一致するところに合わせる．

(d)　おもり (大)

直径約 10 cm，厚さ約 4 cm の真鍮製の円盤で，重さは約 2.5 kg 程度である．おもり (小) とは違い，おもり (大) はステンレスパイプに固定されているので動かない．

(e)　指針 (図 8)

振動の様子を観測しやすくするために可逆振り子の両端，ベアリング台座 A とおもり (大) には，三角形の紙が指針としてテープで貼り付けてある (図 8)．測定中にどこかに当てるなどして折れ曲がった場合は，丁寧に伸ばしてから測定すること．

4.2　保持台

支柱の上端にはケーターの可逆振り子を取り付けて保持するための保持台が付いている．保持台には図 9 のように V 型の金具が 2 つ取り付けられている．

ベアリング台座 A または B にステンレス棒を差し込んだ後，静かにこの V 字型の溝の部分にステンレス棒を載せ (図 9)，可逆振り子を吊り下げる．このとき，ベアリング台座が保持台に触れないように注意すること．もし触れていると摩擦力が発生するため，運動方程式 (9.1) が妥当でなくなる．また，保持台は支柱の上部の高い位置にあるため，踏み台などを使い V 字溝がよく見える位置で確認しながら慎重かつ確実に可逆振り子を載せること．

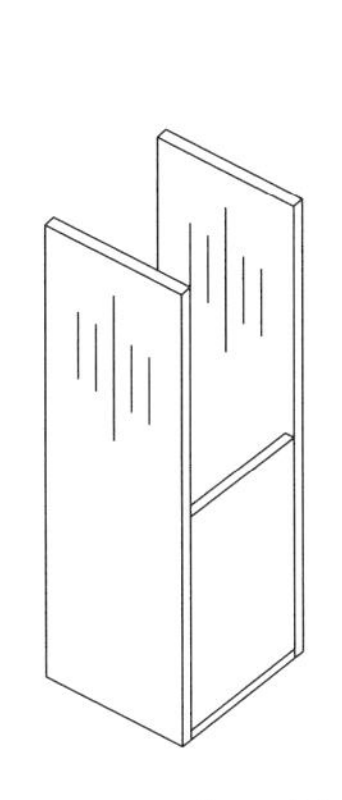

図 10　照準目盛板

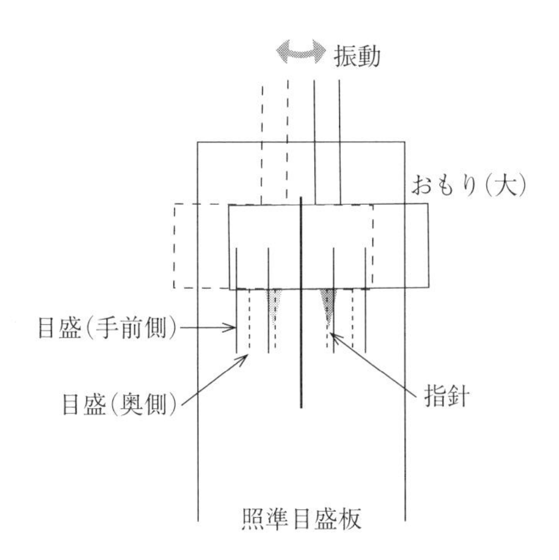

図 11　振動中心の合わせ方

4.3　照準目盛板 (図 10)

振り子の振動の中心を知るためには照準目盛板 (図 10) を用いる．照準目盛板は 2 枚の目盛を刻んであるアクリル板を約 12 cm の間隔で平行に貼り合わせたものである．2 枚の目盛板の間で振り子を振動させ，振り子の端に付いている指針を観測する．

図 11 にあるように，振動している振り子に取り付けられた指針が，目盛の中心線をはさんで左右均等に振れている場所に照準目盛板を置き，さらに手前側と奥側の目盛の中心が重なって見えるように体を動かして目の位置を定める．振り子が振り切って止まる地点を基準に周期を計測するやり方は，その付近での指針の速度が小さく滞在時間が長いため，止まったタイミングがわかりにくく正確な周期測定は期待できない．

実験では，指針が中心線を右から左へ (または左から右へ) 通過する瞬間から測定をはじめ，10 周期後に再び右から左へ (または左から右へ) 指針が通過するまでの時間をストップウォッチで測定する．

5.　実　　験

5.1　安全の確保

万一の落下事故に備え，各自ヘルメットおよびシューズプロテクターを装着する．

5.2　実験の準備

実験を始める前に，ケーターの可逆振り子が以下の状態になっていることを確認する．

○ベアリング台座 A に通したステンレス棒により振り子が保持台に吊されている．

○おもり (小) はステンレスパイプのベアリング台座 A に一番近い目盛の位置に固定されている．

○ベアリング台座 B にはステンレス棒が通っていない．

また，実験結果をまとめるために表 1 のような表をつくる．

表 1　測定結果をまとめる表の例

おもり (小) の位置	x_1		x_2		x_3		x_4	
10 周期/s	$10\,T_A$	$10\,T_B$	$10\,T_A$	$10\,T_B$	$10\,T_A$	$10\,T_B$	$10\,T_A$	$10\,T_B$
1 回目	20.13	20.40						
2 回目	20.06	20.36						
3 回目	20.08	20.38						
4 回目	20.02	20.32						
⋮								
10 周期の平均/s	20.073	20.365						
	$(=10T_{A1})$	$(=10T_{B1})$						
10 周期の平均の実験標準偏差/s	0.046	0.034						
	$(=\Delta 10T_{A1})$	$(=\Delta 10T_{B1})$						
1 周期の平均/s	2.0073	2.0365						
	$(=T_{A1})$	$(=T_{B1})$	$(=T_{A2})$	$(=T_{B2})$	$(=T_{A3})$	$(=T_{B3})$	$(=T_{A4})$	$(=T_{B4})$
1 周期の平均の実験標準偏差/s	0.0023	0.0017						
	$(=\Delta T_{A1})$	$(=\Delta T_{B1})$	$(=\Delta T_{A2})$	$(=\Delta T_{B2})$	$(=\Delta T_{A3})$	$(=\Delta T_{B3})$	$(=\Delta T_{A4})$	$(=\Delta T_{B4})$

6. 実験手順

実験の手順は大まかに以下のとおりである．

(1) ベアリング台座 A に通したステンレス棒を軸としたときの周期 (10 周期分) を測定する．

(2) おもり (小) の位置を 1 目盛ずつ変えて，計 4 位置で周期 (10 周期分) を測定する．

(3) 振り子を逆さまにする．

(4) 台座 B に通したステンレス棒を軸としたときの周期 (10 周期分) を測定する．

(5) おもり (小) の位置を 1 目盛ずつ変えて，計 4 位置で周期 (10 周期分) を測定する．

これからもわかるように，実験で必要とされる操作は，**A) 10 周期分の時間測定，B) おもり (小) の位置を変える，C) 振り子を逆さまにする**，の 3 種類である．以下は，それぞれの操作についての詳しい手順と注意点である．熟読してから実験を行うこと．

A) 10 周期分の時間測定

(A–1) ベアリング台座に通したステンレス棒で可逆振り子が保持台からしっかりと吊されていること，台座が保持台に接触していないことをもう一度確認する．

(A–2) 静かに振り子を左右に揺らす．**振幅は片側に 1 cm (照準目盛板の 1 目盛分) 以下にすること**．このとき，振り子が周期測定に影響する前後揺れを起こさないように気を付けること．この前後揺れは揺らし始めから 20 周期程度の時間が経つとほぼ治まるので，その間，周期測定を待ってもよい．

(A–3) 振り子の振動が照準目盛板の中心線に対して左右対称となるように，照準目盛板の位置および，観測者の目の位置を調整する．**図 11 および本文中にある図 11 の解説を参照すること**．

(A–4) 指針が中心線を右から左へ (左から右へ) 通過する瞬間にストップウォッチのスタートボタンを押して時間を測りはじめ，10 周期後に指針が再び右から左へ (左から右へ) 通過する瞬間にストップウォッチのストップボタンを押し，振り子が 10 回往復するのにかかった時間を表に記録する．**リズムをとりながら，タイミングよくストップウォッチを押すのが測定精度を高めるコツである**．他にもコツがあるので，本文中の図 11 の解説をよく読むこと．

(A–5)　測定者を替えつつ，おもり (小) の各位置で 1 人あたり最低 4 回 (ペアでは計 8 回以上) は同じ測定を繰り返す．8 回 (以上) のデータはペアで共有する．

(A–6)　測定値のばらつきがそれほど大きくなければ次に進む．目安として，平均値に対して 1 % 以下のばらつきであれば次に進んでよい．**1 % 以上も測定値がばらついてしまった場合は，担当教員に測定結果を見せて指示を受けること**．また，おもりがずり落ちる場合も，すぐに担当教員を呼ぶこと．

B) おもり (小) の位置を変える

(C–1)　振り子は吊り下げられているときが一番安定なので，作業は振り子を保持台から吊り下げた状態のまま行う．

(B–2)　踏み台の上にしっかり立つ．片手でおもり (小) を支え，逆の手でおもり (小) を固定しているクリップを開き，おもり (小) をステンレスパイプ上で自由に動かせるようにする．

(B–3)　両手を添えたままおもり (小) をパイプ上に刻まれた所定の目盛のところまで移動させ，クリップで固定する．

C) 振り子を逆さまにする

(C–1)　可逆振り子を吊した状態で，使っていないベアリング台座に，もう 1 本のステンレス棒を入れる．たとえば，台座 A で吊されている場合は台座 B にステンレス棒を取り付ける．**図 6 を参照すること**．

(C–2)　可逆振り子全体をゆっくりと持ち上げて上下を逆さまにし，新たにベアリング台座 (上例の場合では B) に通したステンレス棒で可逆振り子を保持台に吊す．**図 9 を参照すること**．可逆振り子は 6 kg 程度の質量があるので，落としたりしないよう十分に注意して作業を行うこと．上下逆にしたときに，おもり (小) の位置がずれないように気をつける．クリップの先のシリコンゴムをステンレスパイプに押しつけるようにするとしっかり固定できる．

(C–3)　使わなくなったベアリング台座 (上例の場合では A) に通っている**ステンレス棒を抜く**．必ず O リング (白) を取り外して O リング (赤) の側から抜き取ること．

7.　実験結果の整理

(1)　実験結果を例にあげたような表にまとめる．

(2)　電卓などを使い，それぞれの測定について，**10 周期の平均**と **10 周期の実験標準偏差**を計算し，表に書き込む．10 周期の実験標準偏差の計算は，序章「測定量の扱い方」にある (0.8) 式を用いること．

(3)　1 周期の平均および **1 周期の平均の実験標準偏差**を計算し表にまとめる．1 周期の平均の実験標準偏差の計算には，序章「測定量の扱い方」にある (0.10) 式を参考にすること．すなわち，(2) で求めた 10 周期の実験標準偏差を測定回数の平方根で除し，さらに 10 で割ることで 1 周期分に直すこと．

(4)　横軸をおもり (小) の位置，縦軸を振動の周期にとったグラフを作成する (図 12 参照)．図 12 に示されているように，横軸は x_1, x_2, x_3, x_4 を等間隔に並べ，打点した 1 周期の平均の上下には 1 周期の平均の実験標準偏差で表される実験値の不確かさを示す誤差棒をつけること．下記の (7) で，グラフを用いて ΔT_0 を見積もるので，グラフは大きく描くこと．

(5)　グラフは図 12 に示されているように，測定した領域で T_A 系列と T_B 系列が交わる．もしも，測定した範囲内で両者が交わらない場合は，グラフを教員に見せて指示を受けること．

(6)　交点前後の 2 つの位置 (図 12 では x_2 と x_3) における 4 つの実験値を使い，T_A と T_B が交わるところでの周期 T_0 を求める．この 2 点間では周期 $(T_\mathrm{A}, T_\mathrm{B})$ は直線的に変化すると仮定すると，着目した 2 つの位置 (x_i と x_j) での 4 つの実験値 ($T_{\mathrm{A}i}, T_{\mathrm{A}j}, T_{\mathrm{B}i}$ および $T_{\mathrm{B}j}$) を使った簡単な四則演算［比例配分，(9.12) 式

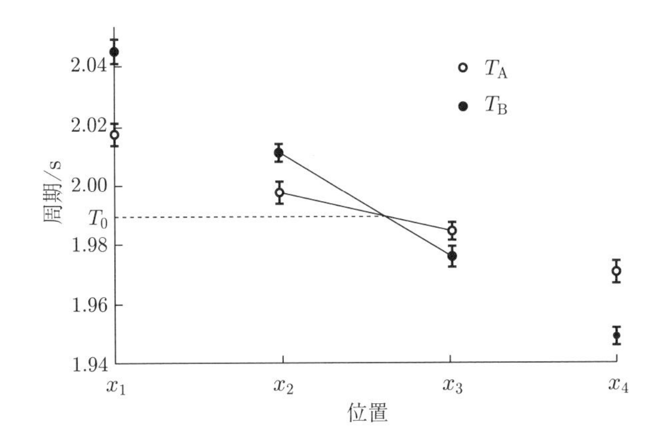

図 12　可逆振り子の振動周期の変化

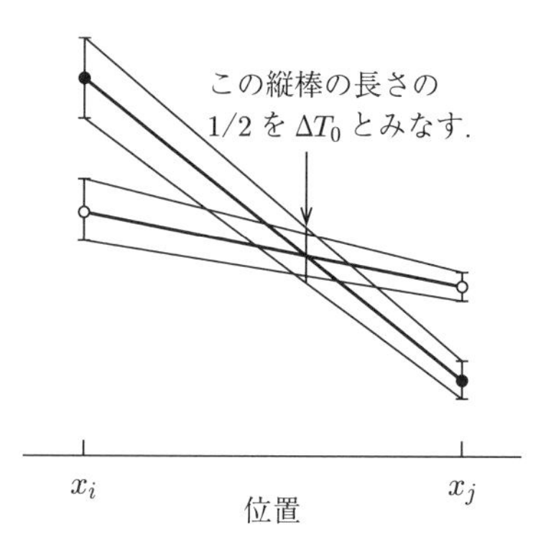

図 13　ΔT_0 を見積もる方法

参照] で，周期 T_0 を計算することができる．

$$T_0 = \frac{T_{\mathrm{B}i}T_{\mathrm{A}j} - T_{\mathrm{A}i}T_{\mathrm{B}j}}{T_{\mathrm{B}i} - T_{\mathrm{A}i} + T_{\mathrm{A}j} - T_{\mathrm{B}j}} \tag{9.12}$$

(7)‡　T_0 の不確かさ ΔT_0 の計算は，「不確かさの伝播則 (序章「測定量の扱い方」の (0.28) 式)」を用いるのが妥当である (章末の●**参考**を参照)．しかしその計算は煩雑で，電卓を用いての計算は時間がかかり計算ミスも起こしやすい．そこで本実験では，大まかではあるが簡便な，グラフから直接 ΔT_0 を見積もる方法を採用する．図 13 のように，グラフ交点の両側 4 点の誤差棒上端および下端を，定規を用いて直線で結ぶ．グラフ交点の位置において，広いほうの帯の縦幅 (図の縦棒の長さ) の 1/2 を ΔT_0 とする．なお，x_i 上に交点がある場合は，x_{i-1} と x_{i+1} のデータを用いて上と同様の操作を行って，T_0 および ΔT_0 を見積もる．

(8)　(9.11) 式を使い，実験室での重力加速度を計算する．なお，ベアリング台座 AB 間の長さ L_{AB} は装置ごとに表示してあるので，それを L_{AB} の不確かさとともにノートに書き写し，重力加速度の値とその不確かさの計算に利用すること．

(9)‡　実験で測定した物理量の不確かさに起因する重力加速度の不確かさ Δg を序章「測定量の扱い方」にある (0.16) または (0.28) 式 (不確かさの伝播則) を用いて計算する．得られた不確かさの値をもとに，重力加速度の実験値を適切に表記せよ (例 $g = 9.80(5)\,\mathrm{m\,s^{-2}}$ など，実験値とその不確かさの桁を合わせる)．なお理科年表によれば，東京大学理学部化学館地下原点室 (本郷キャンパス) において高い精度で測定した重力加速度は $9.797\,887\,2\,\mathrm{m\,s^{-2}}$ である．この理科年表の参考値と本実験で得られた実験値が一致するかを確かめよ．

8. 実験終了後

すべての測定が終了したら，次に実験装置を使う人のために，可逆振り子を以下の状態にすること．

○ベアリング台座 A に通したステンレス棒で振り子を保持台から吊す．

○おもり (小) をステンレスパイプのベアリング台座 A に一番近い目盛の位置に固定する．

○ベアリング台座 B からステンレス棒を外して所定の場所に戻す．

質問　秒打ち振り子とは，半周期が 1 s (1 周期 2 s) の単振り子である (実験 1 の質問 3 参照)．本実験で得られた重力加速度の値に対応した，秒打ち振り子の長さを計算せよ．

9. 考察のためのヒント

ケーターの可逆振り子を厳密に運用すると，10^{-6} の精度で重力加速度を測定することが可能である．高精度の測定では，精度の低い測定では無視できるさまざまな因子についても考慮する必要がある．**9.2** 以下の項目は，10^{-6} の精度で重力加速度を測定する場合には必ず考慮しなければならない事項である．

9.1 単振り子との比較

図 14 のように質量 m，半径 a の球形のおもりを，長さ L の糸で吊るした単振り子を考える．単振り子も慣性モーメントを考慮すればより正確に重力加速度を求めることができる．図 14 の，支点 O_1 のまわりの慣性モーメント I は，糸の重さを無視した近似を行うと，重心が球の中心にくること，(9.6) 式 (平行軸の定理) および実験 8「剛体の力学」の表 2 の球の慣性モーメントから，

$$I = I_G + m(L+a)^2 = \frac{2}{5}ma^2 + m(L+a)^2 \tag{9.13}$$

と計算できる．また単振り子の周期を T_s とすると，可逆振り子の場合と同様に (9.5) 式が成り立ち，$h = L + a$ であるから，

$$T_s = 2\pi\sqrt{\frac{I}{mg(L+a)}} \tag{9.14}$$

であり，これを変形すると，

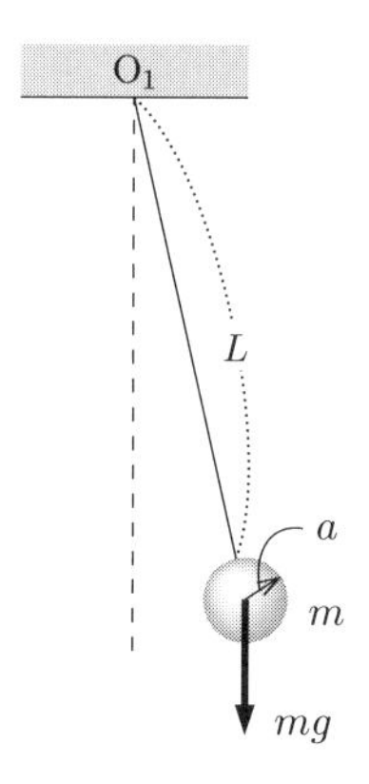

図 14　単振り子

$$g = \frac{4\pi^2}{T_{\mathrm{s}}{}^2}\frac{I}{m(L+a)} = \frac{4\pi^2(L+a)}{T_{\mathrm{s}}{}^2}\left\{1+\frac{2}{5}\left(\frac{a}{L+a}\right)^2\right\} \tag{9.15}$$

が導かれ，単振り子でも慣性モーメントを考慮した重力加速度を算出することは可能なことがわかる．

しかしながら，同じ規模の実験を行った場合，つまり $L_{\mathrm{AB}} \approx L+a$ の場合，ケーターの可逆振り子のほうがはるかに正確に重力加速度を求めることができる．それはなぜか，理由を考えてみよう．

9.2　振幅が大きいとき

実体振り子の振幅が大きくなると，(9.2) 式を導くのに使った近似は成り立たなくなる．そこで，近似を用いることなしに (9.1) 式を解き，振幅と周期 T の関係を求めてみる．

(9.1) 式の両辺に $\dfrac{\mathrm{d}\phi}{\mathrm{d}t}$ を掛け，$\dfrac{\mathrm{d}}{\mathrm{d}t}\left(\dfrac{\mathrm{d}\phi}{\mathrm{d}t}\right)^2 = 2\,\dfrac{\mathrm{d}\phi}{\mathrm{d}t}\dfrac{\mathrm{d}^2\phi}{\mathrm{d}t^2}$ の関係に留意して積分すると，

$$\left(\frac{\mathrm{d}\phi}{\mathrm{d}t}\right)^2 = \frac{2Mgh}{I}\cos\phi + C \tag{9.16}$$

を得る．最大振れ角 $\phi_{\max}$ のとき $\dfrac{\mathrm{d}\phi}{\mathrm{d}t} = 0$ であることから積分定数 C を決定し，(9.16) 式を整理すると，

$$\frac{\mathrm{d}\phi}{\mathrm{d}t} = \sqrt{\frac{2Mgh}{I}(\cos\phi - \cos\phi_{\max})} \tag{9.17}$$

を得る．これを変数分離し，振り子が最下点 ($\phi = 0$) から $\phi_{\max}$ にいたるまでの時間 (= 1/4 周期) を $t_{\max}$ として，両辺を積分すると，

$$\sqrt{\frac{I}{2Mgh}} \int_0^{\phi_{\max}} \frac{\mathrm{d}\phi}{\sqrt{\cos\phi - \cos\phi_{\max}}} = \int_0^{t_{\max}} \mathrm{d}t = t_{\max} = \frac{T}{4} \tag{9.18}$$

を得る．ここで, $\sin\frac{\phi}{2} = \sin\frac{\phi_{\max}}{2}\sin\theta$ と置く変数変換を行うと, θ の積分範囲は $0 \to \frac{\pi}{2}$ となり，さらに (9.18) 式の被積分関数に半角の公式：$\cos x = 1-2\sin^2\frac{x}{2}$ を適用して整理すると，

$$T = 4\sqrt{\frac{I}{Mgh}} \int_0^{\pi/2} \frac{\mathrm{d}\theta}{\sqrt{1-\sin^2\frac{\phi_{\max}}{2}\sin^2\theta}} \tag{9.19}$$

を得る．この積分は，ルジャンドル形式の第 1 種完全楕円積分と呼ばれる．この被積分関数をテイラー展開すると，

$$\frac{1}{\sqrt{1-\sin^2\frac{\phi_{\max}}{2}\sin^2\theta}} = \sum_{n=0}^{\infty} \frac{(2n-1)!!}{(2n)!!} \sin^{2n}\frac{\phi_{\max}}{2} \sin^{2n}\theta \tag{9.20}$$

となる．さらに積分公式 (cf. ウォリス積分)：$\int_0^{\pi/2} \sin^{2n}\theta \,\mathrm{d}\theta = \frac{(2n-1)!!}{(2n)!!}\frac{\pi}{2}$ を用いて整理すると，

$$T = 2\pi\sqrt{\frac{I}{Mgh}} \left\{ \sum_{n=0}^{\infty} \left[\frac{(2n-1)!!}{(2n)!!} \right]^2 \sin^{2n}\frac{\phi_{\max}}{2} \right\} \tag{9.21}$$

となり，最大振れ角 $\phi_{\max}$ の関数として周期 T を表すことができた．なお $k!!$ は二重階乗 (または半階乗) と呼ばれ，k から小さい方へ一つ置きに掛け合わせる関数であり，$k!! = k(k-2)(k-4)\cdot\cdots\cdot 4\cdot 2$ (k が偶数の場合)，および，$k!! = k(k-2)(k-4)\cdot\cdots\cdot 3\cdot 1$ (k が奇数の場合) である．また $0!! = (-1)!! = 1$ と定義される．

ここで (9.21) 式を第 3 項まで書き下すと，以下のようになる．

$$T = 2\pi \sqrt{\frac{I}{Mgh}} \left(1 + \frac{1}{4}\sin^2\frac{\phi_{\max}}{2} + \frac{9}{64}\sin^4\frac{\phi_{\max}}{2} + \cdots\right) \qquad (9.22)$$

別の言い方をすると，より一般的に導いた (9.21) 式から出発し，$\phi_{\max}$ を限りなくゼロに近付けていった極限が (9.5) 式であるとも考えられる．実験は振動の振幅を有限の値 (テキストの指示は 1 cm 程度) とし，かつ，$L_{\mathrm{AB}} \approx 1\,\mathrm{m}$ なので，$\phi_{\max}$ は約 10 mrad と見積もられる．この振幅がゼロではなく有限の値をもつことが，測定された重力加速度の値にどの程度の影響を与えるか見積もってみよう．

また，上記の結果は単振り子の場合でも同様なので，振動の振幅が大きくなると単振り子の等時性が成り立たなくなることも，理解できよう．

9.3　振動が減衰する効果

実験中，注意深く観察していれば，振り子の振幅が次第に小さくなっていくことに気が付いたことだろう．これは，回転軸を支えるベアリングの摩擦や空気抵抗などにより，最初に振り子のもっていたエネルギーが奪われたことが原因と考えられる (一般に**エネルギー散逸**と呼ばれる)．

このエネルギー散逸までを考えた場合，振り子の運動方程式は

$$\frac{\mathrm{d}^2\phi}{\mathrm{d}t^2} = -\frac{Mgh}{I}\phi - \gamma\frac{\mathrm{d}\phi}{\mathrm{d}t} \qquad (9.23)$$

となる．この式では角速度に比例するような散逸を考えている．γ はその比例定数であり時間の逆数の次元をもつ．このような散逸があるとき，それがない場合と比較して振り子の振動周期は変化する．

振動周期の変化は，(9.23) の微分方程式を解くことで見積もることができるので，各自解いてみよ．得られた微分方程式の解は，実際に観測された運動，すなわち減衰振動を表しているだろうか．なお，この微分方程式を完全に解き，振動周期に対する γ の寄与を定量的に見積もるためには，初期条件 (角度と角速度の 2 つがある) 以外に，振り子の振幅が減衰する割合に関する情報が 1 点必要である．そのため，適当な代表値を実験で測定しておこう (たとえば，振幅 1 cm で始め，50 周期で 0.8 cm になった，など)．

エネルギー散逸の効果が重力加速度測定に及ぼす影響はどれほどか見積もってみよう．

9.4 その他

重力加速度は，地球の自転による遠心加速度 (緯度によって異なる)，標高 (地球の中心からの距離)，潮汐力 (月・太陽の引力，および地球—月・地球—太陽系の共通重心まわりの回転運動による遠心加速度)，地下構造，潮の干満など，さまざまな因子の影響を受ける．たとえば，自転による遠心加速度や標高，地下構造などの違いから，地球上の重力加速度は測定地点により大きく異なる．それらの実測データは，理科年表にも収録されている．

逆に，ある敷地内で高精度の重力加速度測定マップを作成し，その敷地の地下にある空洞や地下水の分布を調べる，などの活用例もある．このように，高精度の重力加速度測定ができると仮定した場合，他にどのような応用が可能か考えてみよう．

▶ **参考実験**　重力加速度の決定に必要な測定値，周期 T_0 と回転軸 A・B 間の長さ L_{AB} の精度は，ほぼすべての実験ペアで T_0 のほうが 1 桁ほど低くなる．そこで T_0 の測定精度を上げ，1 桁高い精度で重力加速度を求めてみよう．T_0 の不確かさは主にストップウォッチの操作に由来する．本実験では 10 周期を測定し，それを 1 周期に換算した．参考実験では，100 周期に要する時間を測定してそれを 1 周期分に換算し，ストップウォッチ操作の 1 周期あたりの影響を 1/10 に減らすことにより，T_0 の測定精度を 1 桁向上させる．

100 周期の測定は，次のように行うと効率がよい．ストップウォッチのスプリット機能を用い，10 周期ごとに 190 周期まで測定を行う．1 周期 2 秒程度なので，測定に要する時間はひとつの条件あたり 380 秒，たかだか 6 分程度である．すでに交点はわかっているので，交点をはさむ 4 点についてだけ測定を行えばよい．次に 100 周期，110 周期 −10 周期，120 周期 −20 周期，…，190 周期 −90 周期，といった具合に 100 周期ごとのデータを 10 個得る．それぞれを 100 で割った値の平均値が 1 周期の測定値の平均である．以降のデータ処理は 10 周期の場合と同様に行うが，データ数が 4 から 10 に増えることにより，さらに精度の向上が見込める．データ処理に「付録 C　6. 最小 2 乗法」に示す方法を使ってもよい．不確かさの評価には一工夫を要する．

●参考　統計学的に妥当な ΔT_0 の計算方法

T_0 の不確かさ ΔT_0 は，「不確かさの伝播則 (序章「測定量の扱い方」にある (0.28) 式)」を用いて計算するのが妥当である．この (0.28) 式には偏微分が含まれるが，偏微分とは，多変数関数において 1 つの変数だけを変動させ (それ以外の変数を定数とみなし)，その変数に関して微分を行うことである．多変数関数 $f(x,\ y,\ z,\ w)$ の変数 x による偏微分係数 $\dfrac{\partial f}{\partial x}$ を，式で表すと以下のようになる．

$$\frac{\partial f}{\partial x} = \lim_{\Delta x \to 0} \frac{f(x+\Delta x, y, z, w) - f(x, y, z, w)}{\Delta x} \tag{9.24}$$

T_0 を求めた (9.12) 式を，$T_{\mathrm{A}i}, T_{\mathrm{A}j}, T_{\mathrm{B}i}$ および $T_{\mathrm{B}j}$ でそれぞれ偏微分し，得られた偏微分係数に各実験値を代入する．

なお，偏微分においても関数の積に関する微分の公式，たとえば，

$$g(x,y) = p(x,y) \cdot q(x,y) \text{ のとき，} \frac{\partial g}{\partial x} = \frac{\partial p}{\partial x}\, q + p\, \frac{\partial q}{\partial x} \tag{9.25}$$

が成り立つ．ここで $T_0 = f(T_{\mathrm{A}i}, T_{\mathrm{B}i}, T_{\mathrm{A}j}, T_{\mathrm{B}j})$ とおくと，たとえば，f の $T_{\mathrm{A}i}$ による偏微分係数は，次のようになる．

$$\frac{\partial f}{\partial T_{\mathrm{A}i}} = \frac{-T_{\mathrm{B}j}}{T_{\mathrm{B}i} - T_{\mathrm{A}i} + T_{\mathrm{A}j} - T_{\mathrm{B}j}} + \frac{T_{\mathrm{B}i}T_{\mathrm{A}j} - T_{\mathrm{A}i}T_{\mathrm{B}j}}{(T_{\mathrm{B}i} - T_{\mathrm{A}i} + T_{\mathrm{A}j} - T_{\mathrm{B}j})^2} \tag{9.26}$$

実験 10

干渉計による空気の屈折率の測定

1. 目　的

実験 2「オシロスコープ」では，パルスの伝播速度を測定し，ポリエチレンの屈折率を求めた．この方法では，時間幅の短いパルスの発生器と長い媒質 (同軸ケーブル) が必要であった．本実験では，測定方法の工夫により，ポリエチレンよりもはるかに小さな値しかもたない，室内空気の屈折率を測定する．実験の途中で，光の干渉という性質と，空気が屈折率をもつことを，自分で実地に確認する．また，レーザー，カメラといった光学機器，バルブ，ポンプといった真空機器の操作方法，技術を学ぶ．さらに，測定した屈折率の不確かさを適切に評価する．

2. 実験の概要

実験 A　液晶モニターに干渉縞が表示されることを確かめる．

実験 B　容器内の空気の物質量を変化させると，干渉縞が移動することを確かめる．

実験 C　容器内の空気を大気圧から減圧し，明線が基準線と一致する圧力を測定する．

実験 D　不確かさを含めて，空気の屈折率を求める．

3. 原　理

光の真空中での波長を λ_{vac}，実験室内の空気中での波長を λ_{air}，実験室内の空気の屈折率を n_{air} とする．光の進行方向を z 軸とする．図 1 のように，空気中に，直方体の容器，複スリット，スクリーンが設置されているとする．なお，実験装置 (図 2 と図 3) では，容器と複スリットの設置順序が異なるが，測定原理は同じである．

3.1 容器を通過する前後での光の変化

容器の内部を $x < 0$，$0 < z < d$，d を容器の z 軸方向の長さとする．容器の内部を，屈折率 n の媒質で満たす．容器に入射する前の ($z = 0$ 平面上での) 波動関数を $\psi_{\mathrm{in}}(x) = 1$ とし，平面波として扱う．容器を通過した後の波動関数 $\psi_{\mathrm{out}}(x)$ は，次のように書ける：

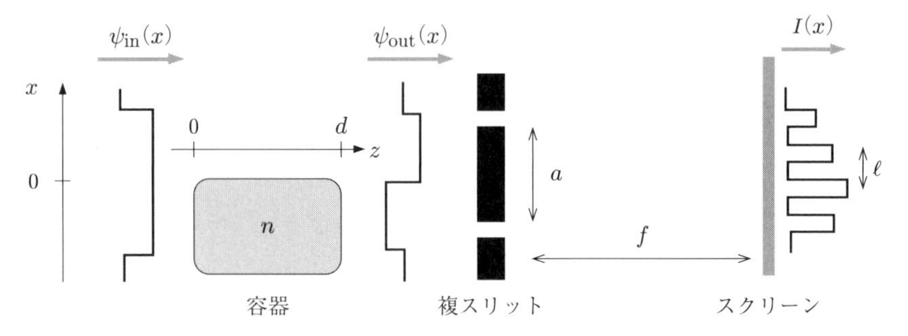

図 1　光学系の概略図．大気圧，室温の空気中に，容器，複スリット，スクリーンが置かれている．

$$\psi_{\text{out}}(x) = \begin{cases} \exp\left[2\pi i \dfrac{d}{\lambda_{\text{air}}}\right] = \exp\left[2\pi i \dfrac{n_{\text{air}}}{\lambda_{\text{vac}}} d\right] & x \geqq 0 \\ \exp\left[2\pi i \dfrac{n}{\lambda_{\text{vac}}} d\right] & x < 0 \end{cases} \tag{10.1}$$

3.2　スクリーン上の光の強度分布

複スリットの中心線を $x = 0$，スリット間隔を a，スリットとスクリーンの距離を f とする．$x = \pm a/2$ の各スリットを通過した光がスクリーン上につくる波動関数を，$\psi_{\pm}(x)$ とする．各スリット通過後の光を球面波として扱うと，

$$\psi_{\pm}(x) = \psi_{\text{out}}\left(\pm\frac{a}{2}\right) \exp\left[\frac{2\pi i}{\lambda_{\text{air}}}\left\{f^2 + \left(x \mp \frac{a}{2}\right)^2\right\}^{1/2}\right] \quad (\text{複号同順}) \tag{10.2}$$

である．$\psi_{\pm}(x)$ の重ね合わせが，スクリーン上における波動関数である．波動関数の 2 乗振幅が，強度分布 $I(x)$ として観測される．

$$I(x) = |\psi_{+}(x) + \psi_{-}(x)|^2. \tag{10.3}$$

以上より，$x, a \ll f$ の範囲では，

$$I(x) = 2\left(1 + \cos\left[2\pi\left(\frac{n_{\text{air}} - n}{\lambda_{\text{vac}}} d - \frac{x}{\ell}\right)\right]\right) \tag{10.4}$$

である．ここで ℓ は干渉縞の間隔で，

$$\ell = \frac{\lambda_{\text{air}}}{a} f \tag{10.5}$$

である．強度が極大となる位置を明線，強度が極小となる位置を暗線と呼ぶ．片方のスリットをふさいだ場合，強度分布 (10.4) は $I(x) = |\psi_+(x)|^2 = 1$ または $I(x) = |\psi_-(x)|^2 = 1$ となり，周期構造が消失する．

3.3　干渉縞の移動

●**参考 1** で説明するように，気体の屈折率の 1 からの差 $n-1$ は気体の数密度 ρ に比例する．空気が理想気体の状態方程式 $\rho = p/kT$ (T は温度，k はボルツマン定数) に従うとすると，圧力 p における容器内の空気の屈折率 n は，容器内の温度が一定であれば

$$n - 1 = (n_{\mathrm{air}} - 1)\frac{p}{p_{\mathrm{air}}} \tag{10.6}$$

と表せる．ここで，p_{air} は実験室内の空気の圧力 (大気圧) である．

容器内を大気圧 p_{air} の空気で満たした後，圧力が p になるまで減圧した場合を考える．このとき，(10.4) 式および (10.6) 式より，干渉縞は

$$(n_{\mathrm{air}} - n)\frac{d}{\lambda_{\mathrm{vac}}}\,\ell = \frac{p_{\mathrm{air}} - p}{p_{\mathrm{air}}}(n_{\mathrm{air}} - 1)\frac{d}{\lambda_{\mathrm{vac}}}\,\ell \tag{10.7}$$

だけ移動する．干渉縞を ℓ だけ移動させる圧力差を q とすると，

$$\frac{q}{p_{\mathrm{air}}}(n_{\mathrm{air}} - 1)\frac{d}{\lambda_{\mathrm{vac}}} = 1 \tag{10.8}$$

が成り立つので，空気の屈折率は，

$$n_{\mathrm{air}} = 1 + \frac{\lambda_{\mathrm{vac}}}{d}\frac{p_{\mathrm{air}}}{q} \tag{10.9}$$

と求めることができる．

予習問題 1　波長 640 nm の光に対する，温度 23 ℃，圧力 1000 hPa における空気の屈折率の文献値 n_{ref} を調べる．文献情報として，書籍名，引用箇所の表題，著者，出版年を明記すること．文献の例：B. Edlén, “The refractive index of air,” Metrologia 2, 71–80 (1966).

予習問題 2　空気の屈折率の文献値と (10.9) 式を用いて，q/hPa の大きさを見積もる．その際，$\lambda_{\mathrm{vac}} = 640\,\mathrm{nm}$，$d = 157\,\mathrm{mm}$，$p_{\mathrm{air}} = 1.01 \times 10^3\,\mathrm{hPa}$ とする．

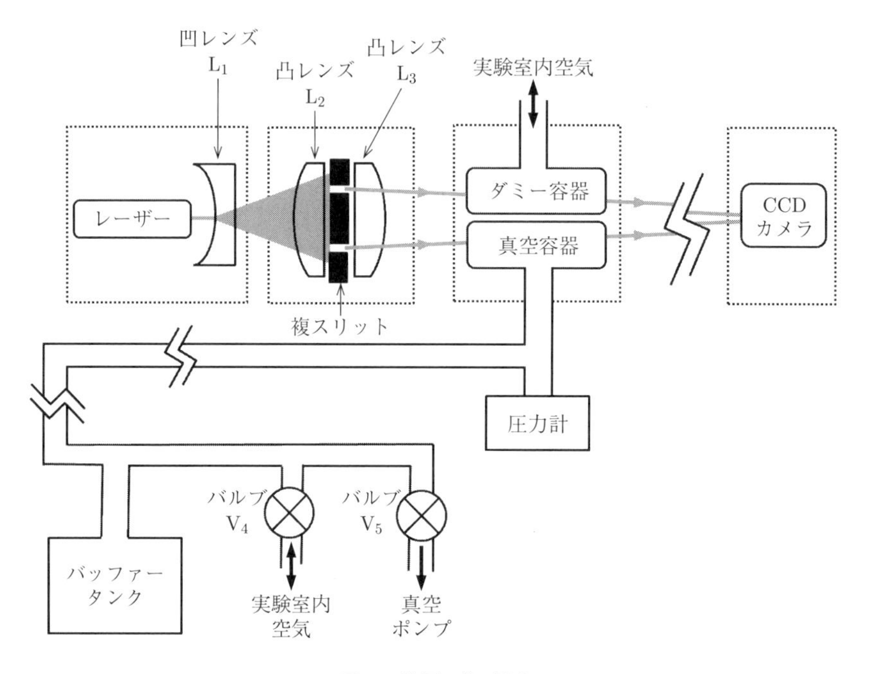

図 2　装置の概略図

4.　実験装置

図 2 に装置の概略図，図 3 に装置の外観図を示す．光源として半導体レーザーを使用する．スイッチ SW_1 を入れ電流を注入すると，レーザー光が放射される．強度分布はガウス型で，凹レンズ L_1 により幅を広げている．そのうち一部が，2 個の線状の開口 (複スリット) を通過する．スリットの一方を通過した光はチューブに接続された容器を通過し，もう一方の光は大気圧の容器を通過する．複スリット前後の凸レンズ L_2 と凸レンズ L_3 により，縦長の強度分布を集束させると同時に，2 本の光路を重ね合わせている．CCD カメラのセンサー面上における光の強度分布が，液晶モニターに表示される．チューブ内の圧力は，光学レールの上に設置された圧力計に表示される．この圧力計は，半導体ひずみゲージ (圧力がかかると電気抵抗が変化する素子) をブリッジ回路に組み込んだものである．圧力計は不確かさ $\Delta p = 3\,\mathrm{hPa}$ で較正されている．机の前側面には，圧力を制御するためのバルブ (V_4 と V_5) が設置されている．V_4 から空気を導入し，V_5 の先に接続されたロータリー真空ポンプで排出する．

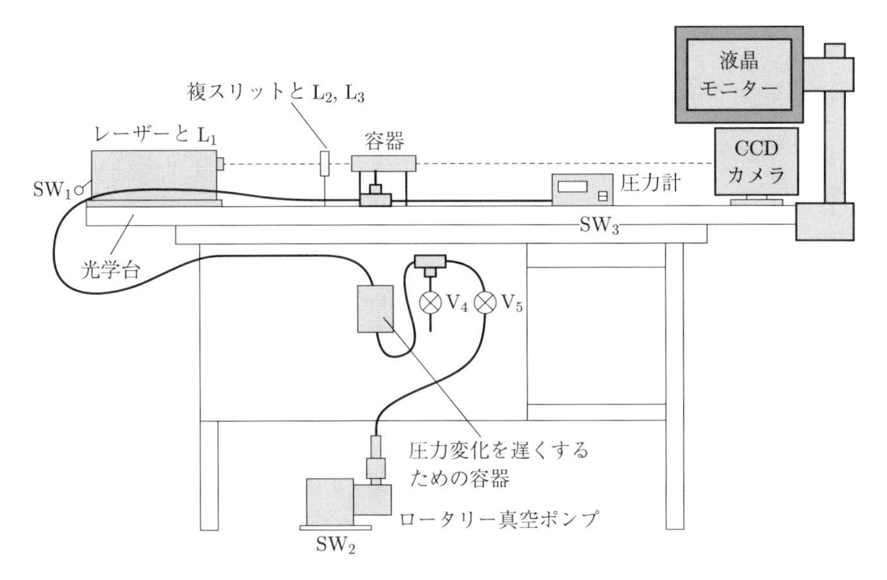

図 3　装置の外観図．3 か所にスイッチ (SW_1，SW_2，SW_3)，2 か所にバルブ (V_4，V_5) がある．

各机に，デジタル温湿度計を設置してある．温度センサの不確かさは ±1.0 ℃ である．気温の測定は，実験中に適宜行う．

5. 実　験

全過程を**実験 A**，**実験 B**，**実験 C**，**実験 D** に分けて指示する．

実験 A　干渉縞の確認

液晶モニター表示面上にある，干渉縞に対応する表示を探す．なお，液晶モニターには白色の十字線が常時表示されている．これを基準線として利用すること．光路を確認する道具として，方眼紙を名刺大にはさみで切った紙片などを用意すること．**注意：レーザー光は，直接のぞきこんではいけない．レーザー光が偶発的に自分や他人の目に入る可能性があるので，ハサミや定規など，紙片以外の物を光路に入れてはいけない．特に腕時計はあらかじめ外しておくこと．**

(A–1)　容器がレール上に置かれている場合は取り除く．レーザーを ON にする．

紙片にレーザー光を写して光路を確認する．アクリル箱の上部に明記されているレーザー光の波長を，λ_{vac} として記録する (記録例：13 時 00 分レーザー ON. 波長 $\lambda_{vac} = 640.0\,\mathrm{nm}$，気温 23.0 ℃).

(A–2)　液晶モニター上でスリットの両方を紙片でふさいだときに消える模様を探す．その模様が，レーザー光に対応する．スリットの片方を紙片でふさいだときに消える模様を探す．その模様が，干渉縞の暗線に対応する．必要なら，光路調節を行う．

(A–3)　光路を妨げないよう，容器をスリットの後方に設置する．

(A–4)　観測された干渉縞の模様をノートにスケッチする．明線に対応する模様と，干渉縞の間隔 ℓ を表す矢印 ($\longleftrightarrow$) とその長さ (液晶モニター上で何 mm か) を，スケッチに明記すること．

実験 B　真空システムの確認

容器内の空気を $3 \times 10^2\,\mathrm{hPa}$ 以下まで排気できることを確かめ，バルブの開閉により干渉縞の移動を制御できることを確かめる．

ここで，バルブの使用方法を説明する．バルブの開閉状態が異なる 4 種類の組み合わせと，その呼称を表 1 にまとめた．実験開始時は通常，「1. 全バルブ開」である．ロータリーポンプが動作している間は，全バルブ開は禁止である (ロータリーポンプが大量の空気を吸い込み続け，白い煙が出るなどの支障が生じる)．

バルブの開閉状態は，圧力計の表示から判断できる．変化の速さが $1\,\mathrm{hPa\,s^{-1}}$ 以下なら，十分に閉である．変化の速さが $6\,\mathrm{hPa\,s^{-1}}$ 以上なら，十分に開である．わずかなもれは常に存在するので，バルブを強く閉めても，緩やかな圧力変化は停止しない．チューブ内径が小さいので，バルブを大きく開けても，圧力変化は加速しない．次の開閉操作が困難となるので，必要以上に開閉を行わないこと．

(B–1)　圧力計を ON にし，大気圧 ($1.0 \times 10^3\,\mathrm{hPa}$) が表示されることを確認す

表 1　バルブの開閉状態と呼称．開○，閉 × とする．

呼称	V_4	V_5	備考
1.　全バルブ開	○	○	ロータリーポンプ OFF 時のみ可能．
2.　空気導入	○	×	中断するときは V_4 を閉じる．
3.　中断	×	×	全バルブ閉．記録など他の作業時の状態．
4.　空気排出	×	○	中断するときは V_5 を閉じる．

る．全バルブ閉 (「3. 中断」) を確認してから，干渉縞が消えないように容器をレール上に設置し，ロータリーポンプを ON にする (記録例：13 時 20 分　容器設置．ロータリーポンプ ON).

(B–2)　V_5 をごくわずかに開き (目安として 0.1 回転),「4. 空気排出」を行う．圧力計の表示 p が減少すると同時に，干渉縞が移動することを確認する．$p \leqq 300\,\mathrm{hPa}$ まで減圧したら，「3. 中断」する．液晶モニター上での明線の移動方向を記録する (記録例：13 時 21 分　$p = 280\,\mathrm{hPa}$ に到達．空気排出時に，明線は液晶モニターの右端から左端の方向へ移動した).

(B–3)　p が大気圧で一定になるまで「2. 空気導入」を継続し,「3. 中断」する．圧力計の値を p_{air} とし，記録する (記録例：13 時 30 分　大気圧 $p_{\mathrm{air}} = 1\,013.4\,\mathrm{hPa}$, 気温 23.4 ℃).

質問 1　空気排出時に観測した干渉縞の移動方向は,「容器に近づく方向 (図 1 では $x < 0$ の方向)」か,「容器から遠ざかる方向 (図 1 では $x > 0$ の方向)」か．光学系と液晶モニター上の左右の対応は，CDD カメラの手前で光路を左 (あるいは右) から遮断することで，調べられる．容器は光学台に固定されておらず，持ち上げて取り外せば内部構造を視認できる．

実験 C　明線の通過本数と圧力計の読み取り

(C–1)　$p = p_{\mathrm{air}}$ からごくわずかな「4. 空気排出」を行い，j 番目 $(j = 1, 2, \cdots, 20)$ に明線位置が基準線と一致する圧力 p_j を測定し，表に記録する (記録例：13 時 35 分，気温 23.5 ℃　$p = p_{\mathrm{air}}$ から空気排出後，j 番目に明線が基準線と一致する圧力を測定，などと書き，p_j/hPa の値を表にまとめる)．行き過ぎた場合は，途中で「3. 中断」および「2. 空気導入」を行い，増圧する．

(C–2)　ロータリーポンプを OFF にした後，すべてのバルブを開く．圧力計を OFF，レーザーを OFF にする．停止させた旨を記録する (14 時 15 分ロータリーポンプ OFF，全バルブ開，圧力計 OFF，レーザー OFF).

(C–3)　干渉縞を 1 間隔分の距離 ℓ だけ移動させる圧力差 q を測定により求めたい．干渉縞を 15 間隔分だけ移動させる圧力 $p_k - p_{k+15}$ $(k = 1, 2, \cdots, 5)$ から，q の間接測定値

$$q_k = \frac{p_k - p_{k+15}}{15} \tag{10.10}$$

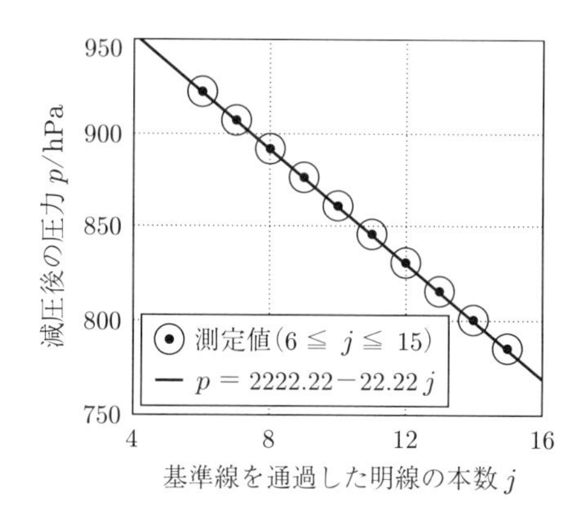

図 4　容器内の圧力を大気圧から p に減圧する間に，基準線を通過した明線の本数 (作図例).

を算出し，その平均値 $\overline{q} = \dfrac{q_1 + q_2 + \cdots + q_5}{5}$ を求める.

(C–4)　p_j が j の 1 次関数であることを，グラフを作成し確認する．縦軸は減圧後の圧力 p，横軸は基準線を通過した明線の本数 j とする (図 4)．1 次関数

$$p = \frac{p_6 + p_7 + \cdots + p_{15}}{10} - \left(j - \frac{6+15}{2}\right)\overline{q} \qquad (10.11)$$

と同時に，$p_6, p_7, \cdots, p_{15}$ を表す点をプロットする．1 次関数にならない場合は装置を ON や閉にして再測定すること.

実験 D　屈折率の算出

(D–1)‡　不確かさの意味と表記法を**序章 5〜7** で確認すること．そのうえで，個々の測定値 q_k の実験標準偏差 s を計算し，明記する (記録例：測定値 q_k の実験標準偏差 s = ○ hPa)．**注意**：$q_1, q_2, \cdots, q_5$ のうち，1 個または 2 個が $\overline{q} - s \leqq q_k \leqq \overline{q} + s$ の範囲から外れるはずである.

(D–2)‡　ここでは，測定値のばらつきは確率的と仮定する．測定値の平均値 $\overline{q}$ を，標準不確かさ (平均値の実験標準偏差) $\Delta\overline{q}$ とともに明記する (記録例：測定値の平均値 $\overline{q}$ = ○(△) hPa)．**注意**：$\Delta\overline{q} < s$ となるはずである.

(D–3)‡　(10.10) 式に基づき，q の総合的な不確かさ Δq を，

$$\Delta q = \left\{ (\Delta \overline{q})^2 + \frac{2}{(15)^2} (\Delta p)^2 \right\}^{1/2} \qquad (10.12)$$

とする ($\Delta p = 3\,\mathrm{hPa}$). 実験値 q を，総合的な不確かさ Δq とともに明記する (記録例：実験値 $q = ○(△)\,\mathrm{hPa}$).

(D–4)‡　(10.9) 式に基づき，実験値 n_{air} の不確かさ Δn_{air} を，

$$\frac{\Delta n_{\mathrm{air}}}{n_{\mathrm{air}} - 1} = \left\{ \left(\frac{\Delta q}{q} \right)^2 + \left(\frac{\Delta p}{p_{\mathrm{air}}} \right)^2 \right\}^{1/2} \qquad (10.13)$$

とする．ここで，$\Delta(n_{\mathrm{air}} - 1) = \Delta n_{\mathrm{air}}$ を用い，$\Delta d/d$ と $\Delta\lambda_{\mathrm{vac}}/\lambda_{\mathrm{vac}}$ は，$\Delta q/q$ よりも十分小さい値と仮定した．(10.9) 式における d は容器内側の長さで，この実験装置では $d = 157.0\,\mathrm{mm}$ である．実験値 n_{air} を，不確かさとともに明記する．

■考察のためのヒント

(1)　実験値 n_{air} と文献値 n_{ref} を比較する．数値だけでなく，「一致しない」「一致する」といった所見を明記すること．

(2)　同じ測定条件の文献が見つからない場合は，文献値に妥当な補正を行ったうえで比較すること．たとえば，大気圧 p_{air}，室内温度 T と，文献値の測定条件 p_{ref}，T_{ref} の違いを考慮する．

(3)　不確さを過大に評価していないか，可能な限りの検証を行うこと．たとえば，(10.12) 式の代わりに $\Delta q = \Delta \overline{q}$ とした場合の実験値を求め，文献値と比較する．

(4)　不確かさを過小に評価していないか，可能な限りの検証を行うこと．たとえば，光路を確認し Δd を見積もる．

◆**参考問題 1**　$300\,\mathrm{hPa} \leqq p_j \leqq p_{\mathrm{air}}$ の領域にあるすべての p_j を測定し，(10.11) 式に乗ることを確かめる．

◆**参考問題 2**　ロータリーポンプで何 hPa まで減圧できるのか，明線の移動から求める．

●**参考 1　分子の分極と気体の屈折率**　分子に電磁波の電場がかかると，原子核と電子は反対方向のクーロン力を受け，電気双極子が生じる．この誘起された電気双極子が新たに電磁波をつくることから，電磁波の位相速度が変化し，物質の種類に

依存した屈折率が表れる．分子の電気双極子の大きさは電場の大きさ E に比例するので，気体の誘電分極 P (単位体積あたりの電気双極子の和) は $P = \varepsilon_0 \chi E$ (ε_0 は真空の誘電率) と書ける．χ は物質中の分子の数密度 ρ に比例する無次元の比例定数で，電気感受率と呼ばれる．

一般に，物質の誘電率は $\varepsilon_0(1+\chi)$ と表され，屈折率は $n = \sqrt{\varepsilon/\varepsilon_0} = \sqrt{1+\chi}$ と表される．気体の場合，屈折率は1に近く，$\chi \ll 1$ であるので，近似的に $n = 1+\chi/2$ と表される．χ は ρ に比例するので，屈折率の1からの差 $n-1 = \chi/2$ は ρ に比例することになる．

●参考2　圧力の単位　国際単位系 (SI) では圧力単位は $\mathrm{N\,m^{-2}}$ であるが，これを記号 Pa と表し，パスカルと呼ぶ．Pa と標準大気圧 (1 atm) との関係は以下のようになる．

$$1\,\mathrm{atm} = 1.013\,25 \times 10^5\,\mathrm{Pa} = 1\,013.25\,\mathrm{hPa}$$

大気圧を表すときは $1\,\mathrm{hPa} = 100\,\mathrm{Pa}$ を単位として用いることが多い．

●参考3　レーザーの原理　レーザーは一口にいって光の周波数領域の発振器である．発振器とは増幅器と共振器とを適当に (正のフィードバックがかかるように) 結合したものをいう．レーザーの場合，増幅器の役目をするのは電子の逆転したエネルギー分布である．いま，E_1, E_2 の2つの電子エネルギー準位が物質中にあり，$E_2 - E_1 = h\nu$ であるとする (h はプランク定数，ν は光の振動数)．

図5(a) のように上の準位の電子を多くして $h\nu$ の光を当てると，準位 E_2 の電子が $h\nu$ の光を放出して E_1 に落ちる確率が，準位 E_1 の電子が光を吸収して E_2 に上がる確率を上回るので光が増幅される．(b) の場合は逆に吸収が勝って光は減衰

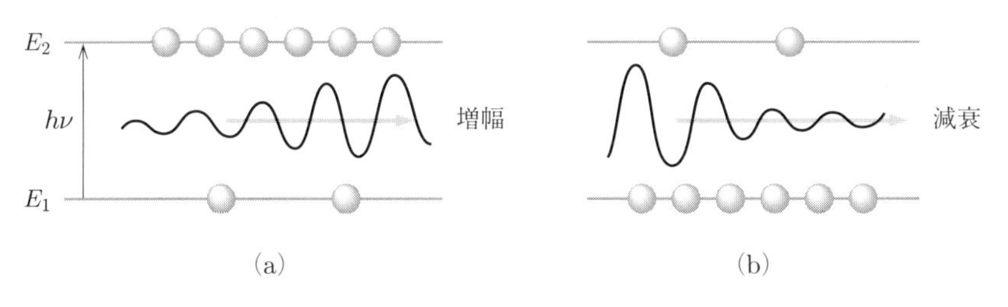

図5　レーザーの原理．(a) 光の増幅．(b) 光の減衰．

する．光が増幅されるためには，(a) のような逆転分布した一対のエネルギー準位が必ず存在しなければならない．半導体レーザーの場合，この逆転分布は p 型半導体と n 型半導体の接合部に外部電圧をかけて電流を流すことによりつくられる．共振器の役目をするのは 2 枚の反射鏡である．最初の火種となる光はあらゆる方向に勝手に放出されるが，2 枚の反射鏡の間に定在波をつくる光のみが大きな振幅に増幅される．反射鏡の一方または両方を半透明にして，この光を取り出す．このようにして生成するレーザー光は，① 波の位相がそろっている，② 単色性が非常によい，③ 平行度が高い，という特長がある．

●参考 4　ロータリーポンプの原理　ロータリーポンプにはいくつかの形式があるが，原理はみな同じである．ここではゲーデ型と呼ばれるものを説明する．図 6 を見よ．回転子と固定子は偏心していて上側で接している (もちろん実際には隙間があるが油で機密性をよくしてある)．さらに回転子に取り付けられた翼板がスプリングによって常に固定子の内面に押し付けられている．吸気口から流入した気体は，翼板で閉じ込められるため回転に伴って圧縮され (a)，ある圧力になると排気弁を押し上げて排気口から出て行く (b)．全体は油に浸されて，気密性が保たれるようになっている．

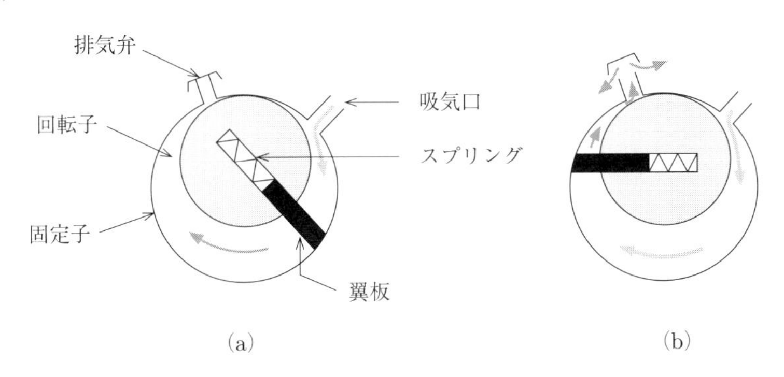

図 6　ロータリーポンプの原理．(a) 吸気．(b) 排気．

実験 11

ヤング率

1. 目　的

「光てこ」を用いて，ステンレススチール棒の荷重によるたわみを測定し，ステンレススチールのヤング率を求める．ヤング率の測定を通じて，弾性率の数値に親しみをもつとともに，ノギス (キャリパー)，マイクロメーターなど，長さの精密測定器具の使用法，特に副尺の使用法を習得する．また，不確かさの原因が複数ある場合の評価法を学ぶ．

2. 実験の概要

試料としてステンレススチールの角棒を用いる．この試料を水平に支持する台の上にのせ，試料の両端に鏡を取り付ける．試料の後方に置いた物差し (金属製直尺) の目盛が，2 枚の鏡を経由して望遠鏡で読み取れるように光路調整する．試料の中央に荷重をかけると試料がたわみ，両端の鏡がわずかに傾く．この微小な角度変化を，望遠鏡による直尺目盛の読みの変化に「増幅」して測定する．この増幅は「光てこ」と呼ばれる．

実験は以下の手順で行う．

(1) 加えるおもりを順次増しながら試料のたわみを測定する．次におもりを再び減らし同様の測定をする．測定記録をグラフにまとめる．

(2) 測定で得られた荷重とたわみの関係から試料のヤング率を計算する．

(3) 測定データのばらつき，測定器具の精度などからヤング率の実験値の不確かさを見積もる．

ヤング率とは

ばねを力 F で引っ張ったときの伸びを Δl とすると，F があまり大きくない範囲では，Δl は F に比例する．すなわち，k をばね定数とすると，

$$F = k\,\Delta l \tag{11.1}$$

である．

金属などの固体は力を加えると変形し，力を取り除くともとに戻る．このような現象は弾性変形と呼ばれ，加えた力があまり大きくなければ，変形は力に比例する．これをフックの法則という．このときの変形のしにくさを表す比例係数(ばねの場合のばね定数にあたる)は試料の幾何学的形状に依存するが，これを材質のみで決まる物質定数として表したものが弾性率である．弾性率のうち，張力と伸びを結び付けるのがヤング率である．

長さ l，断面積 S の均質な材質でできた角棒を考える．この棒の両端を F の力で引っ張ったとき，Δl の伸びがあったとする．同じ棒を 2 本並べて両端を F の力で引っ張ったとき，1 本の棒には $F/2$ の力がかかるから，伸びは $\Delta l/2$ となる．また，同じ棒 2 本を縦につないで同じ力を加えると，2 本ともに同じ力 F がかかるから，全体の伸びは $2\,\Delta l$ となる．一般に，ひずみ率 $\Delta l/l$ は単位断面積あたりの力(応力) F/S に比例する．よって，比例定数を E として

$$\frac{F}{S} = E\,\frac{\Delta l}{l} \tag{11.2}$$

と表すことができる．この E がヤング率である．E は $\dfrac{\text{力}}{\text{面積}}$ の次元をもち，物質に固有な量である．力を反対向きにして棒を圧した場合も同じ式が成り立つ．

予習問題 1　この棒のばね定数 k は，$k = ES/l$ となることを示せ．

3.　原　　理

3.1　たわみ

金属棒を目に見える程度まで引き伸ばすには大がかりな装置による大きな力が必要となり，弾性限界を超えてしまう可能性がある．したがって，長さの変化の直接測定からヤング率を求めるのは困難である．ところが，この棒に横から力を加えると，比較的容易にたわませることができる．しかしこのたわみも十分には大きくなくその直接測定は難しい．そこで，この実験ではたわみを角度の変化としてとらえ，「光てこ」を利用して測定することによりヤング率を求める．

3.2　「光てこ」を利用した微小角度変化の測定

図 1 は角棒が支持台の刃 (edge) $\mathrm{E}_1, \mathrm{E}_2$ の上にのっており，角棒の中央 O におもりによる力 (荷重) W が加わって，角棒がたわんでいる様子を表している．角棒のたわみは説明のためにおおげさに描いている．おもりがないときには角棒はまっ

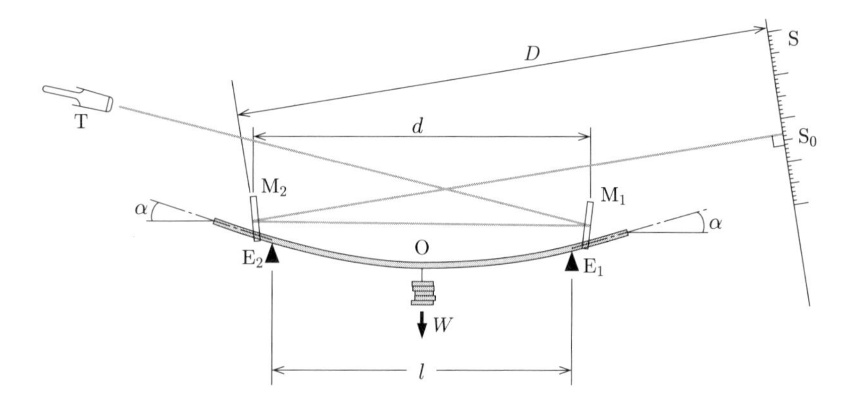

図 1　装置全体の概略．金属棒のたわみは，説明のためにおおげさに描いている．

すぐである．E_1, E_2 から外に出た部分に，鏡 M_1 と M_2 を図のように設置する．この刃の外側の部分は，たわみはないが，角棒への荷重により角度 α (単位は rad) だけ傾く．望遠鏡 T 内の十字線と重なって見える直尺の目盛の値 S_0 は，鏡 M_2 に映り次いで M_1 に映り，これが望遠鏡で読み取られる．直尺 S の目盛の読みの変化 x から α (鏡の回転角に等しい) を測定することができる．

光の逆行の原理より，S_0 は T の光軸に沿って出た光線が鏡 M_1, M_2 に反射して直尺 S に当たる位置の目盛に等しい．棒のたわみによって鏡 M_1, M_2 が回転するとき，光路 $S_0M_2M_1T$ のうち，M_1T 間の光路以外は，その回転角によって変化する．角棒がたわむことによって，鏡 M_1, M_2 がともに内側に角度 α だけ回転すると，光路 M_1M_2 の回転角は 2α，光路 M_2S_0 の回転角は 4α となる．したがって，鏡の回転による S における目盛の読みの変化量 x は，鏡 M_1 と M_2 の間隔を d，直尺 S の読みの位置 S_0 と鏡 M_2 との間隔を D とすると，

$$x = 2\alpha d + 4\alpha D = 2\alpha(2D + d) \tag{11.3}$$

となる．よって回転角 α は

$$\alpha = \frac{x}{2(2D + d)} \tag{11.4}$$

である．すなわち，d, D を決めておいて x を測定すれば α が求まる．

D や d が十分な長さになるように装置を設定すれば，α が微小でも，x は十分大きな値として測定することができる．たとえば，$2D + d = 2\,\mathrm{m}$ の場合，$\alpha = 1'$ (1 分：1 度の 60 分の 1 の角度) $\simeq 3 \times 10^{-4}\,\mathrm{rad}$ という微小な角度の変化に対し，

x は約 1.2 mm と見積もられ，十分に測定可能な値なる．この増幅は「光てこ」と呼ばれる．

3.3 たわみからヤング率を求める式の導出

図1のように厚さ a，幅 b の角棒を，間隔 l で置かれた刃 E_1, E_2 の上に置き，E_1 と E_2 との中央 O に荷重 W を加える．棒がたわんでいるとき，棒の厚さの中心層(●**参考 1** の図 4，図 5 において一点鎖線で示された NN′) では伸縮がなく，棒の上半分は圧力を受けて縮み，下半分では逆に張力を受けて伸びている．棒のたわみにより生じる試料両端における傾斜の角度 α とヤング率 E の関係は

$$\tan\alpha = \frac{3}{4}\frac{l^2}{a^3 b}\frac{W}{E} \tag{11.5}$$

と計算できる［(11.5) 式の導出については●**参考 1** を見よ］．(11.4) 式と (11.5) 式からヤング率は，

$$E = \frac{3}{2}\frac{l^2}{a^3 b}\frac{2D+d}{x}W \tag{11.6}$$

で求めることができる．ここで，α は十分小さいとして $\tan\alpha \simeq \alpha$ と近似した．

4. 実験装置

4.1 ノギス，マイクロメーター

ノギスとマイクロメーターを用いて試料の幅と厚さを測定する．使用法は付録 B の **3.** を参照すること．

4.2 尺度望遠鏡

本実験では比較的近いところにある直尺の目盛を見るため，大幅に筒長を変えられる望遠鏡の対物レンズ O に，さらに補助レンズが取り付けてある．図 2 の C のところに十字線が挿入されており，これが直尺の目盛を読む基準になる．使用する

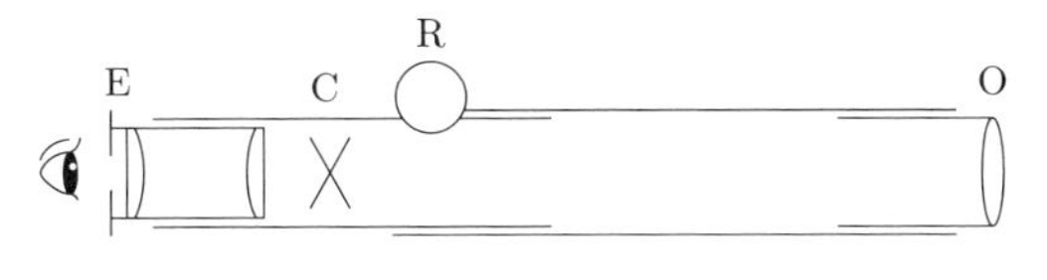

図 2　尺度望遠鏡

前に，まず接眼部 E の出入りを加減して十字線が明瞭になるように調整する．直尺の目盛に焦点を合わせる (直尺の目盛の実像を十字線の位置と一致させる) にはラック・ピニオン (rack and pinion) R を回して筒長を調節する．

5. 実　験

5.1 測定の準備

以下の各項目のチェックをとばさず，確実に行うこと．

(1) 試料支持台の脚のひとつは，高さを変えることができる．これを調節して，支持台ががたつかないようにする．

(2) 図 1 に示すように，試料の角棒を刃 E_1, E_2 の上に置き，E_1 と E_2 の中央におもりを吊るす金具を置く．

(3) 図 3 に示される鏡のついた金具 2 つを，E_1, E_2 の外側にねじ C で角棒に固定する．鏡 M はねじ G により多少傾きが変えられる．

(4) 試料の角棒を挟んで角棒の向きと一直線になる位置の一方に望遠鏡を，それと反対側に直尺 S を置く．望遠鏡は机上 40 cm 前後の高さに調節する．直尺および望遠鏡を含め，装置全体が机の中央の除振台の部分からはみ出さないように置く．

(5) 電灯で直尺の目盛を明るく照らす．望遠鏡を少し横にずらし，接眼レンズのあった位置に目を置く．そして，まず M_1 の鏡を見て，その中に M_2 が見えるように M_1 の鏡の向きと傾きを変える．M_2 を見た後，M_2 の向きと傾きを変えて，今度はさらに直尺の目盛が見えるようにする．この観測する目盛の部分が明るく

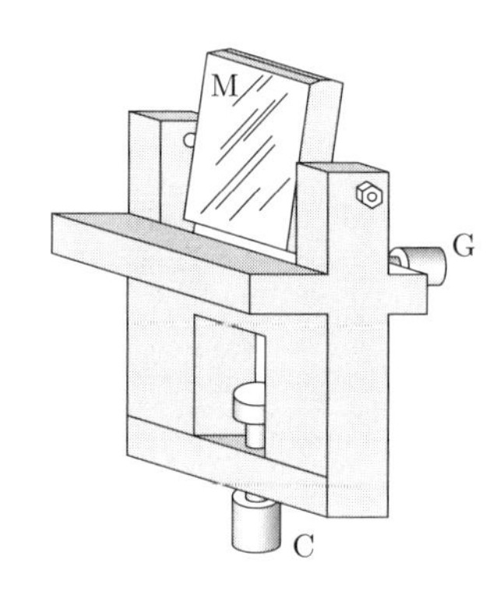

図 3　鏡

なるよう電灯の位置を調節する．図 1 に示すように直尺 S が光路 M_2S_0 にほぼ直角になっているかを確かめる．

(6) 目を置いた位置に望遠鏡を戻す．接眼部と M_1 を結ぶ線と望遠鏡が平行でないときは，望遠鏡の傾きを調整する．望遠鏡をのぞき，筒長を変えて M_1 を探し出す．M_1 が見えれば，筒長を少し短くすると M_2 が見え，さらに少し短くすると尺度が見えるはずである．

(7) 視差をなくすための調整を行う．接眼部 E を調節して十字線が明瞭になる位置 (十字線の像が測定者の明視の位置，すなわち，目をこらさなくてもはっきり見える位置) に設定する．このとき直尺の目盛がぼけて見にくくなってもよい．以後，同一視力の者が測定するかぎり接眼部 E は動かさない．次に，目盛の見える部分を特に明るくし，目の位置を少し上下に動かしても読み取る目盛が変わらないようにラックピニオンで望遠鏡の筒長を調節する．これは視差 (parallax) をなくす操作で，精密測定のために特に必要である．視差とそれをなくす方法については付録 B の **4.** を参照せよ．

5.2 測定

(8) おもりとなる分銅 (1 個の質量は m) はすべて試料支持台の上に置く．全体を 2 つに分け，つり具の左右に積み重ねて置く．

(9) 分銅をつり具にのせる前に，望遠鏡の十字線上の中心点の直尺の目盛を読む．このとき，0.1 mm の桁まで目分量で読み取る．その後，順次分銅をつり具に静かにのせ，ひとつ加えるごとに目盛を前と同様に読み取る．分銅は左右の山から交互に取り，そっと静かにのせること．荒っぽくのせると，試料の角棒に振動を与え，鏡の傾きが変わったり，つり具の刃がずれたりすることにより目盛の位置がはなはだしくずれてしまう．測定中は装置をのせてある実験机に新たに物をのせたり，体重をかけたりしないこと．記録は別の机で行い，また，実験机の近くを歩くときは，実験机に触れたり振動を与えたりしないように注意する．

(10) 分銅を全部のせ終わったら，順次ひとつずつそっと静かに取り去る．元のように支持台上のつり具の左右に積み重ねる．前と同様にひとつ分銅を取り去るごとに目盛を読む．分銅をすべて取りさった際の目盛も読み取ること．データは，荷重を増加するときの読みを x_1，減少するときの読みを x_2 として表 1 のように書くとよい．

(11) 目盛の読み x_1, x_2 を，つり具にのせた分銅の個数の関数として同一のグラフ

表1　つり具にのせた分銅の個数に対する目盛の読み

つり具にのせた分銅の個数	W の増加時の読み x_1/mm	W の減少時の読み x_2/mm	x_1 と x_2 との平均 $\overline{x}$/mm	分銅5個分についての $\overline{x}$ の数値	備　考
0	253.2	253.3			(5–0)
1	252.2	252.1			(6–1)
2	251.1	251.3			(7–2)
3	···	···			(8–3)
4	···	···			(9–4)
5	···	···			(9個と4個との差)
6	···	···			
7	···	···			
8	···	···			平均値
9	···	···			|最大値 – 最小値|
10	···	—	(10のデータは使用しない)		(標準偏差)

に描く．もし直線から大きくずれたり，x_1 と x_2 が食い違ったり，急なとびが見られる場合はその原因を考えた上で測定 (9)，(10) をやり直す．共同実験者と役割を交代する場合には，明視の距離には個人差があるので，「**5.1** 測定の準備」の (7) もやり直すこと．

(12)　測定 (9)，(10) の結果が満足できると思ったら，d, D および l を直尺 (図1の直尺Sとは別に用意されている) で測る．この場合，おのおの4回以上測って記録する．

(13)　マイクロメーターで試料の厚さ a を，ノギスで試料の幅 b を，刃 E_1, E_2 の間の6か所程度で測って実験ノートに記録する．ノギスとマイクロメーターを使うのは，双方の扱いに慣れるためである．扱い方については付録Bの **3.** を参照せよ．

5.3　測定データの整理とヤング率の計算

(14)　表1のデータから分銅5個分あたりの目盛の読みの差を出し，その平均値を出す (表1の右側の欄)．(本来は付録Cの **6.** に示す最小2乗法を用いて，つり具にのせた分銅の個数と目盛の読みの関係を求めるべきだが，時間の都合でここでは用いない.)

(15) d, D, l, a, b の平均値 $\overline{d}, \overline{D}, \overline{l}, \overline{a}, \overline{b}$ を求め, (11.6) 式を用いて $\overline{E}$ の値を計算する. 分銅 1 個の質量は $m = 0.495(2)$ kg, 重力加速度の値は $g = 9.80\,\mathrm{m\,s^{-2}}$ (不確かさは考えない) を用いよ. なお, $\overline{E}$ の単位は $\mathrm{N\,m^{-2}}$ あるいは Pa を使う.

5.4 ‡ ヤング率の実験値の不確かさの評価

実験値の不確かさを評価する際は, さまざまな要因を考えなければならない.

本実験ではヤング率を求めるためにさまざまな物理量 (l, a, b, x, D, d, W) を複数回測定したが, それぞれの測定は必ず不確かさ $(\Delta l, \Delta a, \Delta b, \Delta x, \Delta D, \Delta d, \Delta W)$ を伴う. いま, それぞれの物理量や測定の間に, まったく相関がないとすると, 確率的な考え方に従ってヤング率 (実験値) の不確かさを求めることができる.

序章「実験を始める前に」の「**6.5** 合成標準不確かさ (間接測定の不確かさ) の求め方」より, ヤング率の実験値 $\overline{E}$ とその不確かさ (合成標準不確かさ) ΔE の相対比は

$$\frac{\Delta E}{\overline{E}} = \sqrt{\left(\frac{2\Delta l}{\overline{l}}\right)^2 + \left(\frac{3\Delta a}{\overline{a}}\right)^2 + \left(\frac{\Delta b}{\overline{b}}\right)^2 + \left(\frac{\Delta x}{\overline{x}}\right)^2 + \left(\frac{2\Delta D}{2\overline{D}+\overline{d}}\right)^2 + \left(\frac{\Delta d}{2\overline{D}+\overline{d}}\right)^2 + \left(\frac{\Delta W}{\overline{W}}\right)^2} \tag{11.7}$$

で与えられる.

注意 この式の右辺の根号内のどの項も小さいことが望ましい. いまの場合, $\Delta x/\overline{x}$ は根号内の他の項より 1 桁近く大きいので, これが $\Delta E/\overline{E}$ の値に最も影響を与える. このことは, 測定の前に不確かさを見積もればあらかじめ予測できるので, 不確かさを減らす工夫をしたいところであるが, この実験ではそれは容易でない. これに関連して, 序章「測定量の扱い方」の「**5.** 不確かさの意味とその重要性」で, 測定前と後の 2 度, 不確かさを検討することの必要性を述べているので参照せよ.

予習問題 2 ヤング率の実験値の不確かさの相対比が (11.7) 式で与えられることを示せ.

ヤング率の実験値の不確かさを与える (11.7) 式の $\Delta l, \Delta a, \Delta b, \Delta x, \Delta D, \Delta d, \Delta W$ のおのおのは, いくつかの原因によって生じる. それらのうち主要な原因が何であるかを調べながら実験値の不確かさを求めるために, ここでは ① 読み取りの不確かさ, ② 確率的な不確かさ, ③ 器具の不確かさ, ④ その他測定状況による不確か

さ，の順番で考える．

上の 4 つの不確かさの評価の手順について簡単に説明する．

[① 読み取りの不確かさ]　最小目盛が 1 mm の直尺を使ってある物の長さを測定するとき，0.1 mm の桁まで目分量で読み取ることは可能である．しかし最後の 0.1 mm の桁の数値には測定者の主観 (クセ) が入るため，場合によっては 0.2 mm 程度の読み取り値の食い違いが生じる．したがって最小目盛の 1/10 の桁まで目分量で読み取る場合の不確かさは，最低でも最小目盛の ±0.1 と考えるのが妥当である．最小目盛が 1 mm の直尺の場合は最低でも 0.1 mm の不確かさが，最小目盛が 0.01 mm のマイクロメーターの場合は最低でも 0.001 mm の不確かさがあると考えるべきである．視差や読み取り時の状況なども含めると，不確かさは上記の 2 倍程度としてもよい．いずれにしても「目分量」は客観的判断がしにくいので注意が必要である．一方，主尺と副尺の目盛線が一致する場所を読み取るノギスの場合，読み取り値は 0.05 mm 単位で離散化されている．したがって不確かさは 0.025 mm と考えてよい (厳密には最小目盛の $1/2\sqrt{3}$ の 0.014 mm となる．［付録 B，「**1.2.b**　デジタル型」参照])．

[② 確率的な不確かさ]　装置の不安定性や測定者の判断に起因する測定値の不確かさでも，ランダム性のものは測定を何度か繰り返すことで見積もることができる．

物理量 X の測定を繰り返して得た測定値 x_1，x_2，$\cdots$，x_n の平均値を $\overline{x}$ とする．不確かさの原因が確率的変動にあると仮定し，1 回ごとの測定が互いに独立であるとすると，平均値の不確かさ $\Delta\overline{x}$ は，

$$\Delta\overline{x} = \sqrt{\frac{1}{n(n-1)}\sum_{i=1}^{n}(x_i - \overline{x})^2} \tag{11.8}$$

で与えられる (「測定量の扱い方」の「**6.** 不確かさの原因と評価方法」参照)．

[③ 器具の不確かさ]　実際に測定に使われる実験器具の目盛には，必ずいくらかの狂いがある．これを器差という．たとえば，直尺の読み取りをきわめて詳細かつ正確に行ったとしても，使った直尺が変形していれば測定値は全体的に過少に評価されたり過大に評価されたりすることになる．製品として許容されうる器差の上限は法律によって定められており，これを公差と呼ぶ．多くの場合，目盛の較正を行えば，この器差を最小限におさえることができる．ここではその較正は行わず，ノギスの器差の評価はメーカーの仕様である 0.05 mm を用い，マイクロメーターの器差の評価は，最大許容誤差の 2 μm，直尺の器差の評価は公差を用

表 2　測定値に対する不確かさの見積り

	平均値	① 読み取りの不確かさ	② 確率的な不確かさ	③ 器具の不確かさ	④ その他測定状況による不確かさ	値の不確かさ (①，②，③，④ の $\sqrt{2\text{乗和}}$)	相対不確かさ
l/mm							
a/mm							
b/mm							
x/mm							
D/mm							
d/mm							
W	$5\,mg$						0.004

いることにする (付録 B 参照)．器具はすべて 1 級である．

[④ その他測定状況による不確かさ]　測定状況による ①, ②, ③ 以外の不確かさがないか検討する．たとえば D や d の測定において直尺を正しくあてることは簡単ではないが，測定値が大きめに出る傾向をもつなどの，確率的ではない測定状況による不確かさは，その性質上，測定を行った本人が最も適切に大きさを推定できる立場にある．責任をもって注意深く判断し，適切な値を見積もらなければならない．もちろん推定なので，人によって数倍の違いはありえる．

1)　各測定値ごとに，上記 ①〜④ の各項目について不確かさを評価し，表 2 の形で整理せよ．各測定値における ①, ②, ③, ④ の不確かさの 2 乗の和の平方根を，その測定値の不確かさとする．おのおのの測定値の不確かさの主な原因を ①, ②, ③, ④ から選び，その理由を検討せよ．なお，$\Delta W/W$ は 0.004 とせよ．

注意 1　① と ② の不確かさの評価がともに意味をもつためには，これらの不確かさが同程度の大きさであるべきである．たとえば，数値を粗く丸めて読み取れば，(11.8) 式で評価される不確かさ (②) が 0 になることもあるが，その場合は分解能による不確かさ (①) が大きくなる．繰り返し測定する値がばらつく程度に細かく数値を読むほうが，① と ② の平方和が小さくなる．また，(11.8) 式で評価される測定値のばらつきより数桁よい分解能で測定しても平方和を小さくすることはできないので，得るところがない．

注意 2　ここでは①,②,③,④の不確かさを独立であると仮定し，その 2 乗の和の平方根をその値の不確かさとした．しかしこれらが独立であるかどうかは議論の余地があるので，別の方法で値の不確かさを求めてもよい (たとえば①,②,③,④の不確かさの最大値など)．また一部を省略してもよい．ただし，選んだ方法の妥当性についての考察がノートに明記されている必要がある．

2)　ヤング率の実験値の不確かさ ΔE を (11.7) 式を用いて計算する．(11.7) 式をまず書き，次の行で，各記号の値がわかるように各値を代入した式を書く．その次に (11.7) 式の根号内の各項の大小が一目でわかるように，おのおのの項の計算値を前の行の各項の下に並べて書く．最後まで計算して相対不確かさ $\Delta E/\overline{E}$ を書く．それから ΔE を書く．このようにすると，おのおのの測定の精度がどれだけ重要かがわかり，実験精度の改善の指針が得られる．ヤング率の実験値は，たとえば，

$$\overline{E} = 2.34(5) \times 10^{6}\,\mathrm{N\,m^{-2}}\ (\text{あるいは Pa}) \tag{11.9}$$

という形で表記せよ．このとき不確かさは，四捨五入して 1 桁とする．ただし，1 桁にすると 0.01 のように 1 になってしまうときは 2 桁残す．測定値は不確かさの下の桁と一致するよう四捨五入する．

3)　どの測定の相対不確かさが最も大きかったか，ノートに記載せよ．

質問 1　理科年表で鋼のヤング率を調べ，今回の実験で得られたステンレススチールのヤング率と比較せよ．値が近い物質は何か．ただし，ヤング率の値は試料の製造工程やその後の取り扱い方によってかなり異なる．

質問 2　測定に用いた角棒試料を縦にして，上端を固定し下端に 2500 g のおもりを下げると角棒はどれだけ伸びるか．試料の自重は考えないことにする．

質問 3　実験の図 1 の装置でおもりが 2500 g のとき点 O の下への変位の値はいくらか [(11.18) 式参照]．質問 2 の答と比較し，伸びよりたわみのほうが荷重による変化がより大きいが，直接測定をするにはまだ小さいことを確かめよ．

質問 4　この実験では「光てこ」を用いてたわみの変化を増幅して測定している．今回の実験による分銅 5 個あたりの測定値 x の値は，質問 3 の答の何倍か (実験では 2500 g 重とはなっていないが，近似的に 2500 g 重として比較する)．

5.5　実験終了後

実験装置を，望遠鏡を覗いたら直尺が見える状態 (x の測定中の状態) にしておくこと．

▩参考課題と考察のためのヒント

▩**1**　ここでは変位 x の値を 5 通り求めて平均値を用いた．さらによい方法は，1 次関数の最小 2 乗法フィッティングによって，荷重 W と変位 x の関係を求める方法である．つまり

$$x = \alpha W + \beta$$

の式を用い，最小 2 乗法で α, β の値を決めればよい．方法の詳細は付録 C の **6.** (p.242) を見よ．なお実験状況から $\beta = 0$ であるべきなので，$\beta = 0$ と固定して最小 2 乗法を行うのでもよい (この方が少し楽)．

最小 2 乗法でヤング率を求め，この実験で使った方法と比較せよ．α の不確かさはどのようにして決めればよいか．

▩**2**　この実験の試料はステンレススチールであった．ステンレススチールとは何か．鉄とはどう違うのか．成分，製法，特性 (ヤング率，密度，磁性，その他，$\cdots$)，用途について調べてみよう．

また，鉄のヤング率は何で決まるのか．刀鍛冶の人が鉄を焼いてから叩いて水につけているのは何のためか．

▩**3**　今回の実験では，断面がほぼ正方形で中が詰まった鋼材を用いた．しかし世の中の建物や橋にこの断面形の鋼材を使うことはない．その理由と，使われる断面の形はどのようなものか調べてみよう．

●参考 1　理論の詳細

図 1 のように角棒に力を加えてたわませたとき，中心 O より右側の半分については図 4 のように一端 B を壁に垂直に固定し，他端 A (図 1 の E_1) に $W/2$ の力を加えたときとまったく同じ状態になる．棒の中心層 NN′ では伸縮がなく，NN′ の上部は縮んで内部に圧力が生じ，下方では逆に延びて張力が働いている．壁から x だけ離れた点で，棒に垂直なひとつの断面 XY におけるこれらの応力 (単位断面積あたりの力) を計算する．角棒の厚さ (上下) 方向を z 座標，幅 (紙面に垂直) 方向を y 座標とする．

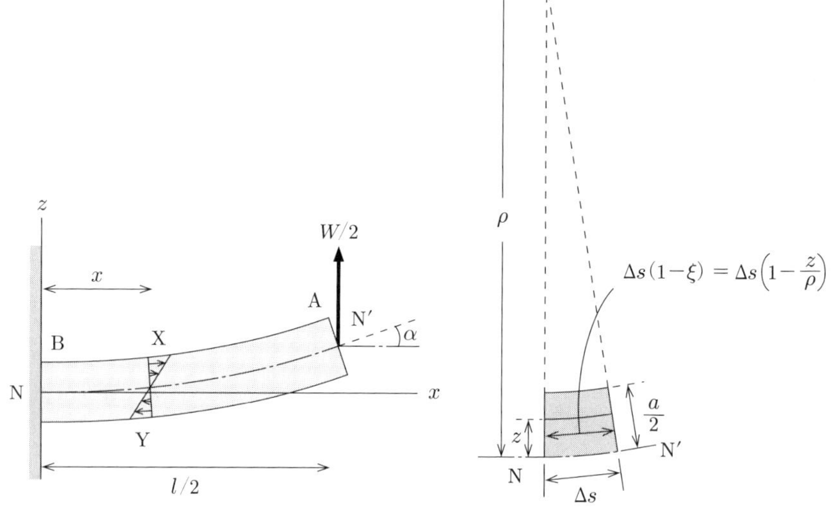

図 4　棒のたわみと伸縮

図 5　微小部分のひずみ

XY 断面の近傍に，中心層 NN′ に沿って長さ Δs の微小部分をとり，その曲率半径を ρ とする．図 5 からわかるように NN′ から z だけ離れたところでは，長さは $\dfrac{(\rho - z)\Delta s}{\rho}$ に縮む．したがって，z でのひずみ率 $\xi(z)$ は

$$\xi(z) = \frac{\Delta s - \dfrac{\rho - z}{\rho}\Delta s}{\Delta s} = \frac{z}{\rho} \tag{11.10}$$

と表せる．そのとき応力 $T(z)$ はヤング率を E とすると

$$T(z) = \xi(z)E = \frac{zE}{\rho} \tag{11.11}$$

で与えられる．いま，XY 面から A までの部分に働く力の，XY の中心点のまわりのモーメントを考える．XY 断面における応力 T によるモーメントの大きさ G は (11.11) 式を使って

$$G = \int_{-b/2}^{b/2} \mathrm{d}y \int_{-a/2}^{a/2} zT\,\mathrm{d}z = \int_{-a/2}^{a/2} \mathrm{d}z \int_{-b/2}^{b/2} \frac{z^2 E}{\rho}\,\mathrm{d}y = \frac{a^3 bE}{12\rho} \tag{11.12}$$

これが点 A に働く外力 $\dfrac{W}{2}$ によるモーメントと釣り合っている．したがって

$$\frac{a^3bE}{12\rho} = \left(\frac{l}{2} - x\right)\frac{W}{2} \tag{11.13}$$

となる．いま x での中心層の z 座標を $\eta(x)$ とすれば，角棒の変形が小さい範囲で曲率 $\dfrac{1}{\rho}$ は $\dfrac{\mathrm{d}^2\eta}{\mathrm{d}x^2}$ で与えられるから，(11.13) 式から

$$\frac{\mathrm{d}^2\eta}{\mathrm{d}x^2} = \frac{1}{\rho} = \left(\frac{l}{2} - x\right)\frac{W}{2}\frac{12}{a^3bE} \tag{11.14}$$

が得られる．これが中心線 NN' の形を与える微分方程式である．原点 $x = 0$ で $\dfrac{\mathrm{d}\eta}{\mathrm{d}x} = 0$ であるから，(11.14) 式を積分して

$$\frac{\mathrm{d}\eta}{\mathrm{d}x} = \left(\frac{lx}{2} - \frac{x^2}{2}\right)\frac{W}{2}\frac{12}{a^3bE} \tag{11.15}$$

である．端 A における傾きを α とすれば

$$\tan\alpha = \left(\frac{\mathrm{d}\eta}{\mathrm{d}x}\right)_{x=l/2} = \frac{3}{4}\frac{l^2}{a^3b}\frac{W}{E} \tag{11.16}$$

となり，(11.5) 式が得られる．

また，(11.15) 式を積分して，$x = 0$ で $\eta = 0$ であることを用いると，

$$\eta(x) = \left(\frac{lx^2}{4} - \frac{x^3}{6}\right)\frac{W}{2}\frac{12}{a^3bE} \tag{11.17}$$

したがって，端 A における変位は，

$$\eta = \frac{Wl^3}{4a^3bE} \tag{11.18}$$

となる．以上の計算ではあらかじめ端 A にかかる荷重を $\dfrac{W}{2}$ としてあったので，図 1 における点 O の下への変位 η も (11.18) 式で与えられる．

付録 A

単位系と基礎物理定数

1.　測定と単位

測定対象の物理量の値は数値と単位との積で表される*．単位とはその物理量の基準となる「特別な例」のことであり，数値は物理量の値と単位との比となる．つまり測定とは，対象となる物理量をその単位と比較する作業である．

単位は物理量の種類ごとにひとつだけ決めればよい．同じ物理量の単位が複数あると，換算・比較が厄介であり，そのため間違いも発生しやすく社会的な混乱を引き起こしかねない．したがって単位は，① 誰もがたやすく用いることができる，② 時間や場所によらず一定である，③ 高い精度で容易に実現できる，ことを念頭において国際的にひとつの物理量にはひとつの単位を取り決めておくのがよい．

また，さまざまな物理量の間には物理法則で規定される関係があるはずなので，それに従って単位を系統的に決めておくと便利である．このような単位の体系を単位系という．一組の比較的少数の基本単位と，それらに関連する物理法則，あるいは定義に基づく乗除のみで導かれ，1 以外の数値変換係数を含まない組立単位とからできている単位系を，一貫性のある (コヒーレントな) 単位系という．その代表例が，現在，世界で広く使われている国際単位系 (Le Système international d′unités : SI) である．

2.　国際単位系 (SI)

国際単位系 (SI) とは，各国・各分野で従来さまざまに用いられてきた単位系を統一する目的で，1960 年の国際度量衡総会で採択された単位系である．SI は，MKSA 単位系を拡張したものとなっており，7 個の基本単位と基本単位の乗除で表される組立単位によって構成されるコヒーレントな単位系である．

---

*　物理量の値を a，数値を b，単位を c と表記してこれを数式で書くと $a = \mathrm{bc}$ となり，単位 c をカッコでくくるのは意味がない．日本の教科書や参考書では単位をカッコでくくる習慣があるが，これは SI が推奨している表記法とは異なる．SI が推奨している記法については，「**3．**物理量や単位の記号，および物理量の値の表記法」参照のこと．

7個の基本単位は，7種の基本物理量 (**時間，長さ，質量，電流，熱力学温度，物質量，光度**) の単位として定められている．時間 (秒，s) はあらゆる物理現象を記述する際のパラメーターとして扱われる．長さ (メートル，m)，質量 (キログラム，kg) は主に力学において，電流 (アンペア，A) は電磁気学において，熱力学温度 (ケルビン，K) は熱力学・統計力学において用いられる．また理想気体の状態方程式などは，構成している要素粒子の種類ではなく個数に依存して成り立つものであるため，物質量は質量ではなく要素粒子の個数で表すほうが便利である．その結果，1971年に物質量が基本物理量に追加され，モル (mol) がその基本単位となった．他の基本物理量には光度 (基本単位はカンデラ，cd) がある．光度が他の次元に還元できないことや歴史的理由から基本物理量となっているが，人間の目の感度を考慮して決められているため，物理法則というよりは実用上の必要に対応したものである．

1960年に国際的に取り決められたSIではあるが，基本単位やその定義は当時のままではない．実際，1971年には物質量 (単位はmol) が新しい基本単位として追加された．ほかにも，1967年には時間，熱力学温度，光度の定義が変更あるいはより明確化され，1979年には光度の定義が再び変更，1983年には長さの定義が変更された．さらに，2018年にはSI発足以来の大改定が行われた (実施は2019年から)†.

2019年以前は，基本単位を特定の人工物 (国際キログラム原器：kg)，理想的な実験状況 (太さ0の電線：A)，特定の物理状態 (水の三重点：K) などで定義してきた．2019年に施行された改定では，まず7個の**定義定数** (物理量の値) の数値と単位を定めた．この定義定数とは，摂動を受けていないセシウム133原子の基底状態の超微細遷移周波数 $\Delta\nu_{\mathrm{Cs}}$，真空中の光速度 c，プランク定数 h，素電荷 e，ボルツマン定数 k，アボガドロ定数 N_{A}，単色放射の視感効果度 (発光効率) K_{cd} である．そして定義定数から，7種の基本物理量に対応する7個の基本単位，すなわち，秒 (s)，メートル (m)，キログラム (kg)，アンペア (A)，ケルビン (K)，モル (mol)，カンデラ (cd) を，定義定数の乗除による次元解析で定めることとした．

定義定数は自然界の基本定数 (基礎物理定数) なので，宇宙のあらゆる場所で一定，不変と思われる．これを固定値として基本単位を定義すれば，宇宙人とも共通

† 1983年の長さの定義変更は，真空中の光速度を固定値とする改定だった．2018年のSIの大改定はこれをさらに進めたものである．

の物差しで議論することが可能となる (はずである $\cdots$). これはフランス革命時 (1790 年頃) に制定されたメートル法 (SI のルーツ) の理念,「全ての時代に, 全ての人々に」(À tous les temps, à tous les peuples) を全宇宙にまで拡張したという意義がある.

このように SI は未来永劫不変なものではなく, 現在も科学・技術の進歩に伴い, よりよい定義の確立に向けて研究が行われている.

2.1 SI 基本単位

7 個の SI 基本単位は以下のように定義されている.

時間 : 秒

秒は s と表記する SI の時間の単位である. 秒は, 摂動を受けていないセシウム 133 原子の基底状態の超微細遷移周波数 $\Delta\nu_{\mathrm{Cs}}$ を Hz の単位 (s^{-1} と同じ単位) で表記した際の数値を 9 192 631 770 と固定値とすることで定義される.

長さ : メートル

メートルは m と表記する SI の長さの単位である. メートルは, 真空中の光速度 c を $\mathrm{m\,s}^{-1}$ の単位で表記した際の数値を 299 792 458 と固定値とすることで定義される. ここで秒はセシウムの周波数 $\Delta\nu_{\mathrm{Cs}}$ で定義されている.

質量 : キログラム

キログラムは kg と表記する SI の質量の単位である. キログラムは, プランク定数 h を J s の単位 ($\mathrm{kg\,m^2\,s^{-1}}$ と同じ単位) で表記した際の数値を $6.626\,070\,15 \times 10^{-34}$ と固定値とすることで定義される. ここでメートルと秒は c と $\Delta\nu_{\mathrm{Cs}}$ で定義されている.

電流 : アンペア

アンペアは A と表記する SI の電流の単位である. 電流は, 素電荷 e を C の単位 (A s と同じ単位) で表記した際の数値を $1.602\,176\,634 \times 10^{-19}$ と固定値とすることで定義される. ここで秒は $\Delta\nu_{\mathrm{Cs}}$ で定義されている.

熱力学温度 : ケルビン

ケルビンは K と表記する SI の熱力学温度の単位である. ケルビンは, ボルツマン定数 k を $\mathrm{J\,K^{-1}}$ の単位 ($\mathrm{kg\,m^2\,s^{-2}\,K^{-1}}$ と同じ単位) で表記した際の数値を $1.380\,649 \times 10^{-23}$ と固定値とすることで定義される. ここでキログラム, メートル, 秒は $h, c, \Delta\nu_{\mathrm{Cs}}$ で定義されている.

物質量：モル

モルは mol と表記する SI の物質量の単位である．1 モルは正確に $6.022\,140\,76 \times 10^{23}$ 個の要素粒子を含む．この数値はアボガドロ定数 N_{A} を mol^{-1} の単位で表記した際の固定値であり，アボガドロ数とも呼ばれる．

系の物質量 (n で表記) は特定の要素粒子の数を測る指標であり，要素粒子は原子，分子，イオン，電子，その他粒子，あるいは特定の粒子群でもよい．

光度：カンデラ

カンデラは cd と表記する SI の光度の単位である．カンデラは，周波数 540×10^{12} Hz の単色放射の視感効果度 K_{cd} を $\mathrm{lm\,W^{-1}}$ の単位 ($\mathrm{cd\,sr\,W^{-1}}$ または $\mathrm{cd\ sr\ kg^{-1}\,m^{-2}\,s^{3}}$ と同じ単位) で表記した際の数値を 683 と固定値とすることで定義される．ここでキログラム，メートル，秒は $h, c, \Delta\nu_{\mathrm{Cs}}$ で定義されている．lm (ルーメン)，sr (ステラジアン) は表 2 を参照のこと．

2.2　SI 組立単位

SI 組立単位は，SI 基本単位からつくられる単位である．基本単位のみを用いて表される組立単位と，固有の名称とその独自の記号で表される組立単位，そしてそれと基本単位が組み合わされた組立単位がある．それぞれの例を表にあげる．

表 1　基本単位を用いて表される SI 組立単位の例

組立量	名称	記号
面積	平方メートル	$\mathrm{m^2}$
体積	立方メートル	$\mathrm{m^3}$
速さ，速度	メートル毎秒	$\mathrm{m\ s^{-1}}$
加速度	メートル毎秒毎秒	$\mathrm{m\ s^{-2}}$
磁場の強さ	アンペア毎メートル	$\mathrm{A\ m^{-1}}$
(物質量の) 濃度	モル毎立方メートル	$\mathrm{mol\ m^{-3}}$
屈折率	(数の) 1	$1^{(a)}$

$^{(a)}$量は数値で表し，単位記号 “1” は表示しない

表 2　固有の名称と記号で表される SI 組立単位

組立量	名称	記号	他の SI 単位による表し方	SI 基本単位による表し方
平面角	ラジアン	rad		$\mathrm{m\,m^{-1}} = 1$
立体角	ステラジアン	sr		$\mathrm{m^2\,m^{-2}} = 1$
周波数	ヘルツ	Hz		$\mathrm{s^{-1}}$
力	ニュートン	N		$\mathrm{m\,kg\,s^{-2}}$
圧力，応力	パスカル	Pa	$\mathrm{N\,m^{-2}}$	$\mathrm{m^{-1}\,kg\,s^{-2}}$
エネルギー，仕事，熱量	ジュール	J	$\mathrm{N\,m}$	$\mathrm{m^2\,kg\,s^{-2}}$
仕事率，工率，放射束	ワット	W	$\mathrm{J\,s^{-1}}$	$\mathrm{m^2\,kg\,s^{-3}}$
電荷，電気量	クーロン	C		$\mathrm{s\,A}$
電位差 (電圧)，起電力	ボルト	V	$\mathrm{W\,A^{-1}}$	$\mathrm{m^2\,kg\,s^{-3}\,A^{-1}}$
静電容量	ファラド	F	$\mathrm{C\,V^{-1}}$	$\mathrm{m^{-2}\,kg^{-1}\,s^{-4}\,A^2}$
電気抵抗	オーム	Ω	$\mathrm{V\,A^{-1}}$	$\mathrm{m^2\,kg\,s^{-3}\,A^2}$
コンダクタンス	ジーメンス	S	$\mathrm{A\,V^{-1}}$	$\mathrm{m^{-2}\,kg^{-1}\,s^3\,A^2}$
磁束	ウェーバ	Wb	$\mathrm{V\,s}$	$\mathrm{m^2\,kg\,s^{-2}\,A^{-1}}$
磁束密度	テスラ	T	$\mathrm{Wb\,m^{-2}}$	$\mathrm{kg\,s^{-2}\,A^{-1}}$
インダクタンス	ヘンリー	H	$\mathrm{Wb\,A^{-1}}$	$\mathrm{m^2\,kg\,s^{-2}\,A^{-2}}$
セルシウス温度[b]	セルシウス度	℃		K
光束	ルーメン	lm	$\mathrm{cd\ sr}$	$\mathrm{m^2\ m^{-2}\ cd = cd}$
照度	ルクス	lx	$\mathrm{lm\ m^{-2}}$	$\mathrm{m^2\ m^{-4}\ cd = m^{-2}\ cd}$
(放射性核種の) 放射能	ベクレル	Bq		$\mathrm{s^{-1}}$
吸収線量，カーマ	グレイ	Gy	$\mathrm{J\,kg^{-1}}$	$\mathrm{m^2\,s^{-2}}$
(各種の) 線量当量	シーベルト	Sv	$\mathrm{J\,kg^{-1}}$	$\mathrm{m^2\,s^{-2}}$
触媒活性	カタール	kat		$\mathrm{s^{-1}\,mol}$

[b] 単位 ℃ はケルビン K に等しく，セルシウス温度 (絶対温度から 273.15 K を引いたもの) を表示するのに用いる．

表 3　単位の中に固有の名称とその独自の記号を含む SI 組立単位の例

組立量	名称	記号
力のモーメント	ニュートンメートル	Nm
角速度	ラジアン毎秒	$\mathrm{rad\,s^{-1}}$
熱容量，エントロピー	ジュール毎ケルビン	$\mathrm{J\,K^{-1}}$
電場	ボルト毎メートル	$\mathrm{V\,m^{-1}}$
誘電率	ファラド毎メートル	$\mathrm{F\,m^{-1}}$
透磁率	ヘンリー毎メートル	$\mathrm{H\,m^{-1}}$
モルエントロピー，モル熱容量	ジュール毎モル毎ケルビン	$\mathrm{J\,mol^{-1}\,K^{-1}}$

2.3　SI 接頭語と SI 単位の 10 進の倍量・分量

これまでにあげた SI 単位につけて，10 の整数乗倍の倍量・分量単位をつくるために，SI 接頭語が定められている．たとえば $1\,\mathrm{km} = 10^3\,\mathrm{m}$．これらの接頭語をつけた単位を「SI 単位の 10 進の倍量・分量」と呼ぶ．なお，接頭語を 2 個以上つないで合成した接頭語は用いない．

表 4　SI 接頭語

乗数	接頭語		記号	乗数	接頭語		記号
10^{30}	クエタ	quetta	Q	10^{-1}	デシ	deci	d
10^{27}	ロナ	ronna	R	10^{-2}	センチ	centi	c
10^{24}	ヨタ	yotta	Y	10^{-3}	ミリ	milli	m
10^{21}	ゼタ	zetta	Z	10^{-6}	マイクロ	micro	μ
10^{18}	エクサ	exa	E	10^{-9}	ナノ	nano	n
10^{15}	ペタ	peta	P	10^{-12}	ピコ	pico	p
10^{12}	テラ	tera	T	10^{-15}	フェムト	femto	f
10^{9}	ギガ	giga	G	10^{-18}	アト	atto	a
10^{6}	メガ	mega	M	10^{-21}	ゼプト	zepto	z
10^{3}	キロ	kilo	k	10^{-24}	ヨクト	yocto	y
10^{2}	ヘクト	hecto	h	10^{-27}	ロント	ronto	r
10^{1}	デカ	deca	da	10^{-30}	クエクト	quecto	q

2.4　SIに属さない単位

SIに属さない単位について，いくつか解説する．

SIに属さないが，SIと併用される単位

分 (min)：$1\,\mathrm{min}=60\,\mathrm{s}$，度 (°)：$1^\circ=(\pi/180)\,\mathrm{rad}$，リットル (L)[(c)]：$1\,\mathrm{L}=10^{-3}\,\mathrm{m}^3$，トン (t)：$1\,\mathrm{t}=10^3\,\mathrm{kg}$，電子ボルト (eV)：$1\,\mathrm{eV}=1.602\,176\,634\times10^{-19}\,\mathrm{J}$ (計算値)，天文単位 (au)：$1\,\mathrm{au}=149\,597\,870\,700\,\mathrm{m}$ (定義定数)，デシベル (dB)．

[(c)] ℓ という表記は認められていない．

SIに属さないが，SIと併用される単位で，SI単位で表される数値が実験的に得られるもの

統一原子質量単位 (u)：$1\,\mathrm{u}=1.660\,539\,066\,60(50)\times10^{-27}\,\mathrm{kg}$，

SIに属さないが，SIと併用されるその他の単位 (推奨しない)

バール (bar)：$1\,\mathrm{bar}=10^5\,\mathrm{Pa}$，オングストローム (Å)：$1\,\mathrm{Å}=10^{-10}\,\mathrm{m}$ など．

固有の名称をもつCGS組立単位 (推奨しない)

エルグ (erg)：$1\,\mathrm{erg}=10^{-7}\,\mathrm{J}$，ガウス (G)：$1\,\mathrm{G}=10^{-4}\,\mathrm{T}$ など．

SIに属さないその他の単位の例 (推奨しない)

キュリー (Ci)：$1\,\mathrm{Ci}=3.7\times10^{10}\,\mathrm{Bq}$，トル (Torr)：$1\,\mathrm{Torr}=\dfrac{101\,325}{760}\,\mathrm{Pa}$，
標準大気圧 (atm)：$1\,\mathrm{atm}=101\,325\,\mathrm{Pa}$ など．

3.　物理量や単位の記号，および物理量の値の表記法

SIが推奨している物理量や単位の記号，および物理量の値の表記法は以下のとおりである．

物理量の記号

- 物理量の記号は，通常アルファベット1文字をイタリック (斜体) で表記する．
- 追加情報は，下付きまたは上付きの添字，あるいはカッコでくくって表記する．このとき，追加情報が物理量に由来するものであれば斜体で，それ以外のものであればローマン (立体) で表記する．

  例：物体Aの速度 v_A (Aは立体)，定圧モル比熱 C_P (P は斜体)

単位記号

- 単位記号は立体で表記する．通常は小文字を使うが，人名に由来する特別な名前

のものは最初の 1 文字を大文字とする．例外はリットルの単位記号であり，小文字の l と数字の 1 との混同を避けるため，大文字の L も使うことが許されている．

- 単位記号は数学でいう文字記号であり略語ではない．したがってピリオドはつけない．また複数形にもならず，ひとつの物理量を表記する際に単位記号と単位名を混在させてはいけない．

  悪い例：圧力 $p = 101\,325\,\mathrm{newton}$ (ニュートン) m^{-2}

  (正しくは $p = 101\,325\,\mathrm{N\,m^{-2}}$)

- 単位記号には特別の意味をもたせてはいけない．特別の意味をもたせてよいのは物理量の記号のほうである．

  悪い例：最大電圧降下 $U = 1000\,\mathrm{V_{max}}$ (正しくは $U_{\mathrm{max}} = 1000\,\mathrm{V}$)

- 単位記号の積・商では，通常の数学規則が適用される．乗算は半角スペースまたは半角の中黒 (·) を使う．除算は通常の分数の形か，スラッシュ (/)，負の冪指数を使う．いくつかの単位記号を組み合わせて使う場合は，誤解を招かないよう注意する必要がある．特にスラッシュ (/) の使用はひとつの表記の中では 1 回限りにするのがよい．もしくは誤解を招かないように適切にカッコを使う*．

物理量の値

- 物理量の値を表記する際は，数値，半角スペース，単位の順に書く．例外は平面角の単位記号 °，′，″ であり，これらの前には $\varphi = 30°22'8''$ のようにスペースを入れない．似た表記に摂氏温度の単位 ℃ があるが，こちらは $t = 30.2$ ℃ とスペースを入れる．
- 物理量の値は数値と単位との積で表現される．したがって，物理量の値，数値，単位の間には通常の数学規則が適用される．

  例：圧力 $p = 101\,325\,\mathrm{Pa}$ は，$p/\mathrm{Pa} = 101\,325$ と書くこともできる．

- 表中やグラフの軸に数値を書き込む場合は，表の項目名，グラフの軸ラベルは，p/Pa のように物理量の記号を単位で除したもの，すなわち数値を意味するものを使う．
- 数値の小数点にはドット (.) あるいはコンマ (,) を使う．
- 数値の数字が小数点を起点として 5 桁以上続く場合は，3 桁ずつの区切りとして半角スペースを入れる．4 桁の場合は入れても入れなくてもよい．

---

* 本書では，乗算は半角スペース，除算は負の冪指数を使用する．$a/bc = a/(bc)$, $a/bc \neq (a/b)c$ である．

例：$f = 384\,227.981\,9$ GHz でも $f = 384\,227.9819$ GHz でもよい．

- 不確かさを含めて物理量の値を表す際は，$m_{\rm n} = 1.674\,927\,498\,04(95) \times 10^{-27}$ kg のように書く．ここで $m_{\rm n}$ は物理量の記号 (この場合は中性子の質量) である．カッコ内の数値は標準不確かさを表し，前に書かれた数値の最後の 2 桁にこの不確かさがあることを意味する．

4. 主な基礎物理定数

基礎物理定数 (自然界の基本定数) は，自然現象を記述するために普遍的に用いられる量であり，宇宙の至る所で一定，不変と思われている．この発想に基づいて，2018 年の SI 基本単位の改定 (実施は 2019 年) では，プランク定数 h，素電荷 e，ボルツマン定数 k，アボガドロ定数 $N_{\rm A}$ を固定値とすることで，それぞれ kg (質量)，A (電流)，K (熱力学温度)，mol (物質量) の再定義が行われた．なお基本単位の m (長さ) は，1983 年に真空中の光速度 c を固定値とすることで (再) 定義されている．

2018 年以前は，基礎物理定数の値 (いわば自然が決めた値) を人間が決めた SI 単位で測定，表現していた．しかし 2018 年の改定により，大半の基礎物理定数は定義定数か計算値となり，これまで「基礎物理定数の測定」と称していた実験のほとんどが，「計測器の較正」という作業となった．ただこれをもって基礎研究ができなくなったと判断してはいけない．今回の改定は，自然界の基本定数を固定値として地球上の人間が使う単位 (の大きさ) を定義しただけであり，決して自然界の基本定数が宇宙の至る所で一定，不変であると決めてしまったわけではない．自然界の基本定数が変化したとしたら，自動的に人間の使う単位 (の大きさ) が変わるようにしただけである．ただいずれにせよ，「基礎研究」の範囲がわかりにくくなった感は否めない．

現在の最新の基礎物理定数の推奨値とのセットは，2018 年に科学技術データ委員会 (CODATA: Committee on Data for Science and Technology) の基礎物理定数作業部会 (Task Group on Fundamental Physical Constants) から発表されたものである．裏見返しの表 A.5，表 A.6 に主なものをまとめた．

参考文献

1. SI パンフレット「国際単位系 (SI) は世界共通のルールです」国立研究開発法人 産業技術総合研究所 計量標準普及センター 計量標準調査室．https://unit.aist.go.jp/nmij/ から入手可．

2. 国立天文台編『理科年表』丸善.
3. 国際度量衡局 (BIPM), “The International System of Units (SI),” ISBN 978-92-822-2272-0 (9th Edition, 2019). 日本語版は https://unit.aist.go.jp/nmij/ から入手可.
4. Eite Tiesinga, Peter J. Mohr, David B. Newell, and Barry N. Taylor, “CODATA recommended values of the fundamental physical constants: 2018,” *Review of Modern Physics* **93**, 25010 (2021).

付録 B

物理学実験の基礎知識

1.　器差と公差，標準とトレーサビリティ

長さ，質量，電圧，電流などの測定器にはそれぞれ目盛がついている．信頼できる測定器についた目盛は，もちろん**正しい値**(単位の定義から厳密に割り出せる値)が記されていなくてはならない．しかし測定には必ずなにがしかの不確かさが伴うわけで，測定器の目盛も実際にはいくらかの誤差(正しい値からのずれ)をもっている．正しい値と目盛の値との差をその測定器の器差と呼ぶ．実用上大切な多くの測定器を製品として市販する場合には，計量法や日本工業規格(JIS)によって，製品に対して許容される最大の器差が定められている．これが公差である．

同じ単位を使うからには，測定器の目盛は世界中で共通でなくては困る．測定器を製造した会社，地域，あるいは国によって，長さや質量の基準が，たとえごくわずかでも異なっていては大問題となる．これを防ぐため，いずれの測定器も同じ目盛であることは，トレーサビリティという制度(計量標準供給制度)によって保証されている．測定器は正確な標準器と十分な精度で比較することによって目盛定めを行い，その正しさが，表記された不確かさの範囲内で守られている．この目盛定めの操作のことを較正(こうせい：校正とも書く；calibration)という．その標準器はより正確な(不確かさがより小さい)標準器によって較正される．この標準器もより正確な標準器によって較正される，というようにより正確な標準器を求めていくと国家標準に辿り着く．このように，測定器が較正の連鎖によって国家標準に辿り着けることが確かめられている場合，この測定器は国家標準にトレーサブルであるといい，このような比較の連鎖のしくみをトレーサビリティ(traceability)と呼ぶ．必要となる国家標準の整備は，日本ではつくば市にある計量標準総合センターが担っている．国家標準はさらに，国際標準にトレーサブルであり，国際単位系(SI)で定められた各種単位の定義(付録Aを参照)が実現されているのである．

われわれが測定器を買ってきてそのまま使用する場合には，公差程度の不確かさが伴う可能性を覚悟していなくてはいけない．実際には最近の製品は精度がよいので，器差は公差に比べて十分小さいことが多く，実際の器差の程度は製品に添付される較正表などに記されている場合もある．しかし公差以外の情報がなく，しかも

その公差が実験に必要な精度より大きい場合には，実験を始める前にその測定器に固有の器差を十分に調べて較正表をつくっておく必要がある．自分でその目盛の検査をするのが簡単ではない場合には，計量標準総合センターなどの専門の研究施設に相談して検査を依頼し，必要な精度の較正表を作成しなくてはいけない場合もあるかもしれない．

とにかく許容されている公差というのは案外大きなものであるから注意しなくてはいけない．長さ計，分銅など基本的な多くの計器に関して計量法によって定められている公差には，基準器公差，検定公差，使用公差の 3 種があり，前のものほど公差が小さく制限が厳しい．以下に，われわれの実験に関係のある計器についての検定公差を抜粋しておく．計量法によれば，計器はこの検定公差の検査に合格したものでなければ市販が認められないのである．常識としては，特に較正表がついていないときには最小目盛の 1 〜 1/2 の程度の器差はあるものと覚悟していれば安全である．

1.1　長さ計

1.1.a　金属製直尺 (一般用用途のもの)

一見すると同じ形に見える物差し (直尺) と直定規であるが，用途によって使い分けなければならない．直定規は直線を引く道具であり，長さを測るためには直尺を使わなければならない．日本工業規格 (JIS) では，直定規については JIS B 7514 で，その真直度に応じて A 級，B 級，特級が定められているが，長さ計ではないのでここでは触れない．

金属製直尺を規定している JIS B 7516：2005 では，直尺はその性能により 1 級，2 級と分類される．すなわち，基準の温度を 20 ℃としたとき，直尺の長さの許容差は，基点からの任意の長さおよび任意の 2 目盛線間の長さに応じ，

1 級：$\pm[0.10 + 0.05 \times (\mathrm{L}/0.5)]\,\mathrm{mm}$

2 級：$\pm[0.10 + 0.10 \times (\mathrm{L}/0.5)]\,\mathrm{mm}$

とされている．ここで，L は長さ (測定長) をメートルで表した際の数値であり単位をもたない (注：L は物理量を表す記号ではないので，斜体にはせず立体にしている)．また．L/0.5 の計算値のうち，1 未満の端数は切り上げて整数値とする．

したがって，たとえばいま，長さ 1 m の 1 級金属製直尺で 450 mm 程度の長さのものを測定した場合，直尺の公差に基づく不確かさは ±0.15 mm であると考えなければならない．

1.1.b　ノギス

最大測定長 150 mm のノギスを用いて標準状態 (20 ℃) に近い環境のもとで，金属およびそれと同等の品物を測定した場合の，測定器具のもつ最大許容誤差の参考値を表 1 にあげる (JIS B 7507 : 2016).

表 1　測定器具の最大許容誤差

単位 mm

測定長	目量，最小表示量又は最小読取値	
	0.1 又は 0.05	0.02 又は 0.01
50 以下	±0.05	±0.02
50 を超え　100 以下	±0.06	±0.03
100 を超え　200 以下	±0.07	
200 を超え　300 以下	±0.08	±0.04
300 を超え　400 以下	±0.09	
400 を超え　500 以下	±0.10	±0.05
500 を超え　600 以下	±0.11	
600 を超え　700 以下	±0.12	±0.06
700 を超え　800 以下	±0.13	
800 を超え　900 以下	±0.14	±0.07
900 を超え 1000 以下	±0.15	

1.1.c　マイクロメーター

通常のマイクロメーターには出荷時の検査成績書が添付されているので，個別には成績書を参照するのがよいが，長年使っているうちに当初の性能は維持されなくなる．理想的には定期的に所定の検査機関で較正してもらうのがよいが，難しい場合は最大許容誤差として，最大測定長が 75 mm 以下のマイクロメーターならば ±2 μm と考えてよい (JIS B 7502 : 2016 による参考値).

1.2　電流計，電圧計

1.2.a　アナログ型

目盛盤上を動く針の指示を目で読むタイプの計器をアナログ型という．目盛盤を見ると 0.2 級とか 1 級という表示があるはずである．これらの数字は計器についている最大目盛の 0.2％あるいは 1％が公差であることを示しており，計器の精密さの程度を表す記号である．

級の表示	公差	主な用途
0.2 級	最大目盛の 0.2％	実験室，研究所などの大型の標準計器
0.5 級	〃　0.5％	携帯用の特別精密級の計器
1　級	〃　1％	小型携帯用の精密級の計器
1.5 級	〃　1.5％	配電盤用の実用計器
2.5 級	〃　2.5％	配電盤用の小型計器

1.2.b　デジタル型

測定された数値が直接 10 進法で表示されるタイプの計器をデジタル型という．数字がきちんと表示されるので精度が高いと感じるかもしれないが，実は表示される桁のひとつ下の桁で四捨五入などの処理が行われている*．

たとえば，100 分の 1 秒まで表示できるストップウォッチの表示が “19.95” であったとすると，測定値は 19.945 s 以上 19.995 s 未満に一様 (矩形) 分布していると考えなければならない (図 1)．

中心 μ，全幅 2δ の矩形分布の分散は，

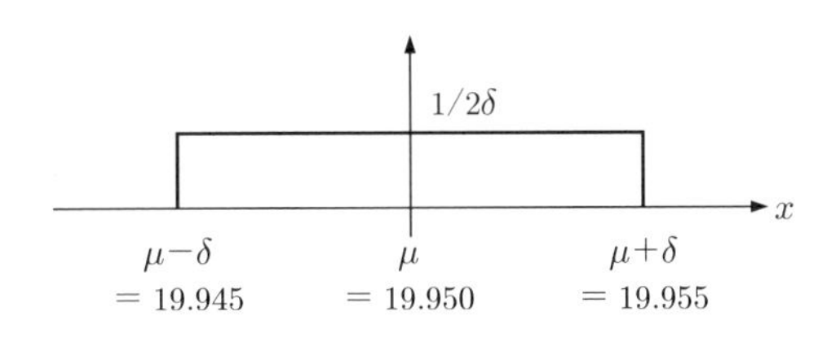

図 1　矩形分布

*　安物のストップウォッチなどでは切り上げ操作が行われている．これは系統的な不確かさの要因となるので注意が必要である．

$$\sigma^2 = \int_{\mu-\delta}^{\mu+\delta} \frac{1}{2\delta}(x-\mu)^2\,\mathrm{d}x = \frac{\delta^2}{3}$$

と計算できる．つまり，μ をデジタル機器の表示値とすると，表示された値には $\pm\sigma = \pm\dfrac{\delta}{\sqrt{3}}$ の不確かさがあると考えなければならない．ここでは，2δ が表示の最小目盛 (桁) に対応するので，最小目盛の $2\sqrt{3}$ 分の 1 が表示された値の不確かさとなる．

上記の例での最小目盛は．0.01 s なので，測定値は 19.9500(29) s，あるいは，19.950(3) s となる．

2.　計器の較正，調整と補正

2.1　計器の目盛の較正

どんな器械でも完全なものはない．また仮に製作当時は完全に近いものであったとしても，長い年月が経つと自然に狂いも生ずる．したがって，尺度は必ずしも等間隔ではなく，その絶対値にも狂いがある．温度計は必ずしも真の値を示すとは限らないし，天秤の分銅も所定の質量を必ずしももっていない．したがって，実験に先立ってまず計器の目盛の狂いを知り，目盛定めを行う必要がある．これが先にも述べた較正 (calibration) という操作である．これには相当の手数と時間とを要する．学習実験のように比較的短い時間に実験を終了する必要のある場合にいちいち目盛定めを行っていては本実験にとりかかることができないから，これを省略することが多い．

2.2　器械機器の調整

器械はすべて正常な状態で使用しなければならない．たとえば，水銀気圧計はもちろん鉛直にして使わなければならないが，平素常に鉛直に置かれているわけではない．天秤は台を水平にして，両皿に何ものせないときには指針が正しく目盛のゼロを示すのが理想的であるが，天秤をただ台の上にのせただけでは必ずしもそうなってはいない．そこで計器を使用するにはあらかじめ調整 (adjustment) をして正しい使用状態に置くことが必要で，調整の良，不良は測定に非常に影響してくる．

調整の方法はそれぞれの器械によって異なるから，一般的には述べられないが，器械はまず調整して使用するという習慣をつけることが必要である．

2.3　測定値の補正

器械は正しい使用法のもとで使用すべきであるが，その条件を満足できない場合がある．たとえば水銀温度計で液体の温度を測定するには，少なくとも水銀の昇ったところまでは温度計をその液中につけなければならない．ところが，液体の分量が少ないときにはこの条件を満足させることができない．また 20 ℃ のときに正しい目盛をもつ物差しを使用する場合，物差しだけを常に 20 ℃ に保っておくことはできない．

このような，正しい理想的な使用法を守った場合と実際の方法によった場合とで，そこにどのくらいの差異を生じるかを理論的に考察して，この値を測定値に加減する．これを補正 (correction) という．

補正は使用法が完全でないときだけでなく，条件が完全に満たされていないときにも必要である．たとえば熱量計を用いて熱を測定するとき，一部の熱はどうしても熱量計外へ逃げ出していく．比熱を示す理論式が，この逃げ出す熱をないものとして立てた式であるならば，理論値と測定値には差異が生ずる．そこで実験中，逃げ出したと考えられる熱量を理論的に考察して，それだけの熱量を補正したうえで理論式にあてはめて比熱を求めるのである．この場合，補正項を理論的に精密に求めることは困難である．しかし一般に補正の値は主値に対して小さい．これが小さくないときにはもはや補正とはいえない．

3.　機器の使い方

3.1　ノギス (キャリパー，caliper gauge)

図 2 にノギスの概形を示す．ノギスは，数 cm の長さを，物差しよりもよい精度で測定することができる．

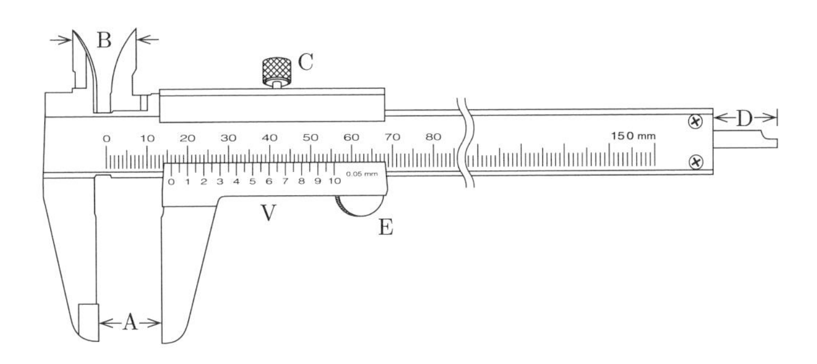

図 2　ノギス

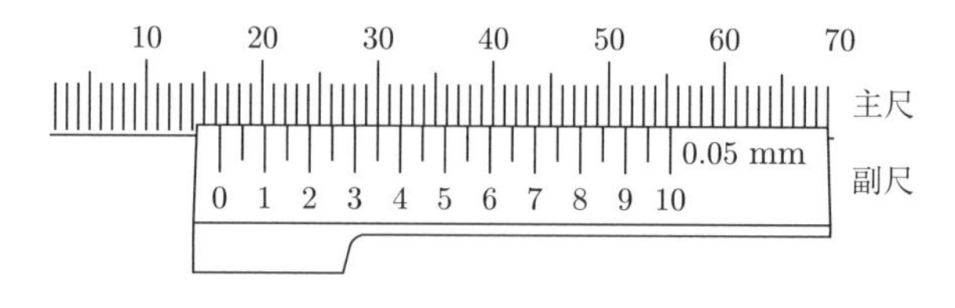

図 3　図 2 のノギスの副尺の拡大図

A の部分は，測定するものを挟んで，厚さや円筒の外径などを測るのに使う．B の部分は円筒の内径などを測定するのに使う．D の部分 (depth gauge) は孔の深さや段差などを測るのに使う．C は止めねじ (clamp) である．

図 2 のノギスは右手で持ち，親指で E の部分を押しながら目盛を読み取る (図 2 の鏡像の形をした左手用のノギスもある)．強く押さえ過ぎてはいけない．ノギスを取りはずして読むときは，C を締めて取りはずす．A の部分で挟んで測るとき，A の根元のすき間 (装飾) に注意する．ここで挟むと正確な測定ができない．

V には副尺 (vernier) がついており，このノギスの場合には 0.05 mm まで測定することができる．たとえば図 3 の場合，まず，副尺の目盛 0 のところを読み，その上の主尺の読みが 16 mm より少し大きいことを確認する．次に，副尺の目盛と主尺の目盛が一致しているところを探す．この場合は副尺の 3 と 4 の間の 3.5 の線で一致している．副尺の 3.5 の両隣の線を見て，それぞれ主尺よりも 3.5 の目盛がある側にずれているので，3.5 で一致していると判断できる．この副尺の読みから，図 3 のノギスの示す値は 16 mm + 0.35 mm = 16.35 mm である．

ノギスを机から落としたり，ぶつけたりしないこと．

3.2　マイクロメーター (micrometer)

マイクロメーターは，ノギスよりもさらに精度よく長さを測ることができる器具で，図 4 のような形をしている．

図 4 の A の部分で測定する物を挟んで測る．その際，A 部と測定物の間にごみや小突起物が挟まっていないことを確かめ，必ずラチェット R をつまんで回すこと．測定物を挟む際，ねじと直結している D を回すのは間違いである．ラチェットはある一定以上のトルクに対して空転するようにできている．A 部の両面が測定物に接触するとラチェットは空転を始め，カリカリという音が出る．2 回転程度空転させてから目盛を読む．これにより，測定者の個性によらない一定の締め込み圧

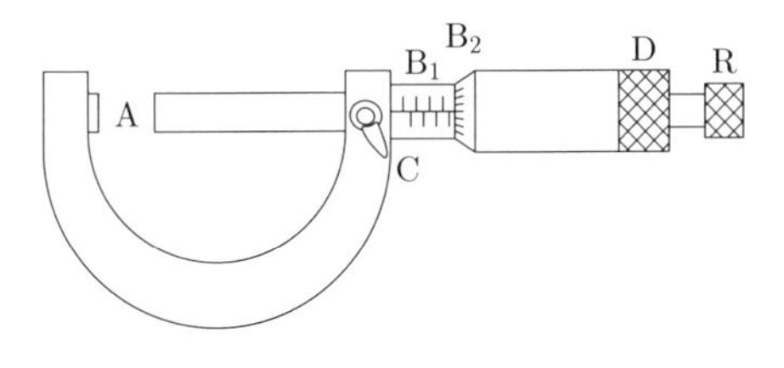

図 4　マイクロメーター

力で測定することになる．

マイクロメーターを開くときには D を反時計回りに回す．時計回りに回したり，締め金具 (clamp) C を締めたまま D を回すことは絶対にやってはいけない．マイクロメーターの生命であるねじをこわしてしまう．通常は C をゆるめたままにしておき，測定するときは A 部で測定物を挟んだまま読むのでよい．取りはずして読む場合は，C でロックしてからはずす．

ねじの 1 回転は 0.5 mm であり，本体側には 0.5 mm 刻みの目盛 B_1 がついている．ねじ側には 1 回転が 50 等分された目盛 B_2 がついており，1 目盛は 1/100 mm である．

目盛は閉じた状態でゼロでない場合があるので，始めにゼロ点を確認する．何も挟まない状態でラチェット R を回して A を閉じ，2 回転程度空転させた状態で目盛を読む．図 5 の場合，本体側の目盛の読みは 0 より少し大きいが，0.5 mm には達していない (図 5 では，0.5 mm の目盛はねじ側に隠れて見えていない)．本体の E の線と一致しているねじ側の目盛を最小目盛の 1/10 (1 μm の桁．マイクロメーターの名前の所以である) まで読むと 1.1 なので，この場合のゼロ点は $0\,\mathrm{mm} + 1.1/100\,\mathrm{mm} = 0.011\,\mathrm{mm}$ である．この値は暗記に頼らず必ず実験ノートに記録する．ゼロ点の値が 0.000 mm の場合でも記録すること．

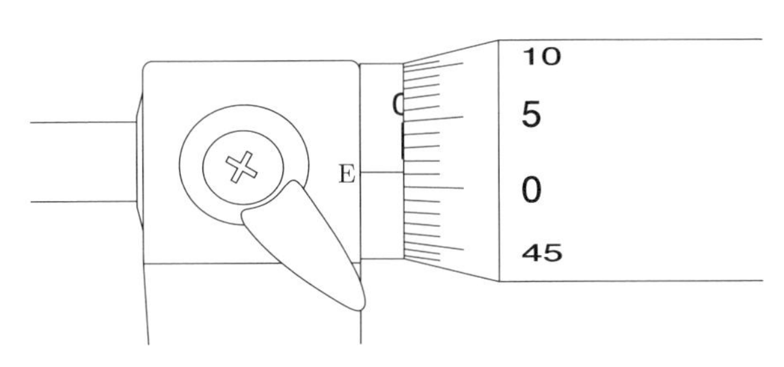

図 5　マイクロメーターのゼロ点の確認

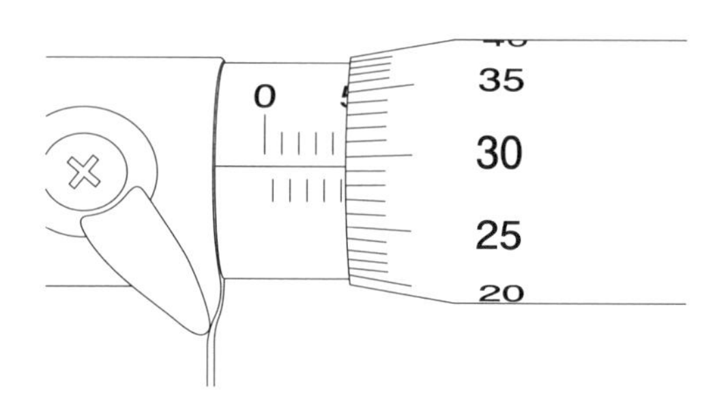

図 6　マイクロメーターの目盛の読みの例

次に，再度 A 部を開き，測定物を挟んでラチェットを 2 回転程度空転させた後に読み取る．図 6 のマイクロメーター本体側の目盛の上側は，左から，0 mm，1 mm，2 mm，··· を示し，下側は 0.5 mm，1.5 mm，2.5 mm，··· を示す．図 6 の場合，本体側の目盛の読みは 4.5 mm より大きいが，5 mm には達していない．ねじ側の目盛は最小目盛の 1/10 まで読むと 29.3 なので，マイクロメーターの目盛の読みは $4.5\,\mathrm{mm} + 29.3/100\,\mathrm{mm} = 4.793\,\mathrm{mm}$ である．この値は暗記に頼らず必ず実験ノートに記録する．たとえば，図 6 における本体側の目盛の読みは 5 mm に達していないのに，これを 5 mm よりも大きいと勘違いして，$5.0\,\mathrm{mm} + 29.3/100\,\mathrm{mm} = 5.293\,\mathrm{mm}$ と間違えて読んでしまうことがある．念のため，本体側の目盛の読みに 0.5 mm 過不足がないことを確認する．求める長さは，先ほど確認したゼロ点を補正して，$4.793\,\mathrm{mm} - 0.011\,\mathrm{mm} = 4.782\,\mathrm{mm}$ である．ノートには，補正前の値と補正後の値の両方を必ず記録すること．簡単であるからといって補正の値を記録せずに暗算ですませてはならない．

マイクロメーターを机から落としたり，ぶつけたりしないこと．

4.　視差 (parallax) について

視差とは，目の位置により見ている物体が違って見えることである．たとえば，図 7 のように，異なる距離だけ離れた位置に柱 X, Y が立っていたとしよう．目を a の位置において見ると X が Y の左に見え，b の位置から見ると X が Y の右に見え，c の位置からは X と Y が重なって見える．

しかし，柱 X と Y が同じ位置に立っていれば，どの位置から見ても両者が重なって見える．図 8 のような光学器械を使って目盛を読み取る実験では，以下に説明するように，対物レンズによる物体 (物差しの目盛，飛跡など) Q の実像 Q' が X (ま

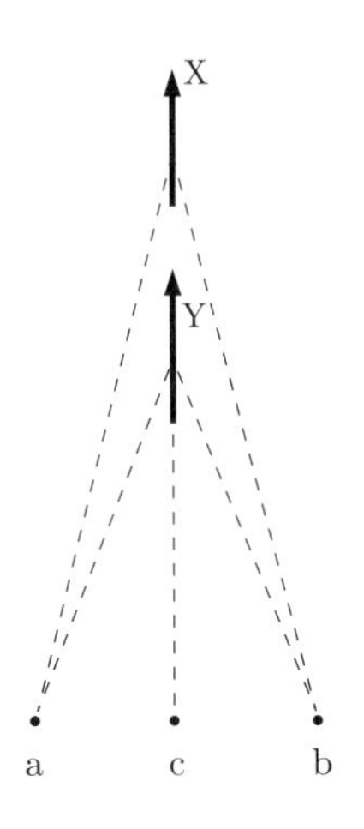

図 7　目の位置 (a, b, c) による柱 (X, Y) の見え方

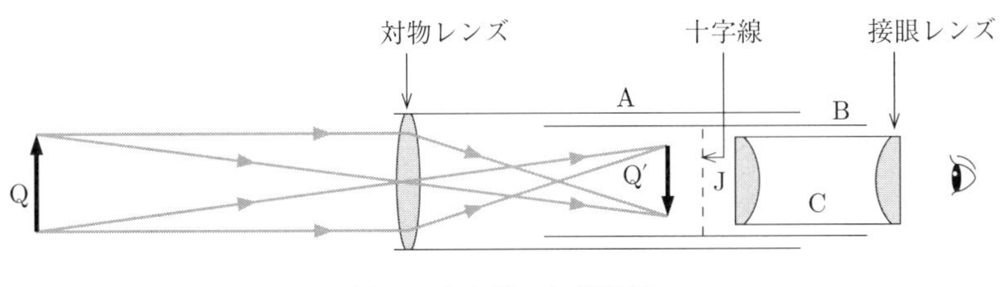

図 8　十字線つき望遠鏡

たは Y)，接眼レンズの付近に張られた十字線やガラス板上の目盛 J が Y (または X) に相当するので，これらをうまく重ねて，視差による誤差をなくすように調整する必要がある．

人が物を近づけてよく見ようとするとき，目を楽にしたままでよい距離には限度がある．これを明視の距離といい，正常な視力の人で 25 cm 程度である．近視の人ではこれより短くなり，眼鏡などで矯正するとこの値に戻る．物をよりよく見たいときに使う虫眼鏡の役目は，よく見るために目の近くにもってきた物体の虚像を，観察者の明視の距離の位置につくることにあるが，望遠鏡や顕微鏡の接眼レンズの働きもこれと同じであると思ってよい．図 8 では接眼レンズは 2 枚のレンズでできているが，これは正立像を得るためで，ここではまとめてひとつのレンズと考えておけばよい．

十字線 (あるいは目盛ガラス) J のついた光学器械では，まず，この J が目を楽にしたままではっきり見えるように接眼レンズの位置を調節する．それには，接眼鏡筒 C を回転する．J は C の外側の筒 B に固定されている．これによって，接眼レンズによる J の虚像 (図には描いてない) を観察者の明視の距離につくれば，観測が楽になり，ひいてはそれが実験の精度をよくすることになる．この操作の後は，接眼レンズを回転してはならない．ただし，視力の異なる人が測定するときは，この調整をやり直す必要がある．

次に，光学器械の筒長を調節して (A は固定されているので B を動かす)，対象物 Q がよく見えるように「ピント合わせ」を行うわけであるが，これには，視差を積極的に利用するのがよい．対物レンズの役目は，図 8 に示すように，対象物の実像 Q' を接眼レンズの手前につくることにある．接眼レンズはすでに，十字線 J の位置にある物がよく見えるように調節が済んでいる．そこで，接眼レンズをのぞく目の位置を左右に動かしてみる．もし，Q' が図 8 のように J に対して未調整の位置にあれば，視差によってそれらが相対的に動いて見えるはずである．筒長を調節して視差をなくせば，そのとき Q' が J と同一平面上にきている．すると当然，目を楽にしたままで Q' と J の像の「ピント」が同時によく合い，しかも視差がないので，測定が正確になる．

原理的には，Q の像がはっきり見えることのほうに注意して筒長を調節しても同じことであるが，「ピント」に関する人間の感覚はかなりあいまいなので，それで Q' を J の位置に完全に重ねるのは難しい．この方法では視差が残ってしまうことになる．

付録 C
測定値の分布と誤差論

物理量の測定は，測定器の不正確さなどに起因する系統的不確かさに加えて確率的要因による不確かさがあり，本付録では後者について論じる．

1.　測定値の分布

測定値の不確かさは，その測定値のあいまいさを示す量であり，「真の値」との関係を示すものではない．しかし，不確かさを求める基礎となるガウスの誤差理論では，物理量 X の「真の値」x_0 があるとして (仮想されたものであることを示すために「　」をつける)，理論が展開される．

ある物理量を n 回測定し，$x_1, x_2, \cdots, x_n$ の測定値が得られたとする．n 回の測定のうち，値が x と $x + \Delta x$ の間にあるものの数を $l(x)$ とする．n を十分に大きくすると $\dfrac{l(x)}{n}$ は一定値に近づき，これは x の関数であると考えられる．Δx を十分に小さくとり

$$\frac{l(x)}{n} = F(x)\,\mathrm{d}x \tag{C.1}$$

とおく．

$F(x)$ がどのような関数であるかを知ることが問題である．物理量の測定だけに限らず，ある現象 (たとえば社会的な現象，統計資料など) の起こる確率を論ずる場合，$F(x)$ に相当する関数がやはり問題になる．このような一般的な現象については，いろいろな $F(x)$ の形が実際に現れ，確率理論によって，適当な仮定のもとで導かれている．

図 1 (a), (b), (c) のように，データの値がひとつの値の付近に集まる，すなわち $F(x)$ がひとつの山をもつこともあれば，(d) のように，ふたつの山をもつこともあるかもしれない．また，(a) のように分布が対称的なこともあるだろう．(a), (b), (c) の形は，確率論でよく知られている二項分布，あるいはポアソン分布のそれぞれ特別な場合に相当している．特に (a) は正規分布あるいはガウス分布と呼ばれるものに対応している．物理実験の測定では，$F(x)$ がガウス分布になる場合が多い

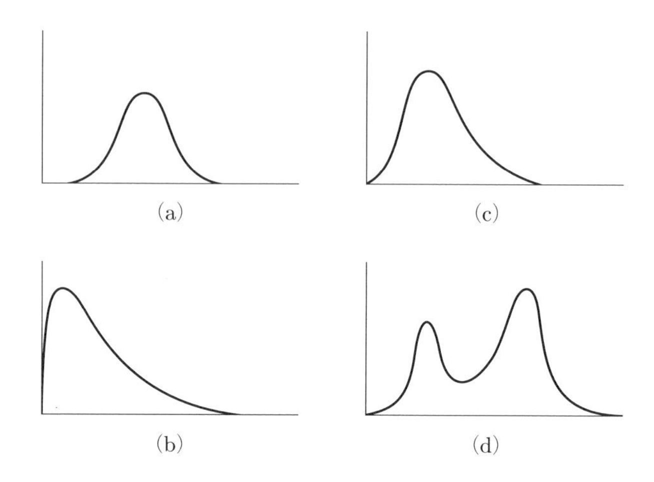

図 1　ある物理量を繰り返し測定して得られた測定値の分布の例

と考えられている．測定の誤差理論といえば，ほとんどすべてでガウス分布を前提としている．ここでも，ガウス分布の導き方を示し，それに従って誤差の確率を論じ，最小 2 乗法を説明する．

2.　ガウスの誤差分布

ガウスの誤差論は，測定値の不確かさを考察するときの基礎となるものであるが，不確かさと誤差は本質的に異なる．不確かさは，測定値に対する情報であるのに対して，誤差は「真の値」がわかると仮定したときの，測定値と「真の値」との差，あるいは差の推定値である．なお，不確かさの概念が導入される前は，不確かさに相当する量も誤差と呼ばれていたので注意を要する．

物理量 X の測定値 x_i の分布 $F(x)$ の代わりに，「真の値」x_0 が仮にわかったとして，それからのずれ，すなわち誤差

$$x_i - x_0 = \varepsilon_i \qquad (i = 1, 2, \cdots, n) \tag{C.2}$$

の分布 $f(\varepsilon)$ について考える．誤差が ε_i と $\varepsilon_i + \mathrm{d}\varepsilon$ の間にある確率は，$f(\varepsilon)$ を用いて

$$f(\varepsilon_i)\,\mathrm{d}\varepsilon$$

と書ける．いま，互いに測定結果に影響しないようにして n 回の測定を行い，誤差

として $\varepsilon_1, \varepsilon_2, \cdots, \varepsilon_n$ が得られたとする．このような実験結果の現れる確率は

$$f(\varepsilon_1)\cdots f(\varepsilon_n)(\mathrm{d}\varepsilon)^n = P(\mathrm{d}\varepsilon)^n \tag{C.3}$$

である．P は測定値 $x_1, \cdots, x_n$ が与えられたという条件のもとで，「真の値」x_0 の確率分布を与えると考える．したがって，n が十分大きいときの「真の値」x_0 は P が最大値をとるところ，すなわち極大の条件より

$$\frac{\mathrm{d}P}{\mathrm{d}x_0} = 0 \tag{C.4}$$

を満足するようなものでなくてはならない．

ところで

$$\log P = \log f(x_1 - x_0) + \log f(x_2 - x_0) + \cdots + \log f(x_n - x_0)$$

であるから

$$-\frac{1}{P}\frac{\mathrm{d}P}{\mathrm{d}x_0} = \frac{f'(x_1 - x_0)}{f(x_1 - x_0)} + \cdots + \frac{f'(x_n - x_0)}{f(x_n - x_0)} = 0 \tag{C.5}$$

となる．ここで，

$$\frac{f'(\varepsilon)}{f(\varepsilon)} = \phi(\varepsilon) \tag{C.6}$$

とおけば，

$$\sum \phi(\varepsilon_i) = 0 \tag{C.7}$$

と書ける．$\phi(\varepsilon)$ がわかれば $f(\varepsilon)$ が定まる．しかし，(C.7) 式だけでは $\phi(\varepsilon)$ の形を定めることはできないから，次のような仮定をおく．

i) 誤差には正負があるが，n が無限に大きいときには正負は対称に起こると仮定する．したがって，正の誤差と負の誤差との総和は 0 になる．

$$\therefore \quad \sum \varepsilon_i = 0 \tag{C.8}$$

(C.8) 式を書き換えると，

$$\varepsilon_n = -(\varepsilon_1 + \varepsilon_2 + \cdots + \varepsilon_{n-1})$$

であるが，ε_n を $\varepsilon_1, \varepsilon_2, \cdots, \varepsilon_{n-1}$ の関数と考えると，

$$\frac{\partial \varepsilon_n}{\partial \varepsilon_1} = -1$$

(C.7) 式を ε_1 について微分すれば，

$$\phi'(\varepsilon_1) + \phi'(\varepsilon_n)\frac{\partial \varepsilon_n}{\partial \varepsilon_1} = 0$$

$$\therefore \quad \phi'(\varepsilon_1) = \phi'(\varepsilon_n)$$

同様にして，

$$\phi'(\varepsilon_1) = \phi'(\varepsilon_2) = \cdots = \phi'(\varepsilon_n)$$

となる．すなわち $\phi'(\varepsilon)$ という関数は ε が何であっても互いに等しく，したがって

$$\phi'(\varepsilon) = \text{const} = a$$

$$\therefore \quad \phi(\varepsilon) = a\varepsilon + b \tag{C.9}$$

これを (C.7) 式に代入すれば，

$$a \sum \varepsilon_i + nb = 0$$

これに (C.8) 式を代入すると $b = 0$ となり，(C.9) 式は

$$\phi(\varepsilon) = a\varepsilon$$

となる．そこで，(C.6) 式により，

$$\frac{f'(\varepsilon)}{f(\varepsilon)} = a\varepsilon$$

$$\therefore \quad f(\varepsilon) = C \exp\left(\frac{a}{2}\varepsilon^2\right)$$

という結果を得る．

ii)　次に大きな誤差の起こる確率ほど小さく，x が ∞ のときの $f(x)$ は 0 であると仮定する．このためには $a < 0$ でなければならないから，

$$\frac{a}{2} = -h^2$$

とおいて，

$$f(\varepsilon) = C \exp\left(-h^2\varepsilon^2\right) \tag{C.10}$$

となる．

さて ε が $-\infty$ から ∞ に至るすべての値をとる確率はもちろん 1 である．

$$\therefore \quad \int_{-\infty}^{\infty} f(\varepsilon)\,\mathrm{d}\varepsilon = 1$$

$$\therefore \quad C \int_{-\infty}^{\infty} \exp\left(-h^2\varepsilon^2\right) \mathrm{d}\varepsilon = 1$$

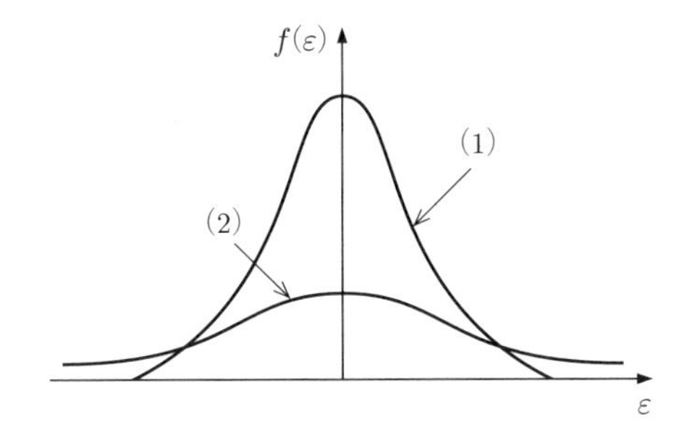

図 2　異なる精密度をもつ測定による誤差分布の例

ところが，$\displaystyle\int_{-\infty}^{\infty} \exp\left(-h^2\varepsilon^2\right) \mathrm{d}\varepsilon = \frac{\sqrt{\pi}}{h}$ であるから，

$$f(\varepsilon) = \frac{h}{\sqrt{\pi}} \exp\left(-h^2\varepsilon^2\right) \tag{C.11}$$

となる．$f(\varepsilon)$ で与えられる分布はガウス分布と呼ばれ，図 2 のように $\varepsilon = 0$ のとき最大で，$\varepsilon = 0$ を軸として対称になる．

h が大きいとき，$f(\varepsilon)$ は図 2 の (1) のようになり，h が小さいときは (2) のようになる．h が大きい (1) の場合は小さい誤差を生じる確率は大きいが，大きな誤差を生じる確率が非常に小さいことを意味し，測定値のばらつきが少なく，測定の精度が高いことを意味する．h が小さい (2) の場合には大きい誤差の起こる確率もあまり小さくないことを意味し，測定精度が低い場合である．こういう意味で h を精密度 (precision) という．

3.　測定値の信頼度

序章「測定量の扱い方」で，標準不確かさの基礎となる，測定値のばらつきを表す量として，標準偏差を説明したが，ここでは誤差がガウス分布 (C.11) に従うとして，標準偏差と分布関数の形を決める h との関係を考えてみよう．

i)　**平均値** (算術平均)

$$\overline{x} = \frac{x_1 + x_2 + \cdots + x_n}{n} \tag{C.12}$$

について考えてみる．(C.2) 式を代入すると

$$\overline{x} = \sum_i \frac{x_0 + \varepsilon_i}{n} = x_0 + \frac{\sum \varepsilon_i}{n}$$

である．n が十分大きいときは，誤差は正負対称に現れることが，ガウス分布から期待される，すなわち $\sum\varepsilon_i = 0$ である．したがって

$$\overline{x} = x_0$$

となり，n が十分大きいとき，平均値は想定された「真の値」に等しい．

ii) **標準偏差** σ は序章「測定量の扱い方」の (0.4) 式と同様と考えて

$$\sigma^2 = \frac{{\varepsilon_1}^2 + {\varepsilon_2}^2 + \cdots + {\varepsilon_n}^2}{n} = \sum_i \frac{{\varepsilon_i}^2}{n}$$

で与えられる．n を十分大きくとると，誤差が ε と $\varepsilon + \mathrm{d}\varepsilon$ の間にある確率は $f(\varepsilon)\,\mathrm{d}\varepsilon$ であり，その数は $nf(\varepsilon)\,\mathrm{d}\varepsilon$ であるから，(C.11) 式を使って

$$\sigma^2 = \int_{-\infty}^{\infty} \varepsilon^2 f(\varepsilon)\,\mathrm{d}\varepsilon = \frac{h}{\sqrt{\pi}} \int_{-\infty}^{\infty} \varepsilon^2 \exp\left(-h^2\varepsilon^2\right)\mathrm{d}\varepsilon = \frac{1}{2h^2}$$

となる．ゆえに σ と h との間には，

$$\sigma = \frac{1}{\sqrt{2}\,h} \tag{C.13}$$

の関係が成り立つ．

図 3 の誤差の分布曲線において，誤差の絶対値が σ より小さい確率は

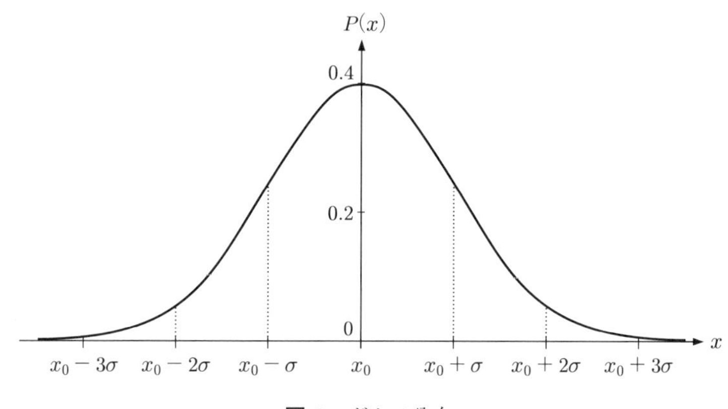

図 3　ガウス分布

$$\frac{h}{\sqrt{\pi}}\int_{-\sigma}^{\sigma}\exp\left(-h^2\varepsilon^2\right)\mathrm{d}\varepsilon = 0.6827$$

で与えられる．つまり x_i は約 68％の確率で $x_0 \pm \sigma$ の範囲内に入る．

iii) 誤差の 2 乗の代わりに，絶対値の平均 σ_{a} を考えることもある．すなわち

$$\sigma_{\mathrm{a}} = \frac{|\varepsilon_1| + |\varepsilon_2| + \cdots + |\varepsilon_n|}{n}$$

これは $f(\varepsilon)$ を使って，次のように書き換えられる．

$$\begin{aligned}\sigma_{\mathrm{a}} &= \int_{-\infty}^{\infty}|\varepsilon|f(\varepsilon)\,\mathrm{d}\varepsilon = 2\int_{0}^{\infty}\varepsilon f(\varepsilon)\,\mathrm{d}\varepsilon \\ &= \frac{2h}{\sqrt{\pi}}\int_{0}^{\infty}\varepsilon\exp\left(-h^2\varepsilon^2\right)\mathrm{d}\varepsilon = \frac{1}{\sqrt{\pi}h}\end{aligned}$$

したがって

$$\sigma_{\mathrm{a}} = \frac{1}{\sqrt{\pi}h} \tag{C.14}$$

なる関係が得られる．

4. 誤差と残差との関係

誤差が，ガウス分布に従って分布し，測定回数 n が ∞ のときは，想定された「真の値」x_0 と平均値 $\overline{x}$ とは一致するが，一般に n が有限のときは，(C.12) 式の $\overline{x}$ を「真の値」x_0 とみなすことはできない．そのため，測定値 x_i と x_0 との差の代わりに，測定値 x_i と平均値 $\overline{x}$ との差

$$\varDelta_i = x_i - \overline{x}$$

を考え，残差と呼ぶ．誤差 ε_i と残差 $\varDelta_i$ との間には

$$\frac{\sum{\varepsilon_i}^2}{n} = \frac{\sum{\varDelta_i}^2}{n-1} \tag{C.15}$$

の関係がある．

これは次のようにして導かれる．

$$\varepsilon_i = x_i - x_0 = x_i - \overline{x} + (\overline{x} - x_0) = \varDelta_i + (\overline{x} - x_0)$$

である．$\sum{\varepsilon_i}^2$ をつくると

$$\sum{\varepsilon_i}^2 = \sum{\varDelta_i}^2 + 2(\overline{x} - x_0)\sum\varDelta_i + n(\overline{x} - x_0)^2 \tag{C.16}$$

となるが，定義によって $\sum \Delta_i = 0$ である．また

$$(\overline{x}-x_0)^2 = \left(\frac{\sum x_i}{n} - x_0\right)^2 = \frac{1}{n^2}\left(\sum (x_i - x_0)\right)^2 = \frac{1}{n^2}\left(\sum {\varepsilon_i}^2 + \sum_{i\neq k}\sum \varepsilon_i\varepsilon_k\right)$$

において n が十分大きいときは，$\sum\sum \varepsilon_i\varepsilon_k = 0$ としてよいから

$$n(\overline{x}-x_0)^2 = \frac{1}{n}\sum {\varepsilon_i}^2 \tag{C.17}$$

(C.16) 式に (C.17) 式を代入して

$$\frac{\sum {\varepsilon_i}^2}{n} = \frac{\sum {\Delta_i}^2}{n-1}$$

が得られる．

5.　分布関数の確率論的な導出

誤差を確率論的に扱う場合，一般的に扱おうとすれば，かなり面倒なものになるが，ここでは簡単な場合を考えてみよう．

誤差がまったく偶然に起こるといっても，実は多くの基本的な誤差の原因があり，それらが集まって偶然誤差を生じると考える．簡単にするために，次のような仮定をおく．

基本誤差の原因は，それぞれ独立で，1 個の原因により生じる誤差の大きさは等しく，また，正，負の値を等しい確率でとる．

いま，基本誤差の種類の数を n，ひとつの原因による誤差の大きさを α とする．ある測定で $(n-m)$ 個の原因が正の誤差を，m 個の原因が負の誤差を与えたすると，全体としての誤差の大きさ ε は

$$\varepsilon = (n-2m)\alpha \tag{C.18}$$

となる．このような誤差の現れる頻度は，n 個の中から m 個を取り出す方法の数で与えられ，

$$\frac{n!}{(n-m)!\,m!} \tag{C.19}$$

となる．

同じように，n 個の原因のうち，$(m-1)$ 個が負となる場合は，誤差は

$$(n-2m+2)\alpha = \varepsilon + 2\alpha$$

で，頻度は

$$\frac{n!}{(n-m+1)!\,(m-1)!}$$

である．したがって，誤差が ε と $\varepsilon+2\alpha$ である確率 $f(\varepsilon)$，$f(\varepsilon+2\alpha)$ の比は

$$\frac{f(\varepsilon+2\alpha)}{f(\varepsilon)}=\frac{m}{n-m+1} \tag{C.20}$$

で与えられる．(C.20) 式と (C.18) 式から

$$\frac{f(\varepsilon+2\alpha)-f(\varepsilon)}{f(\varepsilon+2\alpha)+f(\varepsilon)}=\frac{-n+2m-1}{n+1}\fallingdotseq\frac{-n+2m}{n}=-\frac{\varepsilon}{n\alpha} \tag{C.21}$$

となる．

$f(\varepsilon)$ を連続関数とみなすと

$$f(\varepsilon+2\alpha)\fallingdotseq f(\varepsilon)+2a\,\frac{\mathrm{d}f(\varepsilon)}{\mathrm{d}\varepsilon}$$

で，これと (C.21) 式から

$$\frac{2\alpha\,\dfrac{\mathrm{d}f(\varepsilon)}{\mathrm{d}\varepsilon}}{2f(\varepsilon)}=-\frac{\varepsilon}{n\alpha}$$

すなわち

$$\frac{1}{f(\varepsilon)}\frac{\mathrm{d}f(\varepsilon)}{\mathrm{d}\varepsilon}=-\frac{\varepsilon}{n\alpha^2}$$

が得られる．これを積分して

$$\log f(\varepsilon)=-\frac{\varepsilon^2}{2n\alpha^2}+C$$

$$f(\varepsilon)=c'\exp\left(-\frac{\varepsilon^2}{2n\alpha^2}\right)$$

が得られる．$\displaystyle\int_{-\infty}^{\infty}f(\varepsilon)\,\mathrm{d}\varepsilon=1$ という条件を使うと

$$f(\varepsilon)=\frac{1}{\sqrt{2n\alpha^2\pi}}\exp\left(-\frac{\varepsilon^2}{2n\alpha^2}\right)$$

となり，さらに

$$\frac{1}{2n\alpha^2}=h^2$$

とおくと

$$f(\varepsilon) = \frac{h}{\sqrt{\pi}} \exp\left(-h^2\varepsilon^2\right) \tag{C.22}$$

となり，(C.11) 式と同じガウス分布の式が得られる．

6.　最小 2 乗法

誤差法則を利用すれば，多くの測定値をもとにして，最も真の値に近いと考えられる最確値を求めることができる．まず直接測定の場合から考えてみよう．

i)　棒の長さの最確値を l とし，これを n 回測定した測定値を $l_1, l_2, \cdots, l_n$ と l との差を

$$\left.\begin{array}{c} l_1 - l = \varepsilon_1 \\ l_2 - l = \varepsilon_2 \\ \cdots\cdots \\ l_n - l = \varepsilon_n \end{array}\right\}$$

とおく．$\varepsilon_1, \varepsilon_2, \cdots, \varepsilon_n$ が生じる確率は，誤差の場合と同様に考えて，

$$\left(\frac{h}{\sqrt{\pi}}\right)^n \exp\left\{-h^2({\varepsilon_1}^2 + {\varepsilon_2}^2 + \cdots + {\varepsilon_n}^2)\right\} \mathrm{d}\varepsilon_1\,\mathrm{d}\varepsilon_2\,\mathrm{d}\varepsilon_3 \cdots \mathrm{d}\varepsilon_n$$

となるが，実際にこのような一連の測定値が生じたのは確率が最大であったからであると考える．すなわち

$$S = {\varepsilon_1}^2 + {\varepsilon_2}^2 + \cdots + {\varepsilon_n}^2 = \text{最小} \tag{C.23}$$

となるような l の値が最確値である．

結局，$l_1, l_2, \cdots, l_n$ から l を求めるには「測定値と最確値との差の 2 乗の和が最小」になるようにすればよい．そこでこの方法を**最小 2 乗法**と呼ぶのである．

$\dfrac{\mathrm{d}S}{\mathrm{d}l} = 0$ より

$$l = \frac{l_1 + l_2 + \cdots + l_n}{n} \tag{C.24}$$

となる．すなわち最確値は算術的平均で与えられる．この結果は前にも得られた．むしろ当然の結果であって，最小 2 乗法などと呼ぶまでもない．

ii)　次に単振り子の周期を測定する場合を考えてみよう．単振り子を振らせながら，任意の 1 振動の周期を測ってこれを T_1 とし，次にこれとは独立に任意の 1

振動の周期を測ってこれを T_2 とし，以下同様にして n 回測ったとすれば，平均の周期は前と同様にして

$$T = \frac{T_1 + T_2 + \cdots + T_n}{n}$$

である．

しかし，これを次のようにして測定したとする．振り子が中央の目標線を右に向かって通過する時刻を毎回測定し，最初の時刻を t_0，次の時刻を t_1，さらに次の時刻を t_2 などとする．最初の時刻の最確値を τ，周期を T とすれば，

$$\begin{aligned}
t_0 &= \tau \\
t_1 &= \tau + T \\
t_2 &= \tau + 2T \\
&\cdots\cdots \\
t_n &= \tau + nT
\end{aligned}$$

であるべきところであるが，測定値には不確かさがあるから，

$$\begin{aligned}
t_0 - \tau &= \varepsilon_0 \\
t_1 - \tau - T &= \varepsilon_1 \\
t_2 - \tau - 2T &= \varepsilon_2 \\
&\cdots\cdots \\
t_n - \tau - nT &= \varepsilon_n
\end{aligned}$$

となる．ここで $\varepsilon_0, \varepsilon_1, \varepsilon_2, \cdots, \varepsilon_n$ は毎回の測定に現れた最確値との差である．そこで最小 2 乗法によれば，

$$S = \sum_{i=0}^{n} {\varepsilon_i}^2 = \text{最小}$$

となるように，τ と T を選んだものがそれぞれの最確値である．

$$\begin{aligned}
\therefore \quad \frac{\partial S}{\partial \tau} &= 2\sum_{i=0}^{n} \varepsilon_i = 0 \quad \text{すなわち} \quad \sum_{i=0}^{n} (t_i - \tau - iT) = 0 \\
\frac{\partial S}{\partial T} &= -2\sum_{i=0}^{n} i\varepsilon_i = 0 \quad \text{すなわち} \quad \sum_{i=0}^{n} i(t_i - \tau - iT) = 0
\end{aligned}$$

これから T を求めると，

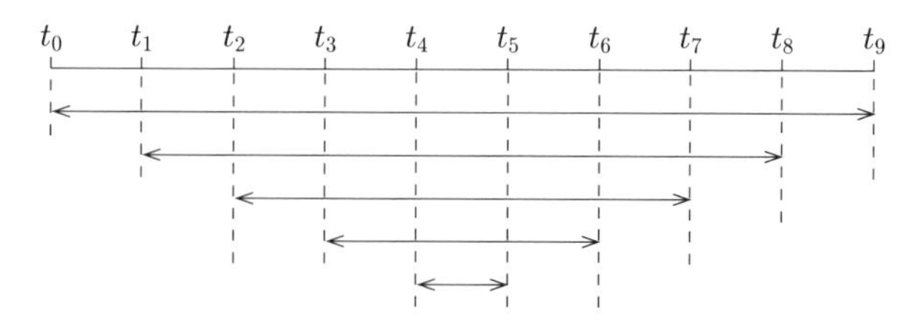

図 4　最小 2 乗法の計算法

$$T = \frac{n(t_n - t_0) + (n-2)(t_{n-1} - t_1) + (n-4)(t_{n-2} - t_2) + \cdots}{\dfrac{n(n+1)(n+2)}{6}}$$
$$= \frac{n^2\left(\dfrac{t_n - t_0}{n}\right) + (n-2)^2\dfrac{t_{n-1} - t_1}{n-2} + (n-4)^2\dfrac{t_{n-2} - t_2}{n-4} + \cdots}{n^2 + (n-2)^2 + (n-4)^2 + \cdots} \tag{C.25}$$

となる．ところで，

$$\frac{t_n - t_0}{n}, \quad \frac{t_{n-1} - t_1}{n-2}, \quad \frac{t_{n-2} - t_2}{n-4}, \quad \cdots$$

はいずれも．周期に相当する．$t_0, t_1, t_2, \cdots, t_n$ は同一の精密さで測ったものであるから，$t_n - t_0, t_{n-1} - t_1, \cdots$ は同程度の誤差を含んでいる．よって $\dfrac{t_n - t_0}{n}$ は $\dfrac{t_{n-1} - t_1}{n-2}$ よりも，また $\dfrac{t_{n-1} - t_1}{n-2}$ は $\dfrac{t_{n-2} - t_2}{n-4}$ より精密である．(C.25) 式はこれらの値にそれぞれ n^2，$(n-2)^2$ などの重みを付けて平均した，重み付きの平均すなわち**加重平均** (weighted mean) であると考えられる．このことは単に周期の測定についてばかりあてはまるのでなく，等間隔に並んだ多くの測定値から，平均の間隔を求めるときに適用されるので応用は広い．

なお，(C.25) 式によって平均値を求めるにはかなり面倒な計算を必要とするので，次のような簡便法によることが多い．測定値 $t_0, t_1, t_2, \cdots, t_9$ を表 1 のように 2 列に並べ，それぞれ対応する 2 つの測定値の差をつくれば，これらはいずれも 5 回振動の周期に相当するから，これらの平均値 τ を 5 で割って，平均値の 1 周期が得られるのである．最小 2 乗法による最確値とは多少異なるが，これでも十分満足すべき結果が得られる．

また，$(t_1 - t_0)$，$(t_2 - t_1)$，$\cdots$，$(t_9 - t_8)$ はいずれも周期であるが，これら

表 1　簡便法を用いるときの時刻の差と平均値

通過時刻		5 回振動の周期
t_0	t_5	$t_5 - t_0$
t_1	t_6	$t_6 - t_1$
t_2	t_7	$t_7 - t_2$
t_3	t_8	$t_8 - t_3$
t_4	t_9	$t_9 - t_4$
	平均	τ

の平均値を求めてはいけない．なぜかといえば，このようにして得た平均値は，

$$\frac{(t_1 - t_0) + (t_2 - t_1) + (t_3 - t_2) + \cdots + (t_9 - t_8)}{9} = \frac{t_9 - t_0}{9}$$

であって，単に t_0 と t_9 の測定値だけから出したと同じ結果になる．もし t_0, t_9 の値に不確かさがあれば，それは結果に大きく響いてくることになってしまう．そうではなく，最小 2 乗法を適用すれば，各測定値がみな同等に取り扱われ，誤差は正負相殺して非常に小さくなると考えられるのである．

iii)　さらに第 3 の例として，次のような場合を考えてみよう．いま同一の成分からなる多数の金属塊があって，その質量および体積を測定したところ，それぞれ $m_1, m_2, \cdots, m_n$ および $v_1, v_2, \cdots, v_n$ を得たとする．密度はいずれの塊から求めても同一の値にならなければならないが，密度の測定値は，

$$\rho_1 = \frac{m_1}{v_1}, \quad \rho_2 = \frac{m_2}{v_2}, \quad \cdots, \quad \rho_n = \frac{m_n}{v_n}$$

となる．これらの $\rho_1, \rho_2, \cdots, \rho_n$ から，その最確値 ρ を求めると，

$$\rho - \rho_1 = \varepsilon_1, \quad \rho - \rho_2 = \varepsilon_2, \quad \cdots, \quad \rho - \rho_n = \varepsilon_n$$

として，$\sum{\varepsilon_i}^2 =$ 最小とおけば，

$$\rho = \frac{\rho_1 + \rho_2 + \cdots + \rho_n}{n} \tag{C.26}$$

すなわち ρ は $\rho_1, \rho_2, \cdots, \rho_n$ の相加平均値である．

ところが一方，$m_i - \rho v$ は本来 0 であるべきであるが，不確かさがあるから 0 とはならない．この差を，

$$m_1 - \rho v_1 = \varepsilon_1, \quad m_2 - \rho v_2 = \varepsilon_2, \quad \cdots, \quad m_n - \rho v_n = \varepsilon_n \tag{C.27}$$

とおき，$\sum{\varepsilon_i}^2 =$ 最小とおくと，

$$\rho = \frac{m_1v_1 + m_2v_2 + \cdots + m_nv_n}{{v_1}^2 + {v_2}^2 + \cdots + {v_n}^2} = \frac{{v_1}^2\rho_1 + {v_2}^2\rho_2 + \cdots + {v_n}^2\rho_n}{{v_1}^2 + {v_2}^2 + \cdots + {v_n}^2} \tag{C.28}$$

となって，ρ は $\rho_1, \rho_2, \cdots, \rho_n$ にそれぞれ ${v_1}^2, {v_2}^2, \cdots, {v_n}^2$ の重みを付けて考えた加重平均である．(C.26) 式と (C.28) 式と，はたしていずれが正しいのであろうか．

最小 2 乗法で取り扱った差 $\varepsilon_0, \varepsilon_1, \varepsilon_2, \cdots, \varepsilon_n$ は，この中で本来いずれが大きく，いずれが小さいという区別のないものでなければならない．体積の測定には常に $1\,\mathrm{mm}^3$ 程度の不確かさが伴い，質量の測定には $1\,\mathrm{mg}$ 程度の不確かさが伴うものとすれば，(C.27) 式の ε_i はいずれも同程度であるから，第 2 の方法が正しい．体積の大きいものについての測定値は相対不確かさが小さく，信用すべきものであるのに，体積の小さいものについての値は相対不確かさが大きく，信用されない．したがって加重平均が正当な平均値になるのである．これに反しそれぞれの塊について測定法をそれぞれ変え，ρ_i の不確かさが本質的に同等であるような測定を行ったものと仮定すれば，第 1 の結果のほうが正しいのである．

最小 2 乗法を適用するときには，常にこのことを考慮して取り扱わなければならない．

7. 実 験 式

ふたつの物理的量 x, y の間に，ある関数関係のあることはわかっていても，その関数の具体的な形は不明なことが多い．このようなとき，いろいろな x の値に対する y の値を実験で求め，その結果を総合して，x, y の関係式を導く．この関係式が実験式である．

一般には，x, y の関係は複雑で，実験式を導きにくい場合もあるが，y の x に対する依存の仕方が

$$y = ax + b, \quad y = ax^n$$

などのように簡単な場合は，グラフ用紙を適当に使うことによって推定することができる．そして，最小 2 乗法あるいはグラフを使って a, b, n などの値を決めればよい．

期待される実験式がよく現れる以下のような場合について説明しよう．

温度 t/℃	抵抗 R/Ω
0.0	10.16
10.0	10.59
20.0	11.22
30.0	11.65
40.0	12.26
50.0	12.78
60.0	13.24

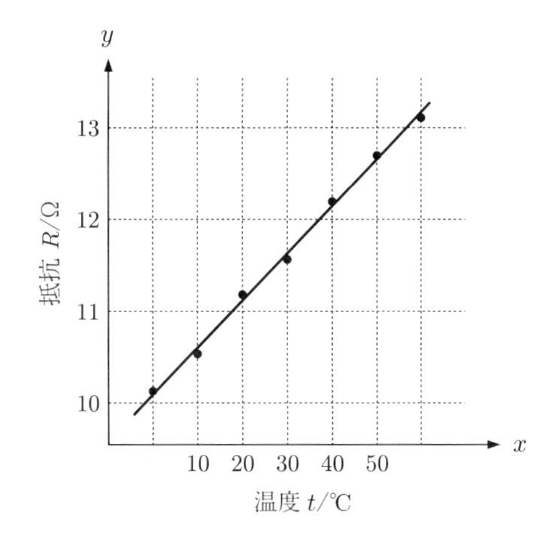

図 5　異なる温度における導線の抵抗の測定値の例とそのグラフ

7.1　実験式が $y = a + bx$ の場合

ある導線の抵抗を各温度で測定して，図 5 左のような測定値を得たとする．これを図に表したのが図 5 右で，測定値は，だいたい一直線にのっていることがわかる．すなわち，温度 t と抵抗 R とは 1 次式によって関係付けられていることは明らかである．そこで

$$R = R_0(1 + at) \tag{C.29}$$

という実験式が得られる．

次に R_0, a を定めることが問題になるが，これを最小 2 乗法によって決めてみよう．

$$R = R_0 + (R_0\alpha)t = R_0 + kt$$

としてみる．温度 $t_1, t_2, \cdots$ に対する抵抗を $R_1, R_2, \cdots$ とすれば，

$$R_1 - R_0 - kt_1 = \varepsilon_1$$
$$R_2 - R_0 - kt_2 = \varepsilon_2$$
$$\cdots\cdots$$
$$R_n - R_0 - kt_n = \varepsilon_n$$

の式における右辺は毎回の実験における抵抗値と実験式の値 (最確値) との差である．そこで最小 2 乗法によって，

$$\varepsilon_1{}^2 + \varepsilon_2{}^2 + \cdots + \varepsilon_n{}^2 = \text{最小}$$

から，R_0 および k の最確値として，

$$R_0 = \frac{(\sum t_i)(\sum R_i t_i) - (\sum R_i)(\sum t_i{}^2)}{(\sum t_1)^2 - n\sum t_i{}^2}$$
$$k = \frac{(\sum R_i)(\sum t_i) - n(\sum R_i t_i)}{(\sum t_i)^2 - n\sum t_i{}^2} \tag{C.30}$$

となるのである．

上では最小 2 乗法を使い，最も確からしい直線を求めたわけであるが，あまり精度を要しないときは，グラフ上で直観的に直線を引くことがある．その直線の勾配と y 軸との交わりから係数が定まる．この場合，最小 2 乗法の原理に従って，測定点が直線の両側に公平に分布するように，すべての測定点を公平に見わたして直線を引かねばならない．初心者はよく測定点の両端のものに気をとられて，その 2 点を通る，あるいは 2 点にごく近く直線を引きたがるが，これは誤りで，せっかく，他にたくさんの測定点を求めた意味がなくなる (図 6).

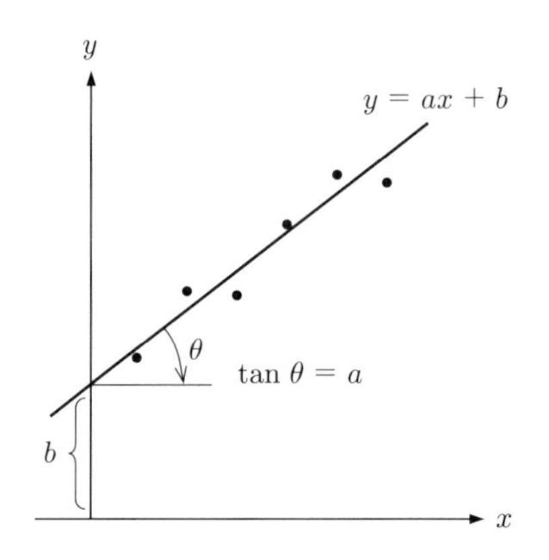

図 6　実験によって得られた値のグラフの例

7.2　実験式が $y = kx^n$ の場合

重力によって物体が落下する距離 s と時間 t との間には $s = \dfrac{1}{2}gt^2$ の関係が，また照度 I と光源からの距離 r との間には $I = \dfrac{A}{r^2}$ の関係がある．いずれも $y = kx^n$

の場合に相当する．

n があらかじめわかっているときは，横軸に x^n をとって，縦軸に y の値をとれば，測定点はほぼ直線上にのり，その傾きから a を定めることができる．

一般に n が不明で，その値も決めなければならない場合は，両対数 (log-log) グラフを使うと便利である．$y = kx^n$ の常用対数をとると

$$\log y = \log k + n \log x$$

だから，$X = \log x$，$Y = \log y$ とおくと

$$Y = A + BX$$

の形になる．そこで $\log x$ を横軸，$\log y$ を縦軸にとってグラフに描くと，測定点はほぼ直線に並ぶ．対数グラフは，目盛を数えて x の位置に点を打つと実際には $\log x$ の位置の点があるように目盛ってある．その直線の縦軸 $(X = 0)$ との交わりの目盛を読めば $A = \log k$ より $k = 10^A$ が得られ，勾配 B (これは物差しを使って測定する) を求めれば，$n = B$ が得られる．

もし常用対数を用いず，自然対数を計算してグラフを描けば，考え方は同じだが，当然 $k = \mathrm{e}^A$ となる．

7.3　実験式が $y = k\mathrm{e}^{nx}$ の場合

k と n がわかっていないとする．両辺の常用対数をとると

$$\log y = \log k + (n \log \mathrm{e})x$$

となる．x を横軸，$Y = \log y$ を縦軸にとってグラフに描くと，

$$Y = A + Bx$$

の形だから，測定点はほぼ直線に並ぶ．semi–log (片対数) のグラフ用紙を利用するとよい．その縦軸との交わりおよび勾配から A および B を求めれば，$A = \log k$ より $k = 10^A$，$B = n \log \mathrm{e}$ より $n = \dfrac{B}{\log \mathrm{e}} = \dfrac{B}{0.4343}$ が得られる．

片対数のグラフ用紙を用いず，自然対数を計算してグラフに描けば，

$$\ln y = \ln k + nx$$

だから，$A = \ln k$ より，$k = \mathrm{e}^A$ であり，$n = B$ である．

7.4　実験式が $y = A\cos x + B\sin x$ の場合

地磁気の水平成分を一定角度 $(2\pi/N)$ ごとに N 点測定したとする．そのときのデータを x_i $(i = 0, \cdots, N-1)$ とする．このデータを最小 2 乗フィッティングすることにより地磁気の水平成分と偏角を求めよう．

フィッティング関数は

$$f(\theta) = A\cos\theta + B\sin\theta$$

で，最小にすべき関数 χ^2 は

$$\begin{aligned}
\chi^2 =& \sum_{i=0}^{N-1}(x_i - f(\theta_i))^2 = \sum_{i=0}^{N-1}\left(x_i - A\cos\left(\frac{2\pi}{N}i\right) - B\sin\left(\frac{2\pi}{N}i\right)\right)^2 \\
=& \sum_{i=0}^{N-1}{x_i}^2 - 2\sum_{i=0}^{N-1}x_i\left(A\cos\left(\frac{2\pi}{N}i\right) + B\sin\left(\frac{2\pi}{N}i\right)\right) \\
&+ \sum_{i=0}^{N-1}\left(A\cos\left(\frac{2\pi}{N}i\right) + B\sin\left(\frac{2\pi}{N}i\right)\right)^2
\end{aligned}$$

である．この χ^2 を最小にする A, B としてそれらの最確値を決める．つまり

$$\frac{\partial(\chi^2)}{\partial A} = \frac{\partial(\chi^2)}{\partial B} = 0.$$

A で偏微分すると，

$$0 = -2\sum_{i=0}^{N-1}x_i\cos\left(\frac{2\pi}{N}i\right) + 2\sum_{i=0}^{N-1}\cos\left(\frac{2\pi}{N}i\right)\left(A\cos\left(\frac{2\pi}{N}i\right) + B\sin\left(\frac{2\pi}{N}i\right)\right)$$

となる．ここで，

$$\sum_{i=0}^{N-1}\cos^2\left(\frac{2\pi}{N}i\right) = \frac{N}{2} + \frac{1}{2}\sum_{i=0}^{N-1}\cos\left(\frac{4\pi}{N}i\right) = \frac{N}{2},$$

$$\sum_{i=0}^{N-1}\cos\left(\frac{2\pi}{N}i\right)\sin\left(\frac{2\pi}{N}i\right) = \frac{1}{2}\sum_{i=0}^{N-1}\sin\left(\frac{4\pi}{N}i\right) = 0$$

を用いると，第 2 項から B が消えるので A について解けて，

$$A = \frac{2}{N}\sum_{i=0}^{N-1}x_i\cos\left(\frac{2\pi}{N}i\right).$$

同様に，B についても偏微分すると

$$B = \frac{2}{N}\sum_{i=0}^{N-1}x_i\sin\left(\frac{2\pi}{N}i\right).$$

こうして得た A, B から

$$f(\theta) = A\cos\theta + B\sin\theta = \sqrt{A^2 + B^2}\sin(x + \varphi),$$
$$\varphi = \arctan(A/B)$$

の公式を用いて地磁気の水平成分と偏角を求めることができる．

7.5　具体例

いま，実験によって図 7 上のような値が得られたとする．普通の方眼紙を使っても log–log の方眼紙を使っても直線にならない．しかし，semi–log (片対数) の用紙を使うと図 7 下のように直線になる．

x	0.00	0.10	0.20	0.30	0.40	0.50	0.60	0.70
y	5.01	6.41	7.80	10.02	12.46	16.02	19.82	25.50

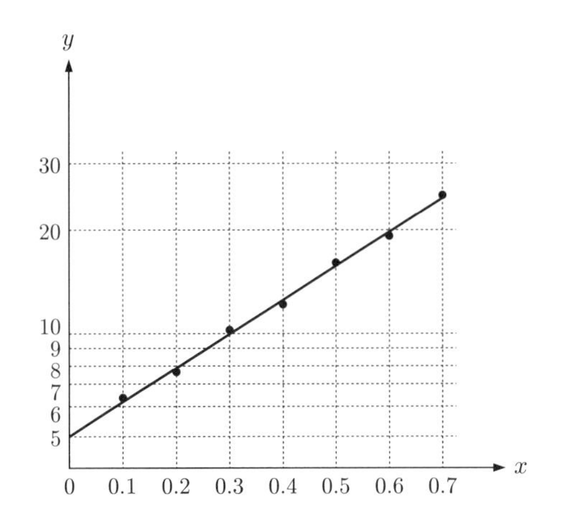

図 7　実験によって得られた値とそのグラフの例

すなわち，**7.3** で扱った

$$\log y = A + Bx$$

の場合の例になっている．この直線から $x = 0$ に対し $y = 5.00$，$x = 0.7$ に対し，$y = 25.0$ であることがわかるから，

$$A = \log 5.00, \quad B = \frac{\log 25.0 - \log 5.00}{0.7} = \frac{\log 5.0}{0.7}$$

が得られる．したがって，

$$k = 10^{\log 5.00} = 5.0$$
$$n = \frac{\log 5.0}{0.7 \log \mathrm{e}} = 2.3$$
$$y = 5.0\,\mathrm{e}^{2.3x}$$

が求める実験式である．

8.　フーリエ級数

いま，任意の関数 $f(x)$ が $-\pi \leqq x \leqq \pi$ の領域で与えられているとしよう．この関数を $2n+1$ 個の三角関数で近似することを考える．

$$\begin{aligned} S_n(x) = A_0 + A_1 \cos x + A_2 \cos 2x + \cdots + A_n \cos nx \\ + B_1 \sin x + B_2 \sin 2x + \cdots + B_n \sin nx \end{aligned} \qquad \text{(C.31)}$$

ここで A_i と B_i は

$$f(x) - S_n(x) = \varepsilon_n(x) \qquad \text{(C.32)}$$

をなるべく小さくするように選んでやればよい．そこで，この誤差関数 $\varepsilon_n(x)$ の 2 乗平均

$$M = \frac{1}{2\pi} \int_{-\pi}^{\pi} {\varepsilon_n}^2 \,\mathrm{d}x \qquad \text{(C.33)}$$

が最小になることを要求すると

$$\left.\begin{aligned} -\frac{\partial M}{\partial A_k} &= \frac{1}{\pi} \int_{-\pi}^{\pi} \{f(x) - S_n(x)\} \cos kx \,\mathrm{d}x = 0,\ k = 0, 1, 2, \cdots \\ -\frac{\partial M}{\partial B_k} &= \frac{1}{\pi} \int_{-\pi}^{\pi} \{f(x) - S_n(x)\} \sin kx \,\mathrm{d}x = 0,\ k = 1, 2, \cdots \end{aligned}\right\} \qquad \text{(C.34)}$$

に到達する．この $2n+1$ 個の方程式より $2n+1$ 個の A_i, B_i が決まるわけである．

さて，ここで三角関数の間に存在する直交関係

$$\int \cos kx \sin lx \,\mathrm{d}x = 0 \qquad \text{(C.35)}$$

$$\left.\begin{aligned} \int \cos kx \cos lx \,\mathrm{d}x = 0 \\ \int \sin kx \sin lx \,\mathrm{d}x = 0 \end{aligned}\right\} k \neq l \qquad \text{(C.36)}$$

に注目しよう．これ以降，積分領域を $-\pi \leqq x \leqq \pi$ と理解する．(C.36) 式は $k=l$ の場合と合わせてもっとコンパクトに

$$\frac{1}{\pi}\int \cos kx \cos lx \, \mathrm{d}x = \frac{1}{\pi}\int \sin kx \sin lx \, \mathrm{d}x = \delta_{kl} \tag{C.37}$$

とまとめることができる．ただし

$$\delta_{kl} = \begin{cases} 0 & l \neq k \\ 1 & l = k > 0 \end{cases}$$

また，$l = k = 0$ のときは

$$\frac{1}{2\pi}\int \mathrm{d}x = 1 \tag{C.37$'$}$$

である．

(C.35)，(C.36)，(C.37) および (C.37′) 式を (C.34) 式に代入すれば

$$\left.\begin{aligned} A_k &= \frac{1}{\pi}\int f(x) \cos kx \, \mathrm{d}x \\ B_k &= \frac{1}{\pi}\int f(x) \sin kx \, \mathrm{d}x \\ A_0 &= \frac{1}{2\pi}\int f(x) \, \mathrm{d}x \end{aligned}\right\} \tag{C.38}$$

を得る．これで，われわれの近似式 S_n は完全に決まったことになる．(C.38) 式からわかるように，$f(x)$ が偶関数 $[f(x) = f(-x)]$ ならば B_k がすべてゼロになり，奇関数 $[f(x) = -f(-x)]$ ならば A_k (A_0 も含めて) がゼロになる．すなわち前者は cosine シリーズ，後者は sine シリーズで書き表すことができる．そして n が大きくなるに従って近似の精度がよくなることはいうまでもない．そして $n = \infty$ では $f(x) = S_n(x)$．この級数を $f(x)$ のフーリエ級数展開という．そして係数 A_k，B_k をフーリエ係数と呼ぶ．

最後に，われわれの結果をもっと便利な形に書き換えておこう．(C.38) 式を (C.31) 式に代入して $n = \infty$ とおけば (積分変数を ξ に変える)

$$\begin{aligned} f(x) = \frac{1}{2\pi}\int f(\xi) \, \mathrm{d}\xi &+ \frac{1}{\pi}\sum_{k=1}^{\infty}\int f(\xi) \cos k\xi \, \mathrm{d}\xi \cdot \cos kx \\ &+ \frac{1}{\pi}\sum_{k=1}^{\infty}\int f(\xi) \sin k\xi \, \mathrm{d}\xi \cdot \sin kx \end{aligned}$$

$$= \frac{1}{2\pi} \int f(\xi)\,\mathrm{d}\xi + \frac{1}{\pi} \sum_{k=1}^{\infty} \int f(\xi) \cos k(x-\xi)\,\mathrm{d}\xi$$

$$= \frac{1}{2\pi} \left\{ \int f(\xi)\,\mathrm{d}\xi + \sum_{k=1}^{\infty} \left(\int f(\xi)\,\mathrm{e}^{ik(x-\xi)}\,\mathrm{d}\xi + \int f(\xi)\,\mathrm{e}^{-ik(x-\xi)}\,\mathrm{d}\xi \right) \right\} \tag{C.39}$$

ここで，最後の項を正の整数 k に対する $\mathrm{e}^{-ik(x-\xi)}$ の和と考える代わりに負の整数 k に対する $\mathrm{e}^{ik(x-\xi)}$ の和と考えると，この式は簡単に

$$f(x) = \frac{1}{2\pi} \sum_{k=-\infty}^{\infty} \int f(\xi)\,\mathrm{e}^{ik(x-\xi)}\,\mathrm{d}\xi \tag{C.40}$$

と書ける．そして複素数のフーリエ係数 C_k を導入することによって，この式は

$$f(x) = \sum_{k=-\infty}^{\infty} C_k\,\mathrm{e}^{ikx},\ C_k = \frac{1}{2\pi} \int f(\xi)\,\mathrm{e}^{-ik\xi}\,\mathrm{d}\xi \tag{C.41}$$

となる．この C_k と前の A_k, B_k との関係は

$$C_k = \begin{cases} \dfrac{1}{2}(A_k - iB_k) & k > 0 \\ \dfrac{1}{2}(A_{-k} - iB_{-k}) & k < 0 \end{cases} \tag{C.42}$$

$$C_0 = A_0$$

である．フーリエ係数を計算するときには (C.41) 式のほうが便利であることはいうまでもない．

基礎物理学実験 2023秋–2024春

2006年9月30日　第1版　第1刷　発行
2009年9月30日　第1版　第4刷　発行
2010年9月30日　第2版　第1刷　発行
2012年9月30日　第2版　第3刷　発行
2013年9月30日　第3版　第1刷　発行
2015年9月30日　第3版　第3刷　発行
2016年9月20日　第4版　第1刷　発行
2017年9月20日　第5版　第1刷　発行
2021年9月20日　第5版　第5刷　発行
2022年9月20日　第6版　第1刷　発行
2023年9月20日　第6版　第2刷　発行

著　者　東京大学教養学部
基礎物理学実験テキスト編集委員会
東京大学教養学部附属教養教育高度化機構
発行者　発田和子
発行所　株式会社　学術図書出版社
〒113−0033　東京都文京区本郷5丁目4の6
TEL 03−3811−0889 振替　00110−4−28454
印刷　三美印刷(株)

定価は表紙に表示してあります.

ISBN978-4-7806-1163-2　C3042

表A.5　主な基礎物理定数のうち，定義定数あるいは計算値のもの．

物理量	記号	数値	単位	分類
セシウム周波数	$\Delta\nu_{\mathrm{Cs}}$	9 192 631 770	Hz	定義定数
真空中の光の速さ	c	299 792 458	m s^{-1}	定義定数
プランク定数	h	$6.626\ 070\ 15 \times 10^{-34}$	J Hz^{-1}	定義定数
		$4.135\ 667\ 696 \ldots \times 10^{-15}$	eV Hz^{-1}	計算値
$h/2\pi$	$\hbar$	$1.054\ 571\ 817 \ldots \times 10^{-34}$	J s	計算値
	$\hbar c$	$197.326\ 980\ 4 \ldots$	MeV fm	計算値
電気素量	e	$1.602\ 176\ 634 \times 10^{-19}$	C	定義定数
ジョセフソン定数 $2e/h$	K_{J}	$483\ 597.848\ 4 \ldots \times 10^{9}$	Hz V^{-1}	計算値
磁束量子 $h/2e$	Φ_0	$2.067\ 833\ 848 \ldots \times 10^{-15}$	Wb	計算値
フォン・クリッツィング定数 h/e^2	R_{K}	$25\ 812.807\ 45 \ldots$	Ω	計算値
ボルツマン定数	k	$1.380\ 649 \times 10^{-23}$	J K^{-1}	定義定数
		$8.617\ 333\ 262 \ldots \times 10^{-5}$	eV K^{-1}	計算値
	k/h	$2.083\ 661\ 912 \ldots \times 10^{10}$	Hz K^{-1}	計算値
シュテファン-ボルツマン定数 $(\pi^2/60)k^4/\hbar^3c^2$	σ	$5.670\ 374\ 419 \ldots \times 10^{-8}$	W m^{-2} K^{-4}	計算値
アボガドロ定数	N_{A}	$6.022\ 140\ 76 \times 10^{23}$	mol^{-1}	定義定数
ファラデー定数 $N_{\mathrm{A}}e$	F	$96\ 485.332\ 12 \ldots$	C mol^{-1}	計算値
気体定数 $N_{\mathrm{A}}k$	R	$8.314\ 462\ 618 \ldots$	J mol^{-1} K^{-1}	計算値
視感効果度	K_{cd}	683	cd sr W^{-1}	定義定数